高等学校电子信息类专业“十二五”规划教材

单片机系统设计、仿真与应用

——基于 Keil 和 Proteus 仿真平台

贺敬凯　刘德新　管明祥　编著

西安电子科技大学出版社

内 容 简 介

本书是介绍单片机系统设计和应用的教材。本书使用 Keil 软件平台进行单片机的 C 语言程序开发，使用 Proteus 硬件仿真平台进行仿真，所有设计基本都基于统一的原理图。

本书共分八章。第 1～2 章分别介绍单片机的基础知识，包括 MCS-51 单片机结构、指令系统及单片机汇编程序设计；MCS-51 单片机系统程序设计工具，包括 Keil 软件和 Proteus 软件，同时也介绍了 C51 与标准 C 语言的一些区别；第 3～7 章分别介绍 MCS-51 单片机 I/O 端口应用设计，中断与定时及应用设计，串口应用设计，A/D 和 D/A 应用设计，以及其他常用接口应用项目，包括 I^2C 总线协议、单总线协议等。本书的第 8 章介绍了一些使用单片机的综合应用项目，包括交通信号灯模拟控制系统、直流电机和步进电机应用、具有校时/闹钟功能的数字钟、电子密码锁、乐曲播放器等。

本书主要供电子类专业本科生作为学习单片机 C 语言程序设计的教材或参考书，亦可供其他相关专业学生参考使用。本书亦可作为电子工程技术人员或单片机技术爱好者的参考资料。

图书在版编目(CIP)数据

单片机系统设计、仿真与应用：基于 Keil 和 Proteus 仿真平台/贺敬凯，刘德新，管明祥编著
—西安：西安电子科技大学出版社，2011.2(2018.2 重印)
高等学校电子信息类专业“十二五”规划教材
ISBN 978-7-5606-2534-8
Ⅰ. ①单…　Ⅱ. ① 贺…　② 刘…　③ 管…
Ⅲ. ①单片微型计算机—系统设计—应用软件，Keil、Proteus—高等学校—教材
②单片微型计算机—系统仿真—应用软件，Keil、Proteus—高等学校—教材　Ⅳ. ①TP368

中国版本图书馆 CIP 数据核字(2010)第 261466 号

策　　划　云立实
责任编辑　云立实　李文娟
出版发行　西安电子科技大学出版社(西安市太白南路 2 号)
电　　话　(029)88242885　88201467　　邮　　编　710071
网　　址　www.xduph.com　　电子邮箱　xdupfxb001@163.com
经　　销　新华书店
印刷单位　陕西天意印刷有限责任公司
版　　次　2011 年 2 月第 1 版　2018 年 2 月第 4 次印刷
开　　本　787 毫米×1092 毫米　1/16　印 张　14.875
字　　数　347 千字
印　　数　6001～9000 册
定　　价　33.00 元
ISBN 978 - 7 - 5606 - 2534 - 8/TP
XDUP 2826001-4
如有印装问题可调换

前　言

目前，各高校电类专业都将C语言作为专业基础课纳入教学设计中。C语言功能强大，便于模块化开发，在单片机应用系统开发中，也是首选的高级语言之一。鉴于此，作者在单片机教学过程中，尝试尽早引入C语言，在各应用实例中也尽量采用C语言。在多次讲授的基础上，作者对讲义进行了充实和完善，最终整理汇总形成了本书。

本书共分八章。第1章介绍单片机的基础知识，包括MCS-51单片机内部结构、外部结构、指令系统以及单片机汇编程序设计；第2章对MCS-51单片机系统程序设计工具进行了介绍，开发仿真工具包括Keil软件和Proteus软件，同时也介绍了C51与标准C语言的一些区别；第3章介绍了MCS-51单片机I/O端口的应用设计，包括流水灯、数码管、矩阵键盘、LCD显示、LED矩阵显示等项目，并介绍了单片机I/O端口的扩展以及8255A的应用；第4章介绍了MCS-51单片机中断与定时及应用设计，包括秒表、可调频率方波、频率计等项目；第5章介绍了MCS-51单片机串口应用设计，包括单片机与微机通信、单片机双机通信以及多机通信项目；第6章介绍了MCS-51单片机A/D和D/A应用设计，包括ADC0809数据采集、DAC0832数/模转换及其应用等项目；第7章介绍了其他常用接口应用项目，包括I^2C总线协议、单总线协议等；第8章则介绍一些使用单片机的综合应用项目，包括交通信号灯模拟控制系统、直流电机和步进电机应用、具有校时/闹钟功能的数字钟、电子密码锁、乐曲播放器等。

本书具有以下特色：

(1) 基本上所有单片机应用项目均基于统一的原理图，原理图采用层次电路图方式绘制，使得所有应用项目成为一个统一的整体。该原理图稍作修改即可用于制作一个实验开发板，通过这个原理图验证的所有应用项目，均可以应用于实际制作的实验开发板中。

(2) 单片机原理和项目开发同步进行，边讲原理边讲项目。项目的应用侧重于实际应用，即每个项目均可以应用于实际场合。本书内容全面，包括端口应用、定时器/计数器应用、中断应用、串口应用、A/D和D/A应用等。

(3) 所有项目均在Proteus软件(书中所给出的电路原理图均由该软件生成)中完成，不需要采购原器件，这对电子类专业的学生来说，是一个福音。本书所选项目均是MCS-51系列单片机的经典项目，每个项目均有仿真结果和实时演示，直观易懂。

本书可作为电子、通信、自动化、计算机应用技术等学科专业的教材或参考书，同时也可作为电子设计竞赛、单片机应用的自学参考书。另外，本书面向的主要对象还包括MCS-51单片机的初学者和中级水平的读者。对于单片机高级用户来说，本书涵盖的知识面广，也可以成为他们的一本很好的参考书。

全书由贺敬凯编写，刘德新和管明祥负责审稿和校稿工作。作者感谢学院的各级领导、各位老师和同事，正是他们对课程改革与教材编写的热情关心、全力支持与具体帮助，才使本书得以如期问世。

本书在编写过程中引用了一些学者的著作和论文中的研究成果，在这里向他们表示衷心的感谢。同时，也要感谢西安电子科技大学出版社的云立实编辑，感谢他为出版本书付出的努力！

本书提供案例压缩包，有需要的读者可向作者索取，作者邮箱是：hejingkai@21cn.com。另外，为方便读者学习、使用，西安电子科技大学出版社网站上挂有本书源码汇总。

限于作者水平，本书中的不妥之处希望读者批评指正。

贺 敬 凯

2010 年 10 月于深圳

目　录

第 1 章　单片机基础知识

MCS-51 系列单片机产品有 8051、8031、8751、80C51、80C31、87C51 等型号(前三个器件是 HMOS 工艺，后三个器件是分别与前三个器件兼容的低功耗 CMOS 工艺)。它们的结构基本相同，其主要差别反映在存储器的配置上，8051 内部设有 4 KB 的掩模 ROM 程序存储器，8031 片内没有程序存储器，而 8751 是将 8051 片内的 ROM 换成 EPROM。本章将介绍 8051 单片机的结构及相关知识。

1.1　MCS-51 单片机内部结构

MCS-51 单片机在一块芯片中集成了 CPU、RAM、ROM、定时器/计数器和多功能的 I/O 线等基本功能部件。8051 单片机框图如图 1-1 所示。

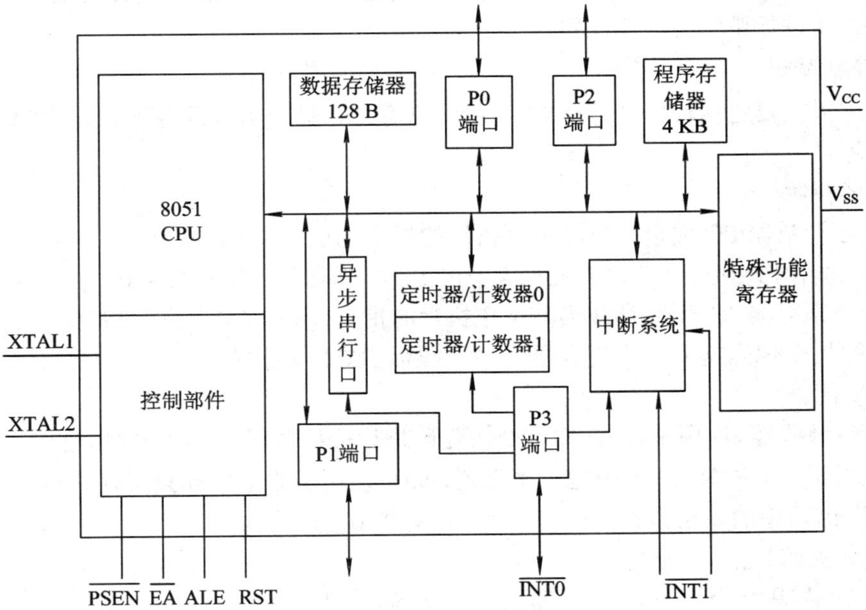

图 1-1　8051 单片机框图

图 1-1 中，将 4 KB 的 ROM 存储器部分用 EPROM 替换就成为 8751 的结构图；去掉图中的 ROM 部分就成为 8031 的结构图。

从图中可以看出，8051 单片机包含下列几个部件：

- 一个 8 位 CPU；
- 4 KB ROM 程序存储器；

➢ 128 字节 RAM 数据存储器；

➢ 32 条 I/O 线(P0～P3 共四个 8 位并行 I/O 端口)；

➢ 一个全双工异步串行口；

➢ 两个 16 位定时器/计数器；

➢ 具有五个中断源、两个优先级嵌套的中断结构；

➢ 控制部件，一般包括可寻址 64 KB 外部数据存储器和 64 KB 外部程序存储器空间的控制电路、一个片内振荡器及时钟电路等。

各功能部件由内部总线连接在一起。

1.1.1　中央处理器 CPU

CPU 是单片机的核心部件,它由运算器和控制逻辑构成,其中包括若干特殊功能寄存器。

1．运算器

运算器的功能是进行算术运算和逻辑运算，可以对半字节(4 位)、单字节(8 位)等数据进行操作。例如它能完成加、减、乘、除、加 1、减 1、BCD 码十进制调整、比较等算术运算和与、或、异或、求补、循环等逻辑操作，操作结果的状态信息送至状态寄存器。

8051 运算器还包含有一个布尔处理器，用来处理位操作。它是以进位标志位 C 为位累加器的，可执行置位、复位、取反、等于 1 转移、等于 0 转移、等于 1 转移且清 0 以及进位标志位与其他可寻址的位之间进行数据传送等位操作。它也能使进位标志位与其他可位寻址的位之间进行逻辑与、或操作。

2．控制逻辑

控制逻辑主要包括程序计数器 PC、指令寄存器、译码器以及地址指针 DPTR、定时、控制逻辑等。

1) 指令部件

➢ 程序计数器 PC 用来存放即将要执行的指令地址，共 16 位，可对 64 KB 程序存储器直接寻址。执行指令时，PC 内容的低 8 位经 P0 端口输出，高 8 位经 P2 端口输出。

➢ 指令寄存器 IR 用来存放当前正在执行的指令代码。CPU 执行指令时，由程序存储器中读取的指令代码送入指令寄存器，经译码后由定时与控制电路发出相应的控制信号，完成指令功能。

➢ 指令译码器 ID 用来对 IR 中指令操作码进行分析解释，并产生相应的控制信号。

➢ 数据指针 DPTR 是 16 位地址寄存器，即可以用于寻址外部数据存储器，也可以寻址外部程序存储器中的表格数据。DPTR 也可以寻址 64 KB 地址空间。

2) 时钟电路

8051 片内有一个由反向放大器所构成的振荡电路，XTAL1 和 XTAL2 分别为振荡电路的输入和输出端，时钟可以由内部方式或外部方式产生。内部方式时钟电路如图 1-2 所示。在 XTAL1 和 XTAL2 引脚上外接定时元件，内部振荡电路就产生自激振荡。定时元件通常采用石英晶体和电容组成的并联谐振回路，晶振可以在

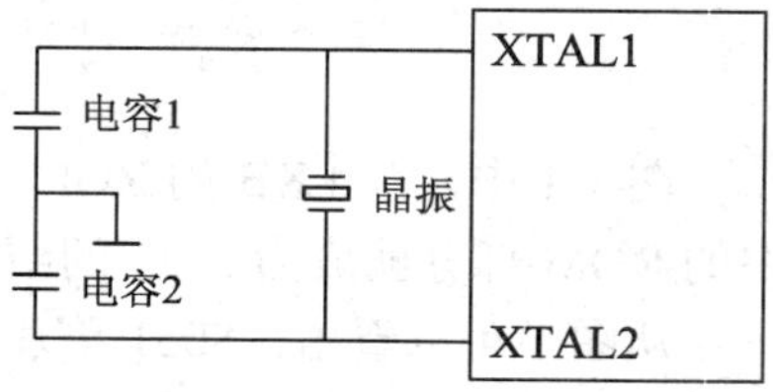

图 1-2　内部方式时钟电路

1.2～24 MHz 之间选择，电容值在 5～40 pF 之间选择，调整电容的大小可起频率微调作用。

外部方式的时钟很少用，若要用时，只要将 XTAL1 接地，XTAL2 接外部振荡器就可以了。这种方式对外部振荡信号无特殊要求，只要求保证脉冲宽度，一般采用频率低于 12 MHz 的方波信号。

3) 基本时序周期

一条指令译码后，将产生一系列微操作信号，这些微操作信号用于控制各部件完成相应的功能，在时间上有严格的先后次序，这种次序就是计算机的时序。在讨论时序前，下面首先给出相关的几个概念：

振荡周期：指振荡源的周期，若为内部产生方式，则为石英晶体的振荡周期。

机器周期：一个机器周期含有 12 个振荡周期。

指令周期：执行一条指令占用的全部时间。8051 的指令周期含 1～4 个机器周期，多数为一个机器周期。

例如，若振荡周期 f_{osc} = 12 MHz，则 8051 各周期参数为振荡周期：1/12 μs；机器周期：1 μs；指令周期：1～4 μs。

4) 指令时序

一个机器周期由六个状态(12 个振荡周期)组成，每个状态又被分成 P1 和 P2 两个时相。所以，一个机器周期可以依次表示为 S1P1，S1P2，…，S6P1，S6P2。

图 1-3 给出了 8051 单片机的取指和执行指令的定时关系。

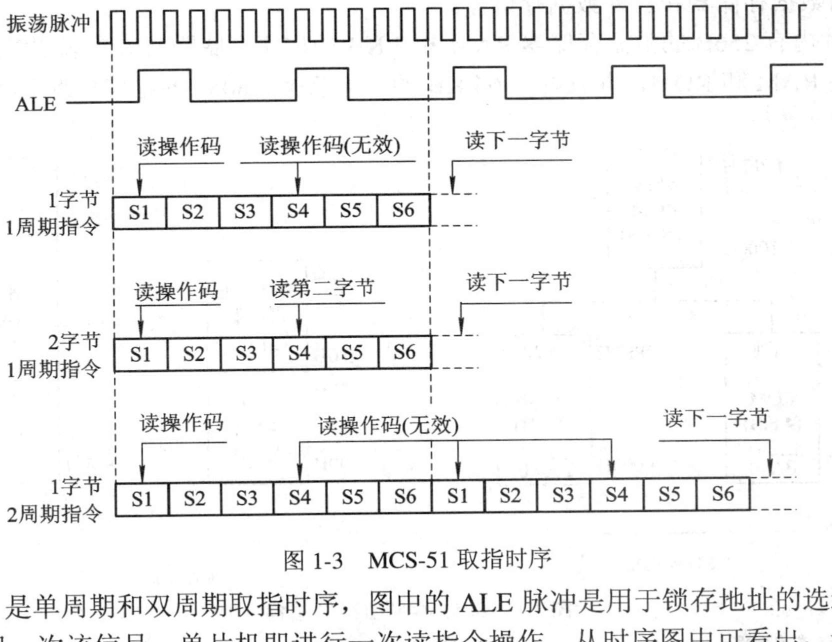

图 1-3　MCS-51 取指时序

图 1-3 是单周期和双周期取指时序，图中的 ALE 脉冲是用于锁存地址的选通信号，显然，每出现一次该信号，单片机即进行一次读指令操作。从时序图中可看出，该信号是时钟频率 6 分频后得到的，在一个机器周期中，ALE 信号两次有效，第一次在 S1P2 和 S2P1 期间，第二次在 S4P2 和 S5P1 期间。

接下来分别对几个典型的指令时序加以说明。

➢ 单字节单周期指令：单字节单周期指令只进行一次读指令操作，当第二个 ALE 信号有效时，PC 并不加 1，读出的还是原指令，属于一次无效的读操作。

➢ 双字节单周期指令：这类指令两次的 ALE 信号都是有效的，只是第一个 ALE 信号有效时读的是操作码，第二个 ALE 信号有效时读的是操作数。

➢ 单字节双周期指令：两个机器周期需进行四次读指令操作，但只有一次读操作是有效的，后三次的读操作均为无效操作。

上面的时序图中，我们只描述了读取片内 ROM 指令的时序，对于存取片外 ROM 指令和片外 RAM 数据的时序则更复杂。事实上本书原理图设计中并未涉及片外 ROM 和片外 RAM。另外，这里仅仅画出了读取指令的时序而没有画出指令执行时序，因为每条指令都包含了具体的操作数，而操作数类型种类繁多，这里不再列出，有兴趣的读者可参阅相关书籍。

1.1.2 存储器组织

MCS-51 存储器结构中程序存储器和数据存储器是相互独立的，各有自己的寻址系统、控制信号和功能。程序存储器用来存放程序和始终要保留的常数，例如，所编程序经汇编后的机器码；数据存储器通常用来存放程序运行中所需要的常数或变量，例如，做加法时的加数和被加数、做乘法时的乘数和被乘数、模/数转换时实时记录的数据等。单片机的数据存储器编址方式采用与工作寄存器、I/O 端口锁存器统一编址的方式。

从物理地址空间看，MCS-51 有四个存储器地址空间，即片内程序存储器、片外程序存储器、片内数据存储器和片外数据存储器。

8051 片内有 256B 的数据存储器 RAM 和 4 KB 的程序存储器 ROM。除此之外，还可以在片外扩展 RAM 和 ROM，并且各有 64 KB 的寻址范围。8051 的存储器组织结构如图 1-4 所示。

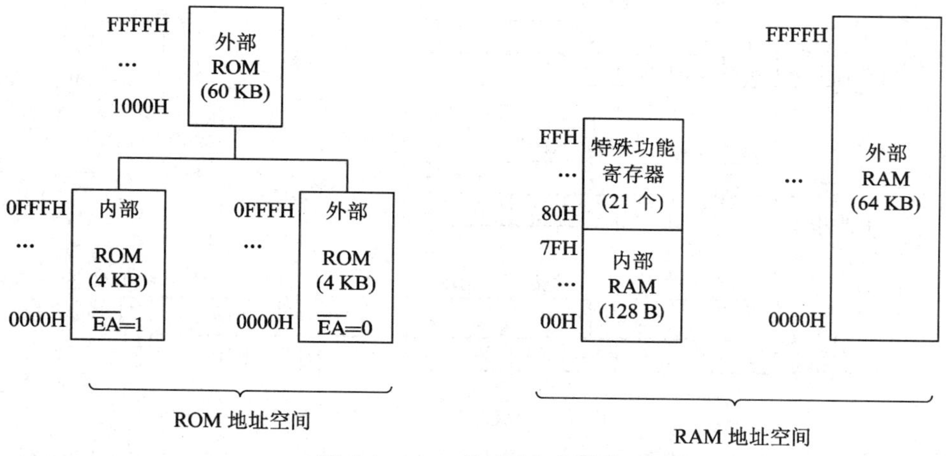

图 1-4　8051 存储器组织结构

1. 程序存储器

程序存储器用来存放程序和表格常数。程序存储器以程序计数器 PC 作为地址指针，通过 16 位地址总线，可寻址的地址空间为 64 KB，片内、片外统一编址。

在 8051/8751 片内，带有 4 KB 的 ROM/EPROM 程序存储器(内部程序存储器)可存储约两千多条指令，对于一个小型的单片机控制系统来说足够了，不必另加程序存储器，若不够还可选 8 KB 或 16 KB 内存的单片机芯片，例如 89C52 等。

若开发的单片机系统较复杂，片内程序存储器存储空间不够用时，可外扩展程序存储器，具体扩展多大的芯片要计算一下，这由两个条件决定：一是看程序容量大小，二是看扩展芯片容量大小，64 KB 总容量减去内部 4 KB 即为外部能扩展的最大容量。若再不够就只能换 16 位或者 32 位单片机芯片。常用的外部存储器有 2764(容量为 8 KB)、27128(容量为 16 KB)、27256(容量为 32 KB)、27512(容量为 64 KB)等。通常情况下，尽量不要扩展外部程序存储器，因为这会增加成本，增大产品体积。

MCS-51 单片机复位后程序计数器 PC 的内容为 0000H，因此系统从 0000H 单元开始取指，并执行程序，它是系统执行程序的起始地址，通常在该单元中存放一条跳转指令，而用户程序从跳转地址开始存放。

单片机系统设计时，将 $\overline{EA}$ 引脚接高电平，则程序首先从内部 ROM 的 0000H 处开始执行，当 PC 值超出内部 ROM 的容量时，就会自动转向外部程序存储器空间。

2．外部数据存储器

MCS-51 单片机的数据存储器无论在物理上或逻辑上都分为两个地址空间，一个为内部数据存储器，访问内部数据存储器用 MOV 指令；另一个为外部数据存储器，访问外部数据存储器用 MOVX 指令。

MCS-51 具有扩展 64 KB 外部数据存储器和 I/O 端口的能力，这对很多应用领域已足够使用，对外部数据存储器的访问采用 MOVX 指令，用间接寻址方式，R0、R1 和 DPTR 都可作为间址寄存器。

系统较小时，在内部的 RAM(30H～7FH)足够的情况下就不要再扩展外部数据存储器 RAM，若确实要扩展，建议采用串行数据存储器 AT24CXX 系列。

3．内部数据存储器

MCS-51 系列单片机各芯片内部都有数据存储器，是最灵活的地址空间，它分成物理上独立的且性质不同的几个区：00H～7FH 单元组成的 128 字节地址空间的 RAM 区；80H～FFH 单元组成的高 128 字节地址空间，该区间又称特殊功能寄存器(SFR)区。需要注意的是：128 字节的 SFR 区中只有一部分字节是有定义的，若访问的是这一区中没有定义的单元，则得到的是一个随机数。

1) 内部 RAM 区低 128B

内部 RAM 区低 128B 中不同的地址区域功能结构如表 1-1 所示。

表 1-1　MCS-51 内部 RAM 存储器结构

地址范围		功　能
30H～7H		数据缓冲区
20H～2FH		位寻址区(位地址 00～7F)
00H～1FH	18H～1FH	工作寄存器区 3(R0～R7)
	10H～17H	工作寄存器区 2(R0～R7)
	08H～0FH	工作寄存器区 1(R0～R7)
	00H～07H	工作寄存器区 0(R0～R7)

其中 00H～1FH 共 32 个单元是四个通用工作寄存器区，每一个区有八个工作寄存器，编号为 R0～R7，每一个区中 R0～R7 的地址见表 1-2。

表 1-2　寄存器和 RAM 地址对照表

0 区		1 区		2 区		3 区	
地址	寄存器	地址	寄存器	地址	寄存器	地址	寄存器
00H	R0	08H	R0	10H	R0	18H	R0
01H	R1	09H	R1	11H	R1	19H	R1
02H	R2	0AH	R2	12H	R2	1AH	R2
03H	R3	0BH	R3	13H	R3	1BH	R3
04H	R4	0CH	R4	14H	R4	1CH	R4
05H	R5	0DH	R5	15H	R5	1DH	R5
06H	R6	0EH	R6	16H	R6	1EH	R6
07H	R7	0FH	R7	17H	R7	1FH	R7

当前程序使用的工作寄存器区是由程序状态字 PSW(特殊功能寄存器，字节地址为 0D0H)中的 D4、D3 位(RS1 和 RS0)来指示的，PSW 的状态和工作寄存器区对应关系见表 1-3。

表 1-3　工作寄存器区选择

PSW.4 (RS1)	PSW.3 (RS0)	当前使用的工作寄存器区 R0～R7
0	0	0 区　(00～07H)
0	1	1 区　(08～0FH)
1	0	2 区　(10～17H)
1	1	3 区　(18～1FH)

CPU 通过对 PSW 中 D4、D3 位内容的修改，就能任选一个工作寄存器区，若不设定为则默认为第 0 区，这个特点使 MCS-51 具有快速现场保护的功能。

如果用户程序不需要四个工作寄存器区，则不用的工作寄存器单元可以作为一般的 RAM 来使用。

内部 RAM 的 20H～2FH 为位寻址区(见表 1-4)。

表 1-4　RAM 寻址区位地址映像

字节地址	位地址							
	D7	D6	D5	D4	D3	D2	D1	D0
2FH	7F	7E	7D	7C	7B	7A	79	78
2EH	77	76	75	74	73	72	71	70
2DH	6F	6E	6D	6C	6B	6A	69	68
2CH	67	66	65	64	63	62	61	60
2BH	5F	5E	5D	5C	5B	5A	59	58
2AH	57	56	55	54	53	52	51	50
29H	4F	4E	4D	4C	4B	4A	49	48
28H	47	46	45	44	43	42	41	40
27H	3F	3E	3D	3C	3B	3A	39	38
26H	37	36	35	34	33	32	31	30
25H	2F	2E	2D	2C	2B	2A	29	28
24H	27	26	25	24	23	22	21	20
23H	1F	1E	1D	1C	1B	1A	19	18
22H	17	16	15	14	13	12	11	10
21H	0F	0E	0D	0C	0B	0A	09	08
20H	07	06	05	04	03	02	01	00

这 16 个单元的每一位都有一个位地址，位地址范围为 00H～7FH。位寻址区的每一位都可以视作软件触发器，通常把各种程序状态标志、位控制变量设在位寻址区内，由程序直接进行位处理。

同样，位寻址区的 RAM 单元也可以作为一般的数据缓冲器使用。

在一个实际的程序中，往往需要一个后进先出的 RAM 区，以保存 CPU 的现场，这种后进先出的缓冲器区称为堆栈。堆栈原则上可以设在内部 RAM 的任意区域内，但一般设在 30H～7FH 的范围内。栈顶的位置由栈指针 SP 指出。

2) 特殊功能寄存器

MCS-51 单片机内的定时器、串行口数据缓冲器以及各种控制寄存器和状态寄存器都是以特殊功能寄存器的形式出现的，它们分布在内部 RAM 的地址空间范围(80H～FFH)内。

表 1-5 列出了这些特殊功能存储器的助记标识符、名称及地址，对于可位寻址的特殊功能寄存器，也给出了相应的位地址。其中大部分寄存器的应用将在后面有关章节中详述，这里仅作简单介绍。

表 1-5　特殊功能寄存器地址表

SFR	字节地址	位地址							
		D0	D1	D2	D3	D4	D5	D6	D7
P0	80	P0.0	P0.1	P0.2	P0.3	P0.4	P0.5	P0.6	P0.7
		80	81	82	83	84	85	86	87
SP	81								
DPL	82								
DPH	83								
PCON	87								
TCON	88	IT0					TF0		
		88	89	8A	8B	8C	8D	8E	8F
TMOD	89								
TL0	8A								
TL1	8B								
TH0	8C								
TH1	8D								
P1	90	P1.0	P1.1	P1.2	P1.3	P1.4	P1.5	P1.6	P1.7
		90	91	92	93	94	95	96	97
SCON	98	RI	TI	RB8	TB8	REN	SM2	SM1	SM0
		98	99	9A	9B	9C	9D	9E	9F
SBUF	99								
P2	A0	P2.0	P2.1	P2.2	P2.3	P2.4	P2.5	P2.6	P2.7
		A0	A1	A2	A3	A4	A5	A6	A7
IE	A8	EX0	ET0	EX1	ET1	ES			EA
		A8	A9	AA	AB	AC			AF
P3	B0	P3.0	P3.1	P3.2	P3.3	P3.4	P3.5	P3.6	P3.7
		B0	B1	B2	B3	B4	B5	B6	B7
IP	B8	PX0	PT0	PX1	PT1	PS			
		B8	B9	BA	BB	BC			
PSW	D0	P	—	OV	RS0	RS1	F0	AC	CY
		D0	D1	D2	D3	D4	D5	D6	D7
ACC	E0								
		E0	E1	E2	E3	E4	E5	E6	E7
B	F0								
		F0	F1	F2	F3	F4	F5	F6	F7

(1) 程序状态字 PSW。程序状态字是一个 8 位寄存器，它包含了程序状态信息。此寄存器各位的含义如下所示，其中 PSW.1 未用，其他各位说明如下：

CY	AC	F0	RS1	RS0	OV	—	P

➢ CY(PSW.7)：进位标志。在执行某些算术和逻辑指令时，它可以被硬件或软件置位或清零。在布尔处理机中它被认为是位累加器，其重要性相当于一般中央处理机中的累加器 A。

➢ AC(PSW.6)：辅助进位标志。当进行加法或减法操作而产生由低 4 位数(BCD 码一位)向高 4 位数进位或借位时，AC 将被硬件置位，否则就被清零。AC 被用于 BCD 码调整，详见 DA、A 指令。

➢ F0(PSW.5)：用户标志位，F0 是用户定义的一个状态标记，用软件来使它置位或清零。该标志位状态一经设定，可由软件测试，以控制程序的流向。

➢ RS1，RS0(PSW.4，PSW.3)：寄存器区选择控制位。它可以用软件来置位或清零以确定工作寄存器区。RS1、RS0 与寄存器区的对应关系见表 1-3。

➢ OV(PSW.2)：溢出标志。当执行算术指令时，由硬件置位或清零，以指示溢出状态。

当执行加法指令 ADD 时，位 6 向位 7 有进位而位 7 不向 CY 进位时，或位 6 不向位 7 进位而位 7 向 CY 进位时，溢出标志 OV 置位，否则清零。

溢出标志常用于 ADD 和 SUBB 指令对带符号数作加减运算，OV=1 表示加减运算的结果超出了目的寄存器 A 所能表示的带符号数(2 的补码)的范围(−128～+127)。

在 MCS-51 中，无符号数乘法指令 MUL 的执行结果也会影响溢出标志。若置于累加器 A 和寄存器 B 的两个数的乘积超过 255 时，OV=1，否则 OV=0。此积的高 8 位放在 B 内，低 8 位放在 A 内。因此，OV=0 意味着只要从 A 中取得乘积即可，否则要从 B A 寄存器对中取得乘积。

除法指令 DIV 也会影响溢出标志。当除数为 0 时，OV=1，否则 OV=0。

➢ P(PSW.0)：奇偶标志，每个指令周期都由硬件来置位或清“0”，以表示累加器 A 中 1 的位数的奇偶数。若 1 的位数为奇数，P 置“1”，否则 P 清“0”。

P 标志位对串行通信中的数据传输有重要的意义，在串行通信中常用奇偶校验的办法来检验数据传输的可靠性。在发送端可根据 P 的值对数据的奇偶置位或清零。通信协议中规定采用奇校验的办法，则 P=0 时，应对数据(假定由 A 取得)的奇偶位置位，否则就清 0。

(2) 栈指针。栈指针 SP 是一个 8 位特殊功能寄存器，它指示出堆栈顶部在内部 RAM 中的位置。系统复位后，SP 初始化为 07H，使得堆栈事实上由 08H 单元开始。考虑到 08H～1FH 单元分属于工作寄存器区 1～3，若程序设计中要用到这些区，则最好把 SP 值改置为 1FH 或更大的值。SP 的初始值越小，堆栈深度就越深，堆栈指针的值可以由软件改变，因此堆栈在内部 RAM 中的位置比较灵活。

除了用软件直接改变 SP 值外，在执行各种子程序调用、中断响应时，SP 值将自动调整。

(3) 数据指针 DPTR。数据指针 DPTR 是一个 16 位特殊功能寄存器，其高位字节寄存器用 DPH 表示，低位字节寄存器用 DPL 表示。它既可以作为一个 16 位寄存器 DPTR 来处理，也可以作为两个独立的 8 位寄存器 DPL 和 DPL 来处理。

(4) 程序计数器 PC。PC 是一个 16 位的寄存器，用于存放将要执行的指令地址。CPU 每读取指令的一个字节，PC 值便自动加 1，并指向本指令的下一个字节或下一条指令。PC

可寻址 64 KB 范围 ROM，在物理结构上是独立的，它不属于内部 RAM 的 SFR 区域。

PC 没有地址，用户无法对其进行读/写，但可以通过转移、调用、返回等指令改变其内容，以实现程序的转换。

1.1.3　并行 I/O 端口

I/O 端口又称为 I/O 接口，I/O 端口是 MCS-51 单片机对外部实现控制和信息交换的必经之路，I/O 端口有串行和并行之分，串行 I/O 端口一次只能传送一位二进制信息，并行 I/O 端口一次只能传送一组二进制信息。

MCS-51 单片机设有四个 8 位双向 I/O 端口(P0、P1、P2、P3)，每一条 I/O 线都能独立地用作输入或输出。P0 口为三态双向口，能带 8 个 LSTTL 电路；P1、P2、P3 端口为准双向口(在用作输入线时，口锁存器必须先写入“1”，故称为准双向口)，负载能力为 4 个 LSTTL 电路。并行 I/O 端口内部结构图如图 1-5 所示。

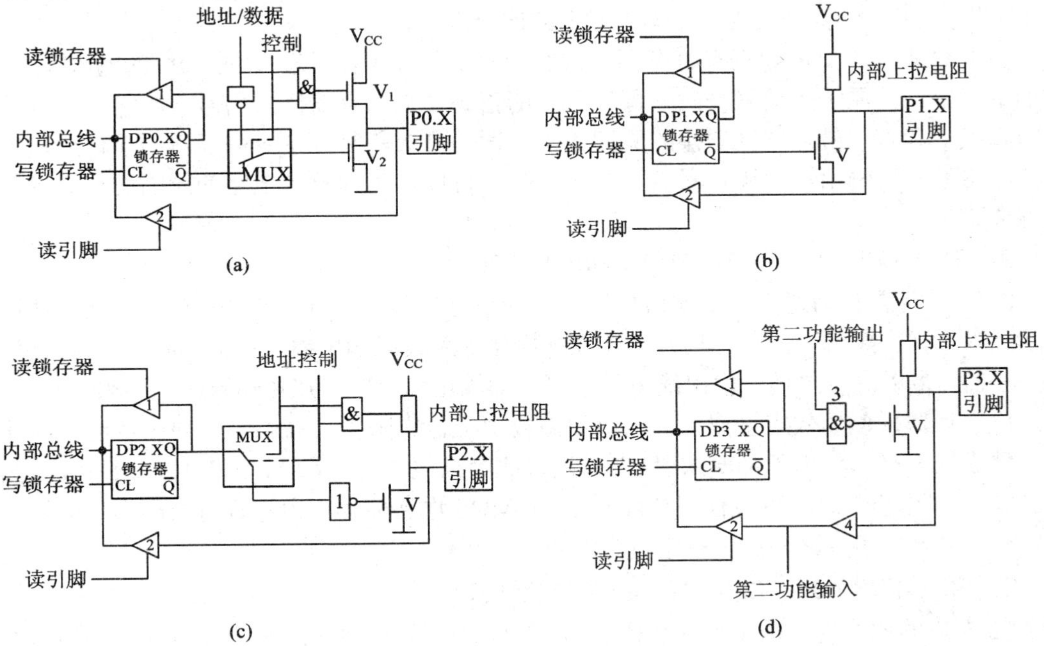

图 1-5　并行 I/O 端口内部结构图

1．P0 端口功能(P0.0～P0.7、32～39 脚)

图 1-5(a)是 P0 端口的位结构，它包括 1 个输出锁存器、2 个三态缓冲器、1 个输出驱动电路和 1 个输出控制端。输出驱动电路由一对场效应管组成，其工作状态受输出端的控制，输出控制端由 1 个与门、1 个反相器和 1 个转换开关 MUX 组成。对 8051/8751 来讲 P0 端口既可作为输入输出口，又可作为地址/数据总线使用。

1) P0 端口作地址/数据复用总线使用

若从 P0 端口输出地址或数据信息，此时控制端应为高电平，转换开关 MUX 将反相器输出端与输出级场效应管 V_2 接通，同时与门开锁，内部总线上的地址或数据信号通过与门去驱动 V_1 管，又通过反相器去驱动 V_2 管，这时内部总线上的地址或数据信号就传送到 P0

口的引脚上。工作时低 8 位地址与数据线分时使用 P0 端口。低 8 位地址由 ALE 信号的负跳变使它锁存到外部地址锁存器中，而高 8 位地址由 P2 端口输出(P0 端口和 P2 端口的地址/数据总线功能)。

2) P0 端口作通用 I/O 端口使用

对于有内部 ROM 的单片机，P0 端口也可以作为通用 I/O 端口使用，此时控制端为低电平，转换开关把输出级与锁存器的 $\overline{Q}$ 端接通，同时因与门输出为低电平，输出级 V_1 管处于截止状态，输出级为漏极开路电路，在驱动 NMOS 电路时应外接上拉电阻；作输入口用时，应先将锁存器写“1”，这时输出级两个场效应管均截止，可作高阻抗输入，通过三态输入缓冲器读取引脚信号，从而完成输入操作。

3) P0 端口线上的“读—修改—写”功能

图 1-5(a)上的一个三态缓冲器是为了读取锁存器 Q 端的数据。结构上这样安排是为了满足“读—修改—写”指令的需要，“读—修改—写”指令的特点是，从端口输入(读)信号，在单片机内加以运算(修改)后，再输出(写)到该端口上。

由于 Q 端与引脚的数据有时是不一致的。8051 单片机在对端口 P0～P3 的输入操作上，有如下约定：凡属于“读—修改—写”方式的指令，从锁存器读入信号，其它指令则从端口引脚线上读入信号。这样安排的原因在于“读—修改—写”指令需要得到端口原输出的状态，修改后再输出，读锁存器而不是读引脚，可以避免因外部电路的原因而使原端口的状态被读错。

2．P1 端口(P1.0～P1.7、1～8 脚)准双向口

P1 端口通常作为通用 I/O 端口使用，是一个有内部上拉电阻的准双向口，其位结构如图 1-5(b)所示。P1 端口的每一位口线能独立用作输入线或输出线，作输出时，如将“0”写入锁存器，场效应管导通，输出线为低电平，即输出为“0”；在作输入时，必须先将“1”写入口锁存器，使场效应管截止。该口线由内部上拉电阻拉成高电平，同时也能被外部输入源拉成低电平，即当外部输入“1”时该口线为高电平，而输入“0”时，该口线为低电平。P1 端口作输入时，可被任何 TTL 电路和 MOS 电路驱动，由于具有内部上拉电阻，也可以直接被集电极开路和漏极开路电路驱动，不必外加上拉电阻。

3．P2 端口(P2.0～P2.7，21～28 脚)准双向口

P2 端口的位结构如图 1-5(c)所示，引脚上拉电阻同 P1 端口。在结构上，P2 端口比 P1 端口多一个输出控制部分。

1) P2 端口作通用 I/O 端口使用

当 P2 端口作通用 I/O 端口使用时，是一个准双向口，此时转换开关 MUX 倒向左边，输出级与锁存器接通，引脚可接 I/O 设备，其输入输出操作与 P1 端口完全相同。

2) P2 端口作地址总线口使用

当系统中接有外部存储器时，P2 端口用于输出高 8 位地址 A15～A8。这时在 CPU 的控制下，转换开关 MUX 倒向右边，接通内部地址总线。P2 端口的口线状态取决于片内输出的地址信息，这些地址信息来源于 PCH、DPH 等。在外接程序存储器的系统中，由于访问外部存储器的操作连续不断，P2 端口不断送出地址高 8 位，此时 P2 端口一般只作为地址总线口使用，不再作为直接连接外部设备的 I/O 端口使用。

在不接外部程序存储器而接有外部数据存储器的系统中，也可视情况将 P2 端口作为 I/O 端口使用。若外接数据存储器容量为 256B，则可使用 MOVX　A，@Ri 类指令由 P0 端口送出 8 位地址，P2 端口上引脚的信号在整个访问外部数据存储器期间也不会改变，故 P2 端口仍可作为通用 I/O 端口使用。若外接存储器容量较大，则需用 MOVX A、@DPTR 类指令，由 P0 端口和 P2 端口送出 16 位地址。在读写周期内，P2 端口引脚上将保持地址信息，但从结构可知，当输出地址时，并不要求 P2 端口锁存器锁存“1”，锁存器内容也不会在送地址信息时改变。故访问外部数据存储器周期结束后，P2 端口锁存器的内容又会重新出现在引脚上。这样，根据访问外部数据存储器的频繁程度，P2 端口仍可在一定限度内作为一般 I/O 端口使用。

4．P3 端口(P3.0～P3.7、10～17 脚)双功能口

P3 端口是一个多用途的端口。作为通用 I/O 端口(即作第一功能)使用时，它也是一个准双向端口，其功能同 P1 端口。P3 端口的位结构如图 1-5(d)。

当作第二功能使用时，每一位功能定义如表 1-6 所示。P3 端口的第二功能实际上就是系统具有控制功能的控制线。此时相应的口线锁存器必须为“1”状态，与非门的输出由第二功能输出线的状态确定，从而 P3 端口线的状态取决于第二功能输出线的电平。在 P3 端口的引脚信号输入通道中有两个三态缓冲器，第二功能的输入信号取自第一个缓冲器的输出端，第二个缓冲器仍是第一功能的读引脚信号缓冲器。

表 1-6　P3 端口的第二功能

端　口　功　能	第　二　功　能
P3.0	RXD——串行输入(数据接收)口
P3.1	TXD——串行输出(数据发送)口
P3.2	$\overline{\text{TNT0}}$——外部中断 0 输入线
P3.3	$\overline{\text{TNT1}}$——外部中断 1 输入线
P3.4	T0——定时器 0 外部输入
P3.5	T1——定时器 1 外部输入
P3.6	$\overline{\text{WR}}$——外部数据存储器写选通信号输出
P3.7	$\overline{\text{RD}}$——外部数据存储器读选通信号输入

四个并行 I/O 端口内部均有一个八位数据输出锁存器和一个八位数据输入缓冲器，四个数据输出锁存器与端口号 P0、P1、P2 和 P3 同名，皆为特殊功能寄存器。因此，CPU 数据从并行 I/O 端口输出时可以得到锁存，数据输入时可以得到缓冲。

四个并行 I/O 端口作为通用 I/O 端口使用时，均有写端口、读端口和读引脚三种操作方式。写端口实际上就是输出数据，是将数据传送到端口锁存器中，同时自动从端口引脚线上输出。读端口不是真正的从外部输入数据，而是将端口锁存器中的数据读入 CPU。读引脚才是真正的输入外部数据，是从端口引脚线上读入外部的输入数据。

1.1.4　内部资源

1．串行 I/O 端口

8051 有一个全双工的可编程串行 I/O 端口。这个串行 I/O 端口既可以在程序控制下将

CPU 的八位并行数据变成串行数据一位一位地从发送数据线 TXD 发送出去，也可以把串行接收到的数据变成八位并行数据送给 CPU，而且这种串行发送和串行接收可以单独进行，也可以同时进行。

8051 的串行发送和串行接收利用了 P3 端口的第二功能，即利用 P3.1 引脚作为串行数据的发送线 TXD、P3.0 引脚作为串行数据的接收线 RXD，如表 1-6 所示。串行 I/O 端口的电路结构还包括串行口控制器 SCON，电源及波特率选择寄存器 PCON 和串行数据缓冲器 SBUF 等，它们都属于特殊功能寄存器 SFR。其中 PCON 和 SCON 用于设置串行口工作方式和确定数据的发送和接收波特率，SBUF 实际上由两个八位寄存器组成，一个用于存放欲发送的数据，另一个用于存放接收到的数据，起着数据的缓冲作用。

2．定时器/计数器

8051 单片机内部有两个 16 位可编程定时器/计数器，即定时器 T0 和定时器 T1。它们既可用作定时器方式，又可用作计数器方式，可编程设定 4 种不同的工作方式。

如果需要，定时器在计到规定的定时值时可以向 CPU 发出中断申请，在计数状态下同样也可以申请中断。

在定时工作时，时钟由单片机内部提供，即系统时钟经过 12 分频后作为定时器的时钟；计数工作时，时钟脉冲(或称为计数脉冲)由 T0 和 T1(即 P3.4 和 P3.5)输入。

3．中断系统

8051 单片机中有五个中断源，分别为两个外部中断、两个定时器/计数器中断以及一个串行口中断。

两个外部中断申请通过 $\overline{\text{INT0}}$ 和 $\overline{\text{INT1}}$ (即 P3.2 和 P3.3)输入，输入方式可以是电平触发(低电平有效)，也可以是边沿触发(下降沿有效)。两个定时器/计数器中断申请是当 T0 和 T1 计数溢出时向 CPU 提出的。一个串行口中断申请是由串行口发出的，串行口每发送完一个数据或接收完一个数据，就可以提出一次中断申请。

8051 单片机设有两级优先级，高优先级中断和低优先级中断。中断源的中断优先级分别由中断控制寄存器的各位来设定。

1.1.5 引脚定义及功能

MCS-51 单片机采用 40 引脚的双列直插封装，如图 1-6 所示。

40 条引脚说明如下：

1．主电源引脚 V_{SS} 和 V_{CC}(2 个)

➢ V_{SS}：接地。

➢ V_{CC}：正常操作时为 +5 V 电源。

2．外接晶振引脚 XTAL1 和 XTAL2(2 个)

➢ XTAL1：内部振荡电路反相放大器的输入端，是外接晶体的一个引脚。当采用外部振荡器时，此引脚接地。

➢ XTAL2：内部振荡电路反相放大器的输出端，是外接晶体的另一端。当采用外部振荡器时，此引脚接外部振荡源。

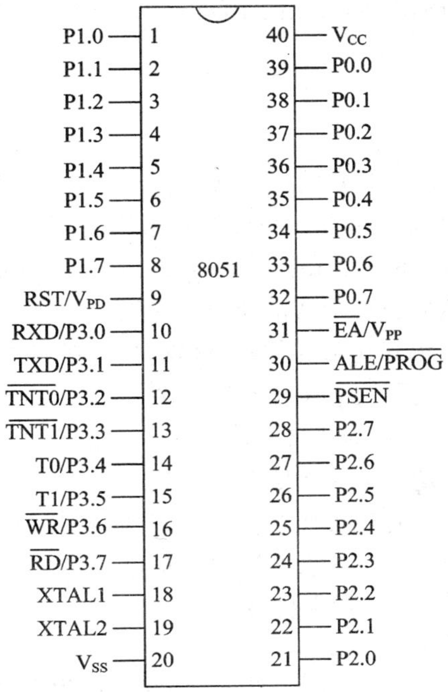

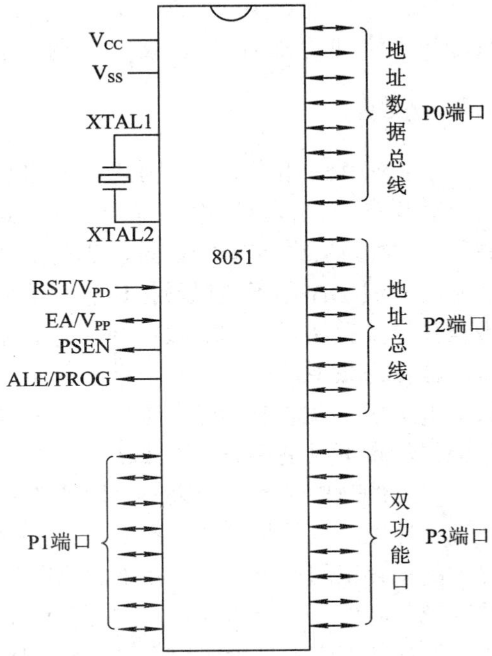

图 1-6　8051 引脚排列图

3. 控制引脚(4 个)

➢ RST/V_{PD}：当振荡器运行时，在此引脚上出现两个机器周期的高电平(由低到高跳变)，将使单片机复位。在 V_{CC} 掉电期间，此引脚可接上备用电源，由 V_{PD} 向内部提供备用电源，以保持内部 RAM 中的数据。

➢ ALE/$\overline{\text{PROG}}$：正常操作时为 ALE 功能(允许地址锁存)，提供把地址的低字节锁存到外部锁存器。ALE 引脚以不变的频率(振荡器频率的 1/6)周期性地发出正脉冲信号，因此，它可用作对外输出的时钟，或用于达到定时的目的。对于 EPROM 型单片机，在 EPROM 编程期间，此引脚接收编程脉冲($\overline{\text{PROG}}$ 功能)。

➢ $\overline{\text{PSEN}}$：外部程序存储器读选通信号输出端，在从外部程序存储取指令(或数据)期间，$\overline{\text{PSEN}}$ 在每个机器周期内两次有效。$\overline{\text{PSEN}}$ 同样可以驱动八个 LSTTL 输入。

➢ $\overline{\text{EA}}$/V_{PP}：内部程序存储器和外部程序存储器选择端。当 $\overline{\text{EA}}$/V_{PP} 为高电平时，访问内部程序存储器；当 $\overline{\text{EA}}$/V_{PP} 为低电平时，则访问外部程序存储器。对于 EPROM 型单片机，在 EPROM 编程期间，此引脚上加 21V EPROM 编程电源(V_{PP})。

4. 输入/输出引脚(32 个)

➢ P0 端口(P0.0～P0.7)是一个 8 位漏极开路型双向 I/O 端口，在访问外部存储器时，它是分时传送的低字节地址和数据总线。P0 端口能以吸收电流的方式驱动八个 LSTTL 负载。

➢ P1 端口(P1.0～P1.7)是一个带有内部提升电阻的 8 位准双向 I/O 端口。它能驱动(吸收或输出电流)四个 LSTTL 负载。

➢ P2 端口(P2.0～P2.7)是一个带有内部提升电阻的 8 位准双向 I/O 端口，在访问外部存储器时，它输出高 8 位地址。P2 端口可以驱动(吸收或输出电流)四个 LSTTL 负载。

➢ P3 端口(P3.0～P3.7)是一个带有内部提升电阻的 8 位准双向 I/O 端口。它能驱动(吸收或输出电流)四个 LSTTL 负载。P3 端口还用于第二功能。

1.1.6 总线

单片机采用一组公共的信号线与外部器件连接，这组公共的信号线称为“总线(BUS)”。总线上传送的信息包括数据信息、地址信息、控制信息。因此，总线又包含三种不同功能的总线，即数据总线 DB(Data Bus)、地址总线 AB(Address Bus)和控制总线 CB(Control Bus)。

数据总线 DB 用于传送数据信息。数据总线是双向三态形式的总线，它既可以把 CPU 的数据传送到存储器或 I/O 接口等其它部件，也可以将其它部件的数据传送到 CPU。数据总线的位数是微型计算机的一个重要指标，通常与微处理的字长相一致，例如 8051 单片机字长 8 位，其数据总线宽度也是 8 位。需要指出的是，数据的含义是广义的，它可以是真正的数据，也可以是指令代码或状态信息，有时甚至是一个控制信息。

地址总线 AB 是专门用来传送地址的，由于地址只能从 CPU 传向外部存储器或 I/O 端口，因此地址总线总是单向三态的，这与数据总线不同。地址总线的位数决定了 CPU 可直接寻址的内存空间大小，比如 8051 的地址总线为 16 位，则其最大可寻址空间为 $2^{16} = 64$ KB。一般来说，若地址总线为 n 位，则可寻址空间为 2^n 字节。

控制总线 CB 用来传送控制信号和时序信号。在控制信号中，有的是 CPU 送往存储器和 I/O 接口电路的，如读/写信号、片选信号、中断响应信号等；也有的是其它部件反馈给 CPU 的信号，如中断申请信号、复位信号、准备就绪信号等。因此，控制总线的传送方向由具体控制信号而定，一般是双向的，控制总线的位数要根据系统的实际控制需要而定。实际上，控制总线的具体情况主要取决于 CPU。

MCS-51 单片机属总线型结构，图 1-7 是 MCS-51 单片机按引脚功能分类的片外总线结构图。

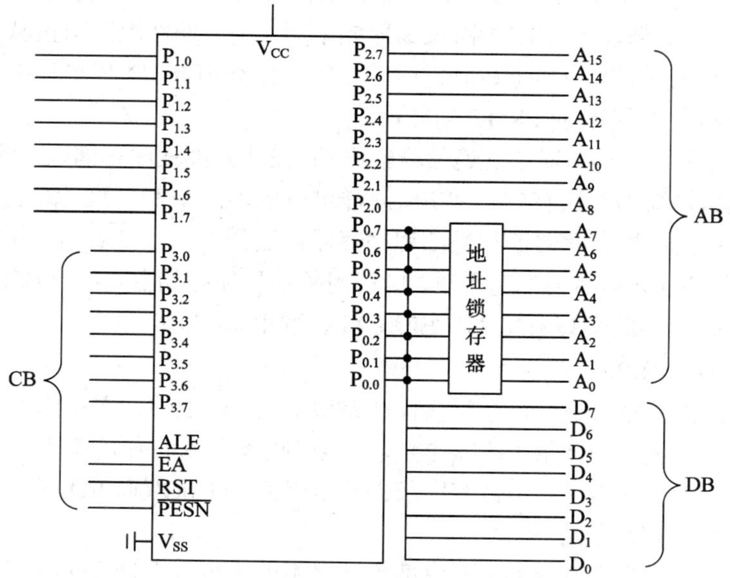

图 1-7　MCS-51 片外总线结构示意图

由图 1-7 我们可以看到，单片机的引脚除了电源、时钟接入外，其余管脚是为实现系统应用而设置的。这些引脚构成 MCS-51 单片机片外三总线结构，即：

➢ 地址总线(AB)：地址总线宽为 16 位，因此，其外部存储器直接寻址为 64 KB，16 位地址总线由 P0 端口经地址锁存器提供 8 位地址(A0～A7)；P2 端口直接提供 8 位地址(A8～A15)。

➢ 数据总线(DB)：数据总线宽度为 8 位，由 P0 端口提供。

➢ 控制总线(CB)：由 P3 端口的第二功能状态和 4 根独立控制线 RESET、EA、ALE、PSEN 组成。

在单片机访问外部存储器时，P2 端口输出高 8 位地址，P0 端口输出低 8 位地址，由 ALE(地址锁存允许)信号将 P0 端口(地址/数据总线)上的低 8 位锁存到外部地址锁存器中，从而为 P0 端口接收数据做准备。然后，PSEN(外部程序存储器选通)信号有效，由 P3 端口自动产生读/写($\overline{RD}$ / $\overline{WR}$)信号，通过 P0 端口对外部数据存储器单元进行读/写操作。

MCS-51 单片机所产生的地址、数据和控制信号与外部存储器、并行 I/O 接口芯片连接，使用起来简单、方便。

1.2　构建单片机最小系统

1.2.1　复位和复位电路

复位是单片机的初始化操作，其目的是使 CPU 及各专用寄存器处于一个确定的初始状态。除了系统正常开机复位(上电复位)外，当程序运行出错或操作错误使系统处于死循环状态时，也需要复位以使其恢复正常工作状态。

当 MCS-51 系列单片机的复位引脚 RST(全称 RESET)出现 2 个机器周期以上的高电平时，单片机就执行复位操作；如果 RST 持续为高电平，单片机就处于循环复位状态。根据应用的要求，复位操作通常有两种基本形式：上电复位和人工复位。

上电复位要求接通电源后，自动实现复位操作。常用的上电复位电路如图 1-8(a)所示。图中电容 C 和电阻 R 对电源 +5 V 来说构成微分电路，加电瞬间，RST 端的电位与 V_{CC} 相同，随着 RC 电路充电电流的减小，RST 的电位下降，只要 RST 端保持 2 个机器周期以上的高电平就能使 MCS-51 单片机有效地复位，复位电路中的 RC 参数通常先计算得出，然后由实验调整。

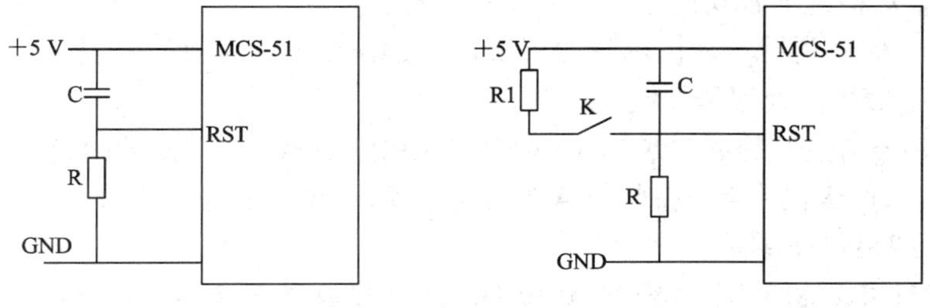

(a)　(b)

图 1-8　复位电路

人工复位要求电源接通后，单片机自动复位，并且在单片机运行期间，用开关操作也能使单片机复位。常用的人工复位电路如图 1-8(b)所示。上电后，由于电容 C 的充电，使 RST 持续一段时间的高电平。当单片机已在运行当中时，按下复位键 K 后松开，也能使 RST 保持一段时间的高电平，从而实现复位的操作。

根据实际操作的经验，在晶振为 12 MHz 的情况下，图 1-8 中两种复位电路的电容、电阻可取以下参考值：C = 10～30 μF，R = 5～10 kΩ，R1 = 1 kΩ。

单片机的复位操作使单片机进入初始化状态，其中包括使程序计数器 PC = 0000H，这表明程序从 0000H 地址单元开始执行。单片机冷启动后，片内 RAM 为随机值，运行中的复位操作不改变片内 RAM 区中的内容，21 个特殊功能寄存器复位后的状态为确定值，表 1-7 列出了部分特殊功能寄存器在复位后的值。值得指出的是，记住一些特殊功能寄存器复位后的主要状态，对于了解单片机的初态，减少应用程序中的初始化部分是十分必要的。

表 1-7 复位后特殊寄存器的状态

特殊功能寄存器	初始状态	特殊功能寄存器	初始状态
ACC	00H	TMOD	00H
B	00H	TCON	00H
PSW	00H	TH0	00H
SP	07H	TL0	00H
DPL	00H	TH1	00H
DPH	00H	TL1	00H
P0～P3	FFH	SBUF	不定
IP	***00000B	SCON	00H
IE	0**00000B	PCON	0*******B

注：表中*为随机状态。

复位电路在实际应用中很重要，所以现在有专门的复位电路，而且复位电路不断有功能更强大完善的产品推出。例如有将复位电路、电源监控电路、看门狗电路、串行 E^2PROM 存储器全部集成在一起的复位电路；也有的可分开单独使用；有的可只用部分功能，让使用者就具体情况灵活选用。

1.2.2 构建单片机最小系统

MCS-51 单片机是一种功能较强的微型计算机，它集 CPU、EPROM、RAM、I/O 接口及中断系统于一体，利用单片机本身的资源，外加电源和晶振就可构建一个简单的控制系统，实现对数字信号的处理和控制。

由 ATMEL 公司生产的 AT89C51 将 8051 的 EPROM 改成了 4K 的闪速存储器。AT89C51 与 8051 在结构方面大同小异，在此以 AT89C51 来演示单片机最小系统，并且后续章节中的实验也都使用 AT89C51 单片机。

在 AT89C51 单片机外围，增加时钟电路和复位电路即可实现最小系统，使用 AT89C51 实现的单片机最小系统如图 1-9 所示。

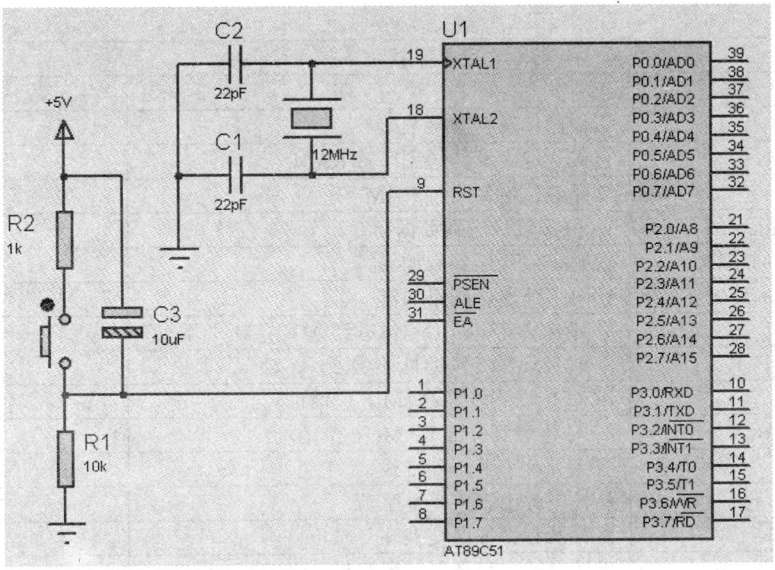

图 1-9　AT89C51 最小系统

上述最小系统，单片机已经能够正常运转。再加上简单的控制电路和相应的软件，即可完成相应的控制功能或者数字信号处理的功能。

1.3　单片机指令系统

1.3.1　指令系统

按指令功能，MCS-51 指令系统分为数据传送与交换、算术运算、逻辑运算、程序转移、布尔操作(又称位操作)、堆栈操作等 6 类，共 111 条指令，各指令助记符及功能见表 1-8 所示。

表 1-8　MCS-51 指令集(111 条指令)

传送、交换、栈出入指令(29 条)			
助 记 符	说　明	字节数	机器周期
MOV A, Rn	寄存器传送到累加器	1	1
MOV A, direct	直接寻址字节传送到累加器	2	1
MOV A, @Ri	间接 RAM 传送到累加器	1	1
MOV A, #data	立即数传送到累加器	2	1
MOV Rn, A	累加器传送到寄存器	1	1
MOV Rn, direct	直接寻址字节传送到寄存器	2	2
MOV Rn, #data	立即数传送到寄存器	2	1
MOV direct, A	累加器传送到直接寻址字节	2	1
MOV direct, Rn	寄存器传送到直接寻址字节	2	2
MOV direct, direct	直接寻址字节传送到直接寻址字节	3	2
MOV direct, @Ri	间接 RAM 传送到直接寻址字节	2	2
MOV direct, #data	立即数传送到直接寻址字节	3	2

续表(一)

传送、交换、栈出入指令(29 条)			
助 记 符	说　　明	字节数	机器周期
MOV @Ri, A	累加器传送到间接 RAM	1	1
MOV @Ri, direct	直接寻址字节传送到间接 RAM	2	2
MOV @Ri, #data	立即数传送到间接 RAM	2	1
MOV DPTR, #data16	16 位常数传送到数据指针	3	2
MOVC A, @A+DPTR	代码字节传送到累加器	1	2
MOVC A, @A+PC	代码字节传送到累加器	1	2
MOVX A, @Ri	外部 RAM(8 位地址)传送到 ACC	1	2
MOVX A, @DPTR	外部 RAM(16 位地址)传送到 ACC	1	2
MOVX @Ri, A	ACC 传送到外部 RAM(8 位地址)	1	2
MOVX @DPTR, A	ACC 传送到外部 RAM(16 位地址)	1	2
PUSH direct	直接寻址字节压到堆栈	2	2
POP direct	从栈中弹出直接寻址字节	2	2
XCH A, Rn	寄存器和累加器交换	1	1
XCH A, direct	直接寻址字节和累加器交换	2	1
XCH A, @Ri	间接 RAM 和累加器交换	1	1
XCHD A, @Ri	间接 RAM 和累加器交换低 4 位字节	1	1
SWAP A	累加器内部高，低四位交换	1	1
算术运算指令(24 条)			
助 记 符	说　　明	字节数	机器周期
ADD A, Rn	寄存器加到累加器	1	1
ADD A, direct	直接寻址字节加到累加器	2	1
ADD A, @Ri	间接 RAM 加到累加器	1	1
ADD A, #data	立即数加到累加器	2	1
ADDC A, Rn	寄存器加到累加器(带进位)	1	1
ADDC A, direct	直接寻址字节加到累加器(带进位)	2	1
ADDC A, @Ri	间接 RAM 加到累加器(带进位)	1	1
ADDC A, #data	立即数加到累加器(带进位)	2	1
SUBB A, Rn	ACC 减去寄存器(带借位)	1	1
SUBB A, direct	ACC 减去直接寻址字节(带借位)	2	1
SUBB A, @Ri	ACC 减去间接 RAM(带借位)	1	1
SUBB A, #data	ACC 减去立即数(带借位)	2	1
INC A	累加器加 1	1	1
INC Rn	寄存器加 1	1	1
INC direct	直接寻址字节加 1	2	1
INC @Ri	间接 RAM 加 1	1	1
DEC A	累加器减 1	1	1
DEC Rn	寄存器减 1	1	1
DEC direct	直接地址字节减 1	2	1
DEC @Ri	间接 RAM 减 1	1	1
INC DPTR	数据指针加 1	1	2
MUL AB	A 和 B 寄存器相乘	1	4
DIV AB	A 寄存器除以 B 寄存器	1	4
DA A	累加器十进制调整	1	1

续表(二)

逻辑运算指令(24 条)			
助 记 符	说　　明	字节数	机器周期
ANL A, Rn	寄存器“与”到累加器	1	1
ANL A, direct	直接寻址字节“与”到累加器	2	1
ANL A, @Ri	间接 RAM“与”到累加器	1	1
ANL A, #data	立即数“与”到累加器	2	1
ANL direct, A	累加器“与”到直接寻址字节	2	1
ANL direct, #data	立即数“与”到直接寻址字节	3	2
ORL A, Rn	寄存器“或”到累加器	1	1
ORL A, direct	直接寻址字节“或”到累加器	2	1
ORL A, @Ri	间接 RAM“或”到累加器	1	1
ORL A, #data	立即数“或”到累加器	2	1
ORL direct, A	累加器“或”到直接寻址字节	2	1
ORL direct, #data	立即数“或”到直接寻址字节	3	2
XRL A, Rn	寄存器“异或”到累加器	1	1
XRL A, direct	直接寻址字节“异或”到累加器	2	1
XRL A, @Ri	间接 RAM“异或”到累加器	1	1
XRL A, #data	立即数“异或”到累加器	2	1
XRL direct, A	累加器“异或”到直接寻址字节	2	1
XRL direct, #data	立即数“异或”到直接寻址字节	3	2
CLR A	累加器清零	1	1
CPL A	累加器取反	1	1
RL A	累加器循环左移	1	1
RLC A	经过进位位的累加器循环左移	1	1
RR A	累加器循环右移	1	1
RRC A	经过进位位的累加器循环右移	1	1
转移指令(17 条)			
助 记 符	说　　明	字节数	机器周期
ACALL addr11	绝对调用子程序	2	2
LCALL addr16	长调用子程序	3	2
RET	从子程序返回	1	2
RETI	从中断返回	1	2
AJMP addr11	绝对转移	2	2
LJMP addr16	长转移	3	2
SJMP rel	短转移(相对转移)	2	2
JMP @A+DPTR	相对 DPTR 的间接转移	1	2
JZ rel	累加器为零则转移	2	2
JNZ rel	累加器为非零则转移	2	2
CJNE A, direct, rel	比较直接寻址字节和 ACC，不相等则转移	3	2
CJNE A, #data, rel	比较立即数和 ACC，不相等则转移	3	2
CJNE Rn, #data, rel	比较立即数和寄存器，不相等则转移	3	2
CJNE @Ri, #data, rel	比较立即数和间接 RAM，不相等则转移	3	2
DJNZ Rn, rel	寄存器减 1，不为零则转移	3	2
DJNZ direct, rel	直接寻址字节减 1，不为零则转移	3	2
NOP	空操作	1	1

续表(三)

布尔指令(17 条)			
助 记 符	说　　明	字节数	机器周期
CLRC	清进位	1	1
CLR bit	清直接寻址位	2	1
SETB C	进位位置位	1	1
SETB bit	直接寻址位置位	2	1
CPL C	进位位取反	1	1
CPL bit	直接寻址位取反	2	1
ANL C, bit	直接寻址位“与”到进位位	2	2
ANL C, /bit	直接寻址位的反码“与”到进位位	2	2
ORL C, bit	直接寻址位“或”到进位位	2	2
ORL C, /bit	直接寻址位的反码“或”到进位位	2	2
MOV C, bit	直接寻址位传送到进位位	2	1
MOV bit, C	进位位传送到直接寻址位	2	2
JC rel	如果进位为 1 则转移	2	2
JNC rel	如果进位为 0 则转移	2	2
JB bit, rel	如果直接寻址位为 1 则转移	3	2
JNB bit, rel	如果直接寻址位为 0 则转移	3	2
JBC bit, rel	如果直接寻址位为 1 则转移并清除该位	3	2

表 1-8 说明：

(1) 在 MCS-51 指令中，一般指令主要由操作码、操作数组成。操作码指明执行什么性质和类型的操作，例如，数的传送、加法、减法等。操作数指明操作的数本身或者是操作数所在的地址。

(2) 表中符号及后续可能用到的符号的含义如下：

Rn：当前选中的寄存器区中的 8 个工作寄存器 R0～R7(n=0～7)。

Ri：当前选中的寄存器区中的 2 个工作寄存器 R0、R1(i=0，1)。

Direct：8 位的内部 RAM 单元中的直接地址。

#data：8 位立即数。

#data16：16 位立即数。

Addr16：16 位目的地址。

Addr11：11 位目的地址。

rel：8 位带符号的偏移字节，简称偏移量。

DPTR：数据指针，可用作 16 位地址寄存器。

bit：内部 RAM 或专用寄存器中的直接寻址位。

A：累加器。

B：专用寄存器，用于乘法和除法指令中。

C：进位标志/进位位或布尔操作中的累加器。

@：间址寄存器或基址寄存器的前缀，如@Ri，@DPTR。

/：位操作数的前缀，表示对该位操作数取反，如/bit。

×：片内 RAM 的直接地址或寄存器。

(×)：由×寻址的单元中的内容。

←：箭头左边的内容被右边的内容所代替。

(3) 数据传送类指令共 29 条，是将源操作数送到目的操作数。指令执行后，源操作数不变，目的操作数被源操作数取代。源操作数可采用寄存器、寄存器间接、直接、立即、变址 5 种寻址方式寻址，目的操作数可以采用寄存器、寄存器间接、直接寻址 3 种寻址方式。MCS-51 单片机片内数据传送途径如图 1-10 所示。

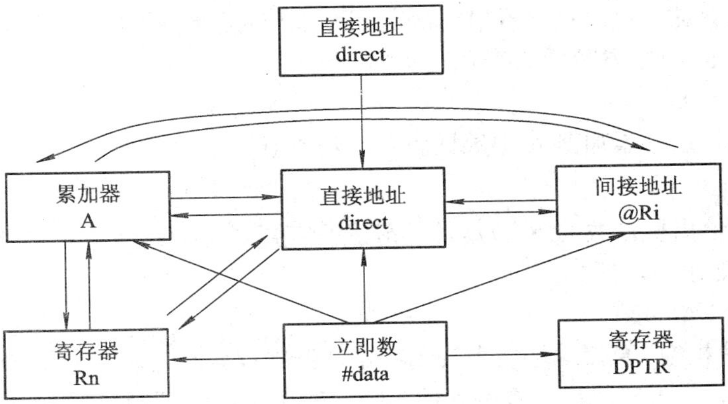

图 1-10　MCS-51 单片机片内数据传送图

(4) 堆栈操作相对来说比较特殊。所谓堆栈是在片内 RAM 中按“先进后出，后进先出”原则设置的专用存储区。数据的进栈出栈由指针 SP 统一管理。堆栈的操作有如下两条专用指令：

```
PUSH   direct        ; SP←(SP+1), (SP)←(direct)
POP    direct        ; (direct)←(SP), SP←SP-1
```

PUSH 是进栈(或称为压入操作)指令。指令执行过程如图 1-11 所示。

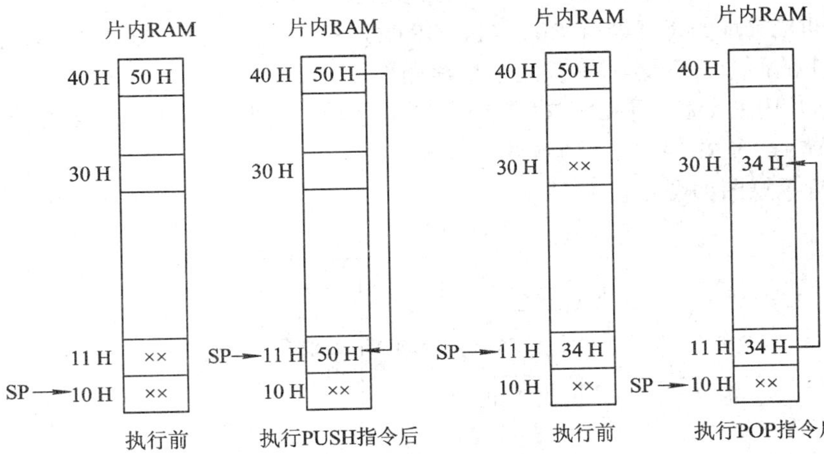

图 1-11　指令 PUSH　40H 和指令 POP　30H 操作示意图

(5) MCS-51 单片机指令系统的特点：指令执行时间短，一半以上的指令为单周期指令；指令短，约有一半的指令为单字节指令；用一条指令即可实现单字节数的相乘或相除；具有丰富的位操作指令；可直接用传送指令实现端口的输入输出操作。

1.3.2 寻址方式

寻址方式就是根据指令中给出的地址码寻找真实操作数地址的方式。在表 1-8 中使用了 7 种寻址方式：立即寻址、直接寻址、寄存器寻址、寄存器间接寻址、变址寻址、相对寻址、位寻址等，下面分别予以介绍。

1. 立即寻址

立即数就是存放在程序存储器中的常数，换句话说就是操作数(立即数)包含在指令字节中，用加 # 号的 8 位或 16 位数来表示。例如：

```
MOV    A，#40H              ；A←40H
```

上述指令执行后，累加器 A 中数据为立即数 40H。

2. 直接寻址

指令中直接给出操作数的 8 位地址，能进行直接寻址的存储空间有特殊功能寄存器和片内 RAM 低 128 字节。例如：

```
MOV    A，40H               ；A←(40H)
```

在 8051 单片机中，直接地址用来表示特殊功能寄存器时，除了以单元地址形式给出外，还可以以寄存器符号形式给出。直接寻址是唯一能访问特殊功能寄存器的寻址方式。

3. 寄存器寻址

这里的寄存器是指所选中的工作寄存器 R0～R7 或 A、B、DPTR、CY。例如：

```
ADD    A，R0                ；A←(A)+(R0)
```

单片机有 4 个工作寄存器组，共 32 个通用寄存器，但在指令中只能使用当前寄存器组。

4. 寄存器间接寻址

以寄存器的内容作为操作数的地址，在寄存器前加@以示区别。即以寄存器作为指针，用于访问片内 RAM 和片外 RAM，但不能访问 SFR。

能用于间接寻址的寄存器有 R0、R1、DPTR，SP。其中 R0、R1 是指当前所选中的工作寄存器组中的两个寄存器，SP 仅用于堆栈操作。

(1) 访问片内 RAM：用 R0、R1 作为间接寄存器，堆栈用 SP 作为间接寄存器。例如：

```
MOV    @Ri，A      (i=0 或 1)
```

指令执行示意图如图 1-12 所示。

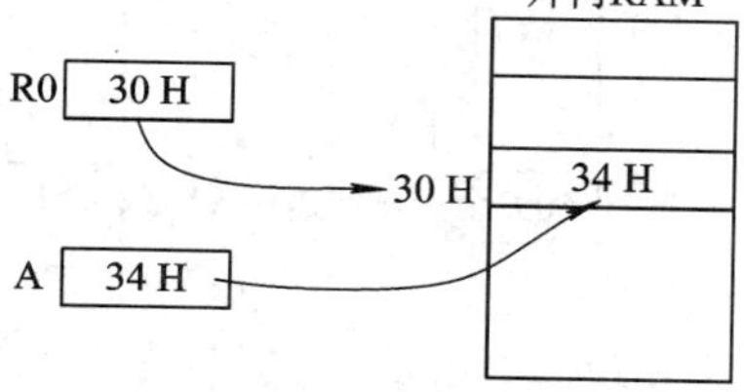

图 1-12　MOV @Ri，A 指令执行示意图

(2) 访问片外 RAM：访问片外 RAM 只能用 MOVX 指令，下面分 3 种情况说明。

➢ 访问低 256 字节，可用 R0 或 R1 作为间址寄存器。例如：

```
MOVX   A，@Ri        (i=0 或 1)
```

➢ 访问整个 64 KB 空间，可用 R0 或 R1 作为间接寄存器，用 P2 指出高 8 位地址。例如：

```
MOV     P2，# 高 8 位地址
MOVX    A，@Ri          (i=0 或 1)
```

➢ 访问整个 64 KB 空间，可用 DPTR 作为间接寄存器。例如：

```
MOVX    @DPTR，A
```

寄存器间接寻址是唯一能访问片外 RAM 的寻址方式，如图 1-13 所示。

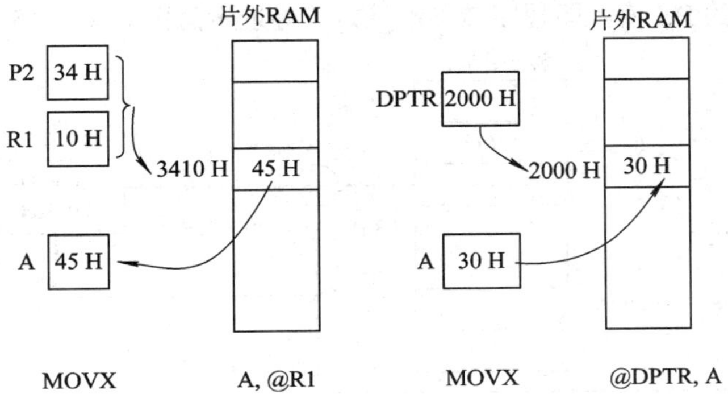

图 1-13　访问片外 RAM 示意图

5．变址寻址

变址寻址只能对程序存储器中的数据进行读取访问。在指令符号上采用 MOVC 的形式，用基址寄存器 DPTR 或 PC 的内容与变址寄存器 A 中的内容相加形成要访问数据的地址如图 1-14 所示。例如：

```
      MOVC   A，@ A+DPTR          ；A←(A+DPTR)
或    MOVC   A，@ A+PC            ；A←(A+PC)
```

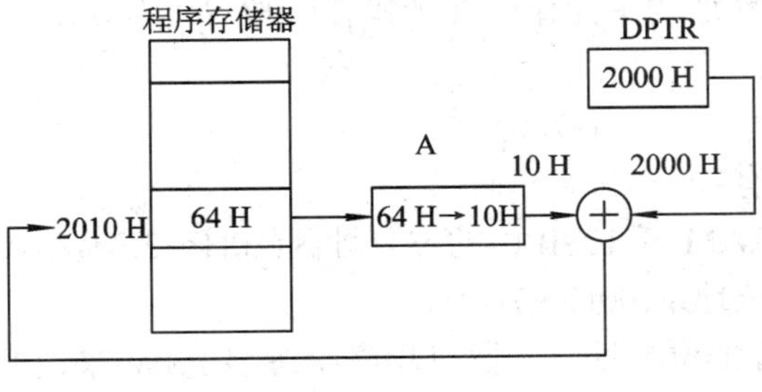

图 1-14　变址寻址示意图

需要说明的是，PC 是程序指针，是 16 位的；DPTR 是一个 16 位的数据指针寄存器，寻址范围都应是 64K。但程序计数器 PC 是始终跟踪程序执行的，也就是说，PC 的值是随程序的执行情况自动改变的，不可以随便给其赋值。而 DPTR 是一个数据指针，可以随时给其赋值。

指令 MOVC　A，@A+PC 的意思是将 PC 的值与累加器 A 的值相加作为一个地址，而 PC 是固定的，累加器 A 是一个 8 位的寄存器，它的寻址范围是 256 个地址单元。因此，MOVC　A，@A+PC 这条指令的寻址范围其实就是只能在当前指令下 256 个地址单元。所

以，在实际应用中，如果需要查询的数据表在 256 个地址单元之内，则可以用 MOVC A，@A+PC 这条指令进行查表操作；如果超过了 256 个单元，则不能用这条指令进行查表操作，只能使用 DPTR，通过给它赋值，就可以使 MOVC A，@A+DPTR 这条指令的寻址范围达到 64K。这就是这两条指令在实际应用中要注意的问题。

6. 相对寻址

相对寻址是为实现程序的相对转移而设计的。在相对转移指令中，给出地址偏移量 rel，它是 8 位带符号数的补码，通常在 08H～7FH 范围内选取。以 PC 的当前值加上指令中给出的偏移量就形成新的 PC 值，即程序转移地址，其寻址示意图如图 1-15 所示。

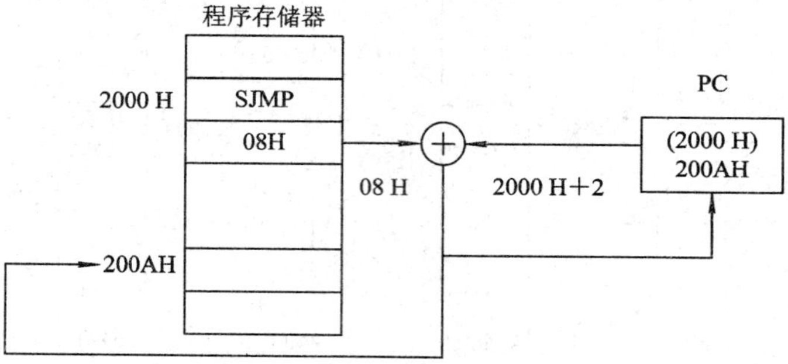

图 1-15 相对寻址示意图

PC 的当前值是指执行完该转移指令后的 PC 值。因为转移指令有 2 或 3 个字节，所以应该在原转移指令操作码地址基础上加上 2 或 3。

转移有效地址 = (PC + 2 或 3) + 偏移量

例如：

```
SJMP  08H          ; PC←PC+2+08H
```

7. 位寻址

位寻址只能对有位地址的单元作位寻址操作。位寻址其实是一种直接寻址方式，不过其地址是位地址。例如：

```
MOV  7FH，C        ; 7FH←(C)
```

可以位寻址的单元有：

(1) 单片机的片内 RAM 低 128B 中的位寻址区(20H～2FH)，共有 16 个单元，128 位。这 128 位都单独有一个位地址(00H～7FH)。

(2) 对特殊功能寄存器位寻址。下面以程序状态字 PSW 来说明特殊功能寄存器的位寻址表示方法，其各位含义参见下表。

D7	D6	D5	D4	D3	D2	D1	D0
CY	AC	F0	RS1	RS0	OV	—	P

➢ 直接使用位地址表示：PSW 的第 7 位地址是 D7，所以可以表示为 D7H。例如：

```
MOV  C，D7
```

➢ 位名称表示：表示该位的名称，例如 PSW 的位 7 是 CY，所以可以用 CY 表示。例如：

```
MOV  C，CY
```

➢ 单元(字节)地址加位表示：D0H 单元位 7，表示为 D0H.7。例如：

```
MOV    C, D0H.7
```

➢ 专用寄存器符号加位表示：例如 PSW.7

```
MOV    C, PSW.7
```

这四种方法实现的功能都是相同的，只是表述的方式不同而已。

1.3.3 伪指令

所谓伪指令，就是通知汇编程序如何完成汇编操作的指示性命令。伪指令只用于汇编语言源程序中，对汇编过程起控制和指导的作用，不生成目标代码。因此伪指令只存在于源程序中，汇编完成后，在目标程序中就看不到伪指令了。

MCS-51 单片机主要有 8 条伪指令，如表 1-9 所示。

表 1-9　常用的伪指令及其功能

伪指令	功　能	用　法	说　　明
ORG	定义起始地址	ORG　16 位地址或标号	定义下面程序段的起始地址
END	汇编语言结束	END	放在源程序的末尾，用来指示源程序到此全部结束
EQU	赋值	字符 EQU 操作数	EQU 用于给它左边的“字符名称”赋值，操作数可以是 8 位或 16 位二进制数，也可以是事先定义的标号或表达式
DATA	数据/地址赋值	字符名称 DATA 表达式	DATA 伪指令功能和 EQU 相类似，它把右边“表达式”的值赋给左边的“字符名称”。这里的表达式可以是一个数据或地址，也可以是一个包含所定义字符名称在内的表达式
DB	定义字节	标号：DB 项或项表	项或项表：可以是一个 8 位二进制数或一串 8 位二进制数(用逗号分开)。数据可以采用二、十、十六进制和 ASCII 码等多种表示形式。 标号：表格的起始地址(表头地址) 指令的功能是把“项或项表”的数据依次定义到程序存储器的单元中，形成一张数据表(只是一张定义表，数据并未真正存入这些单元)
DW	定义字	标号：DW 项或项表	DW 伪指令的功能和 DB 伪指令相似，其区别在于 DB 定义的是一个字节，而 DW 定义的是一个字(即两个字节)，因此 DW 伪指令主要用来定义 16 位地址(高 8 位在前，低 8 位在后)
DS	定义存储空间	标号：DS 表达式	DS 伪指令指示汇编程序从它的标号地址开始预留一定数量的存储单元作为备用，预留数量由 DS 语句中“表达式”的值决定
BIT	位地址赋值	字符名称 BIT 位地址	将位地址赋值给指定的字符

下面对表 1-9 做两点补充说明：

(1) EQU 伪指令中的字符必须先赋值后使用，故 EQU 伪指令语句通常放在源程序的开头。

(2) DATA 伪指令和 EQU 伪指令的主要区别是：EQU 定义的字符必须先定义后使用，而 DATA 伪指令没有这种限制，故 DATA 伪指令可用于源程序的开头或结尾。

1.4　单片机汇编程序设计应用举例

本节通过一个设计实例来说明单片机的汇编程序设计方法，该设计实例的设计目标是设计一个彩灯控制器，让 8 个 LED 灯循环点亮，每个灯持续亮约 1 s。

1.4.1　彩灯控制器硬件设计

对于彩灯控制器来说，只需要在单片机最小系统的基础上再在 P1 端口上增加 8 个 LED 灯即可实现设计目标。

硬件电路图如图 1-16 所示。

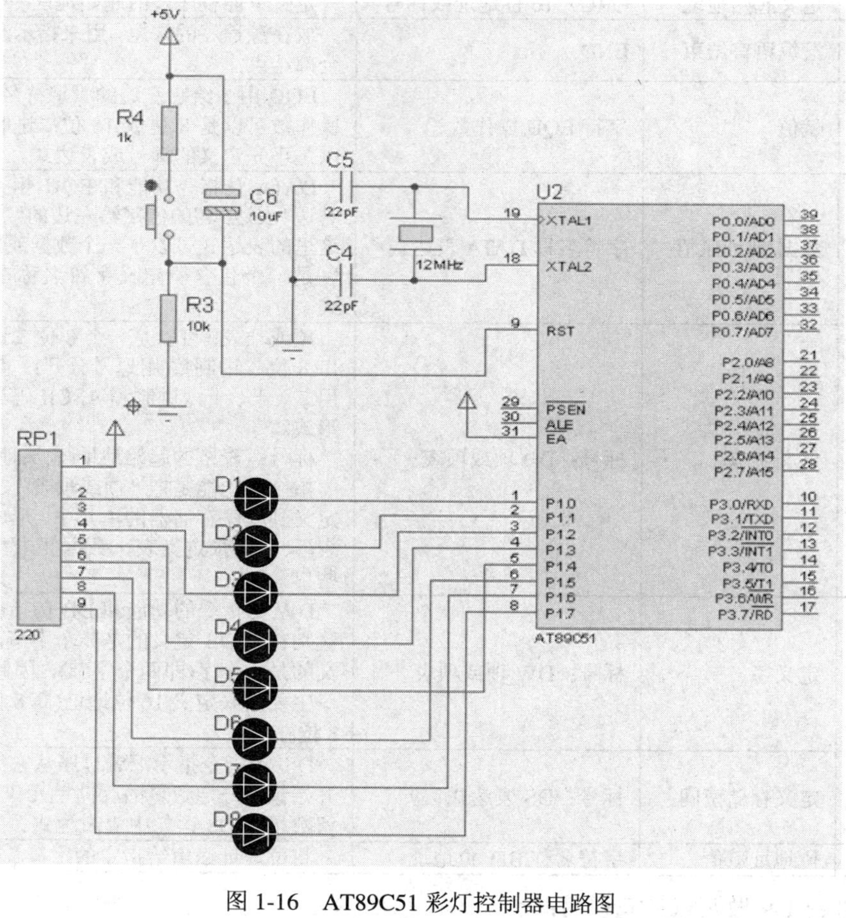

图 1-16　AT89C51 彩灯控制器电路图

图 1-16 中，在 P1 口接了 8 个 LED 灯，同时加了一个排阻元件为每个 LED 灯增加一个限流电阻，阻值可选为 220～510 Ω。

1.4.2　彩灯控制器软件设计

1．延时程序

设计软件之前要考虑数据的编码和硬件的反应时间与人眼的视觉暂留时间。指示灯的闪动，即一亮一暗的延时，应在 0.5 s 以上，一般定为 1 s，若延时太短那么人眼睛的感觉是指示灯全亮或全暗，感觉不出亮暗变化，这一点要特别注意。

编程时，先后点亮 LED 之间要有延时，延时程序一般用循环程序编写(也可用定时器)。延时程序如例 1-1 所示。

【例 1-1】　延时程序 DELAY，延时约 1 s。

```
DELAY:  MOV     R7, #08H        ；单周期指令
DEL1:   MOV     R6, #0FAH       ；单周期指令
DEL2:   MOV     R5, #0F8H
DEL3:   DJNZ    R5, DEL3        ；双周期指令
        DJNZ    R6, DEL2
        DJNZ    R7, DEL1
        RET
        END
```

此程序为三重循环，第一循环体循环次数为 8 次，第二循环体循环次数为 250 次，第三循环体循环次数为 248 次。单片机系统频率为 12 MHz，所以机器周期为 1 s。根据每一条汇编指令的指令周期，我们可以计算出执行完三重循环的时间为：

$$(((248 \times 2) + 3) \times 250 + 3) \times 8 + 1 = 998\,025\ \mu s \quad \text{近似为 } 1\ s$$

使用指令实现延时，只能得到近似的时间，若想得到精确的延时，可通过定时器中断程序实现。

2．数据编码

从原理图上可以知道，P1 端口线为低电平时指示灯亮，P1 端口线为高电平时指示灯不亮。在编程时用字节操作法，设定指示灯亮的对应口线为低电平，指示灯不亮的对应口线为高电平，把这些亮暗的情况先用十六进制编码。例如，要 P1.0 亮，其他的为暗，编码时暗的端口线为 1，亮的端口线为 0，即：

P1.7	P1.6	P1.5	P1.4	P1.3	P1.2	P1.1	P1.0
1	1	1	1	1	1	1	0

这种情况编码的十六进制值为 FEH，后面带 H 表示此值为十六进制值，其他情况依此类推，可以得到依次点亮的码值为 FEH、FDH、FBH、F7H、EFH、DFH、BFH、7FH。

3．编程实现

掌握以上的基本知识后，下面我们可编写彩灯控制器的程序，程序的功能是使接于 P1 口的 8 个指示灯依次点亮，每个灯持续亮 1 s，反复循环。程序代码如例 1-2 所示。

【例 1-2】　彩灯控制器汇编源码。

```
ORG   0000H             ；程序入口
AJMP START
```

```
        ORG   0100H
START:  MOV   A,#0FEH          ；程序开始运行
        SETB  C                ；进位位置位，为带进位循环左移做准备
LOP:    MOV   P1,A             ；依次点亮指示灯
        ACALL DELAY            ；调用延时子程序，延时约 130 ms
        RLC   A                ；循环左移
        AJMP  LOP
```

将此程序汇编后生成二进制可下载文件，并固化到 AT89C51 中。彩灯的运行效果如图 1-17 所示。

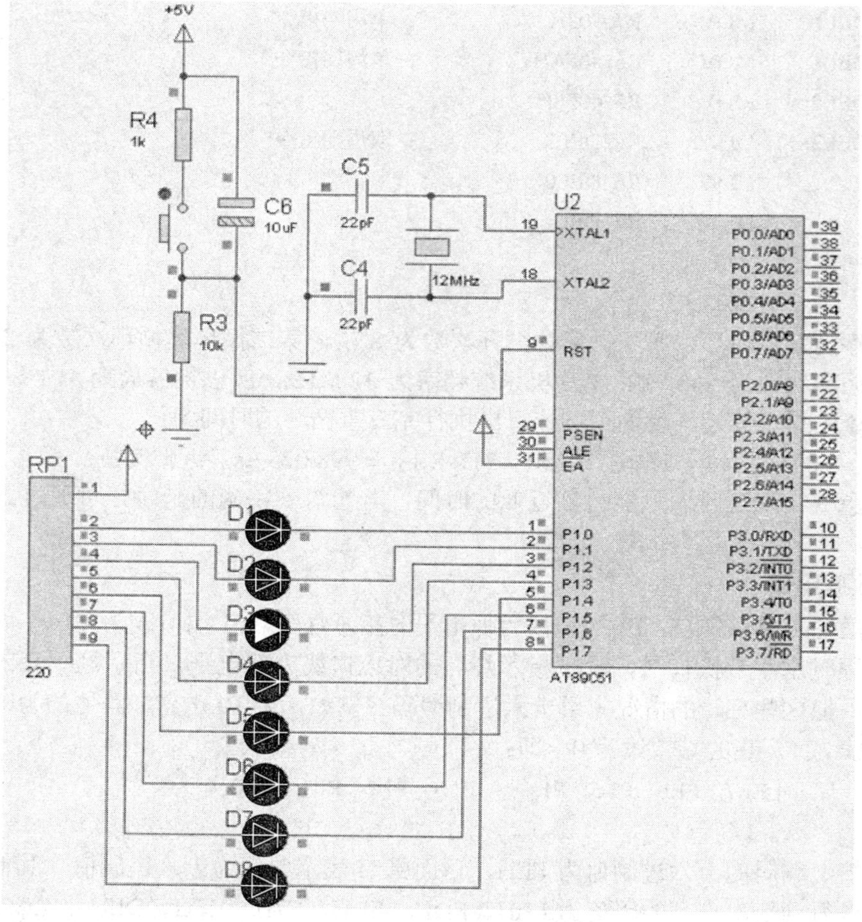

图 1-17　AT89C51 彩灯控制器仿真结果

通过仿真可以看到，该设计实现了彩灯的循环点亮，并且每个灯持续亮约 1 s。当然，读者可以在此程序的基础上，编写各种控制彩灯变化的程序，使彩灯变化花样更多，运行后更加美丽。

本章使用的编译器为 Keil μVision，使用的仿真工具为 Proteus，关于这些软件的使用将在第 2 章详细介绍。

1.5 小　结

在本章中，我们详细讨论了以下几个知识点：

➢ MCS-51 单片机内部结构。MCS-51 单片机在一块芯片中集成了 CPU、RAM、ROM、定时器/计数器和多种功能的 I/O 线等基本功能部件。

➢ 单片机的外部结构。32 条可编程的 I/O 线(四个 8 位并行 I/O 端口)，其中 P0 端口还可作为地址、数据复用，P3 端口还可用于第二功能：一个可编程全双工串行口、两个外部中断引脚等。

➢ 单片机指令系统。按指令功能，MCS-51 指令系统分为数据传送与交换、算术运算、逻辑运算、程序转移、布尔操作(又称位操作)、堆栈操作等 6 类，共 111 条指令。

➢ 单片机的寻址方式有：立即寻址、直接寻址、寄存器寻址、寄存器间接寻址、变址寻址、相对寻址、位寻址等。

➢ 通过彩灯控制器的设计，详细说明了单片机系统设计，包括硬件设计和汇编程序设计的过程。

习　题

1-1　MCS-51 系列单片机内部有哪些主要的逻辑部件？

1-2　MCS-51 设有 4 个 8 位进行端口(32 条 I/O 线)，实际应用中 8 位数据信息由哪一个端口传送？16 位地址线怎样形成？P3 端口有何功能？

1-3　MCS-51 的存储器结构与一般的微型计算机有何不同？程序存储器和数据存储器各有何功用？

1-4　MCS-51 内部 RAM 区功能结构如何分配？位寻址区域的字节地址范围是多少？

1-5　4 组工作寄存器使用时如何选用？

1-6　特殊功能寄存器中哪些寄存器可以位寻址？它们的字节地址是什么？

第 2 章 MCS-51 单片机 C 程序设计

用 C 语言来编写目标系统软件，会大大缩短开发周期，明显地增加软件的可读性，便于改进和扩充，从而研制出规模更大、性能更完备的系统。使用 C 语言进行单片机程序设计已成为单片机开发的一个主流，是单片机开发与应用的必然趋势。目前，针对 8051 单片机的 C 编译器功能非常完善，而且使用 C 语言进行单片机系统应用开发简洁、高效，所以本书后续章节的实验均采用 C 语言编写源程序，而本章则重点介绍使用 C 语言对单片机应用开发的几款常用工具。

2.1 汇编语言与 C 语言比较

2.1.1 汇编语言和 C 语言在单片机开发中的比较

汇编语言是一种用文字助记符来表示机器指令的符号语言，是最接近机器码的一种语言。其主要优点是占用资源少、程序执行效率高。但是对于不同的 CPU，其汇编语言可能有所差异，所以不易移植。

对于目前普遍使用的 RISC 架构的 8bit MCU 来说，其内部 ROM、RAM、STACK 等资源都有限，如果使用 C 语言编写，一条 C 语言指令编译后，会变成很多条机器码，很容易出现 ROM 空间不够、堆栈溢出等问题。而且一些单片机厂家也不一定能提供 C 编译器。而汇编语言，一条指令就对应一个机器码，每一步执行什么动作都很清楚，并且程序大小和堆栈调用情况都容易控制，调试起来也比较方便。

C 语言是一种结构化的高级语言。其优点是可读性好、移植容易，是普遍使用的一种计算机语言；缺点是占用资源较多，执行效率没有汇编高。

C 语言是一种编译型程序设计语言，它兼顾了多种高级语言的特点，并具备汇编语言的功能。C 语言有功能丰富的库函数、运算速度快、编译效率高、有良好的可移植性，而且可以直接实现对系统硬件的控制。C 语言是一种结构化程序设计语言，它支持当前程序设计中广泛采用的由顶向下结构化程序设计技术。此外，C 语言程序具有完善的模块程序结构，从而为软件开发中采用模块化程序设计方法提供了有力的保障。因此，使用 C 语言进行程序设计已成为软件开发的一个主流。用 C 语言来编写目标系统软件，会大大缩短开发周期，且明显地增加软件的可读性，便于改进和扩充，从而研制出规模更大、性能更完备的系统。

综上所述，用 C 语言进行单片机程序设计是单片机开发与应用的必然趋势。所以作为一个技术全面并涉足较大规模的软件系统开发的单片机开发人员最好能够掌握 C 语言编程。

2.1.2　8051 单片机开发中使用 C 语言的好处

将 C 向 8051 单片机上的移植始于 20 世纪 80 年代的中后期。事实上，C 向 8051 单片机移植有许多问题需要解决，如下所列：

➢ 8051 的非冯・诺依曼结构(程序与数据存储器空间分立)，再加上片上又多了位寻址存储空间。

➢ 片上的数据和程序存储器空间过小，同时存在着向片外扩展它们的可能。

➢ 片上集成外围设备的被寄存器化(即 SFR)，而并不采用惯用的 I/O 地址空间。

➢ 8051 芯片的派生门类特别多(达到了上百种之多)，而 C 语言对于它们的每一个硬件资源又无一例外地要能进行操作。

但经过 Keil、Archmeades 等公司艰苦不懈的努力，这些问题逐一被解决，C 向 8051 单片机移植于 20 世纪 90 年代，并成为专业化的单片机开发的高级语言。过去长期困扰人们的所谓“高级语言产生代码太长，运行速度太慢，因此不适合单片机使用”的致命缺点已被大幅度地克服。目前，8051 上的 C 语言的代码长度，已经做到了汇编水平的 1.2～1.5 倍。对于长度在 4 KB 以上的源码，C 语言的优势更能得到发挥。至于执行速度的问题，只要有好的仿真器的帮助，找出关键代码，进一步用人工优化，就能简单地达到比较完美的程度。如果谈到开发速度、软件质量、结构严谨、程序坚固等方面的话，那么 C 语言的完美绝非汇编语言编程所能比拟的。

下面结合 8051 单片机介绍 C 语言的优越性：

(1) C 语言提供全面的数据类型(位型、字符型、整型、浮点型、数组、结构、联合、枚举、指针等)，极大地增强了程序处理能力和灵活性。

(2) 提供专门针对 8051 单片机的 data、idata、bdata、pdata、xdata、code 等存储类型，自动为变量合理地分配地址空间。

(3) 提供 small、compact、large 等编译模式，供设计者选择默认的存储类型。

(4) 中断服务程序的现场保护和恢复，中断向量表的填写，均由 C 编译器完成，简化了中断的使用。

(5) 提供常用的标准函数库，以供用户直接使用。

(6) 头文件中宏定义、复杂数据类型说明和函数原型声明，有利于程序的移植和支持单片机的系列化产品的开发。

(7) 同函数的数据实行覆盖，有效利用片上有限的 RAM 资源。

(8) 有多种可供选择的实用程序，如片上资源的初始化程序、多任务操作系统等。

(9) 有严格的句法检查，错误很少，很容易排除。

(10) 不懂得单片机的指令集，也能够编写单片机程序。

(11) 无须懂得单片机的具体硬件，也能够编出符合硬件实际的程序。

针对 8051 单片机的 C 编译器功能已经非常完善，而且使用 C 语言进行单片机系统应用开发简洁、高效，因此 C 语言现在已经成为了单片机开发人员首选的高级开发语言。本书的所有设计实例均使用 C 语言。

2.2　Keil 软件的使用

2.2.1　Keil 软件的基本操作

随着单片机开发技术的不断发展，目前已有越来越多的用户从普遍使用汇编语言到逐渐使用高级语言开发，其中主要是以 C 语言为主，市场上几种常见的单片机均有其 C 语言的开发环境。

Keil 软件是目前开发 8051 系列单片机的常用软件，Keil 提供了包括 C 编译器、宏汇编、连接器、库管理和一个功能强大的仿真调试器等在内的完整开发方案，通过一个集成开发环境(μVision)将这些部分组合在一起。本节仅介绍 Keil 这种工具软件的基本用法，感兴趣的读者可查找相关书籍进一步学习 Keil 软件的强大功能。

下面通过一个例子来学习 Keil 软件的使用，本文使用的是 Keil μVision2 版本。

本例使用的硬件原理图如图 2-1 所示。由原理图可知，要点亮发光二极管，必须使单片机的 I/O 端口的 P1.0 输出低电平，于是我们的任务就是编写程序使 P1.0 输出低电平。

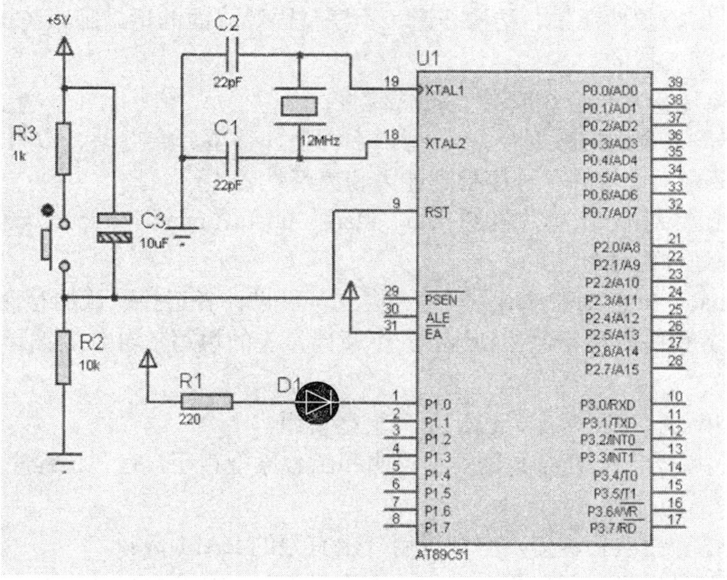

图 2-1　硬件原理图

使用 Keil 前必须先安装。其安装过程简单，这里不再叙述。

安装好了 Keil 软件以后，我们打开它，打开以后的界面如图 2-2 所示。

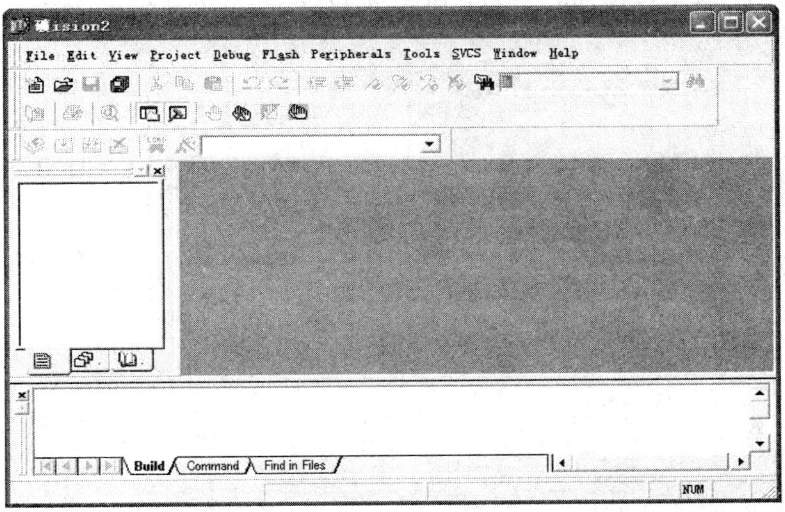

图 2-2　运行 Keil 软件后的界面

我们先新建一个工程文件，点击“Project->New Project…”菜单，如图 2-3 所示。

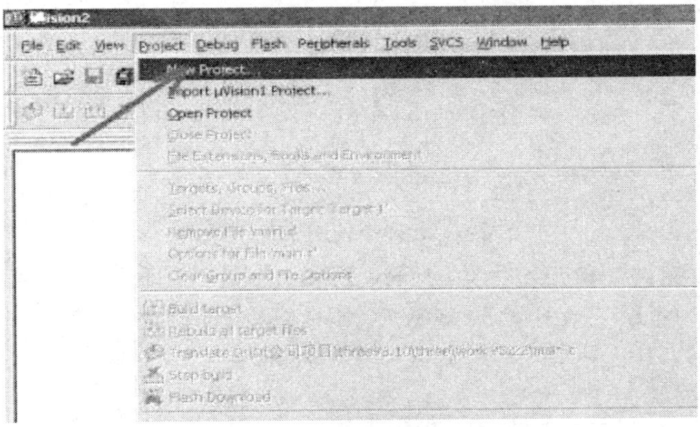

图 2-3　建立工程界面

选择工程文件要存放的路径，输入工程文件名 LED，如图 2-4 所示，然后单击保存。

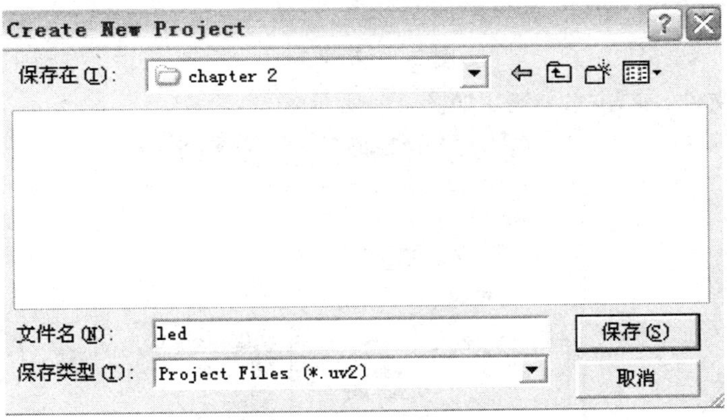

图 2-4　选择确定路径和工程名

在弹出的对话框中选择 CPU 厂商及型号，选择好 Atmel 公司的 AT89C51 后，单击确定，如图 2-5 所示。

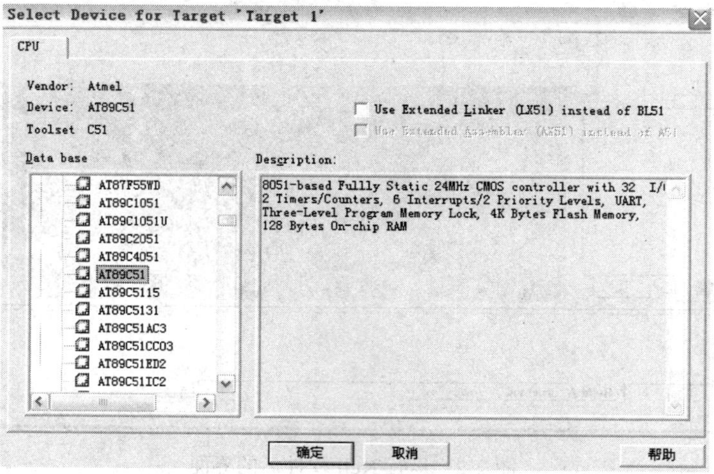

图 2-5 选择 CPU 厂商及型号

在接着出现的对话框中选择“否”，如图 2-6 所示。

图 2-6 选择不使用 startup code

新建一个 C51 文件，单击左上角的 New File，如图 2-7 所示。

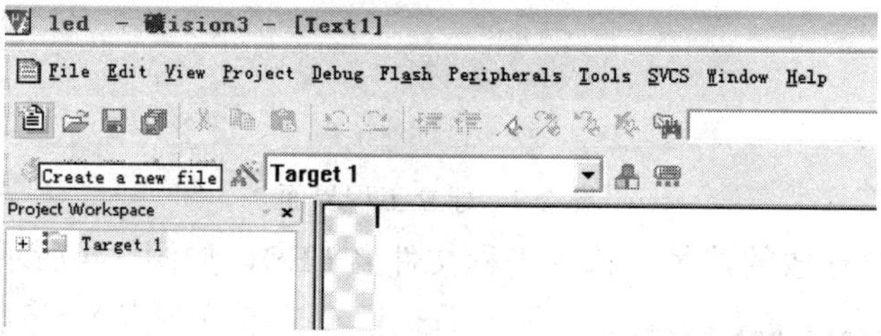

图 2-7 新建文件

保存新建的文件，单击 SAVE，如图 2-8 所示。

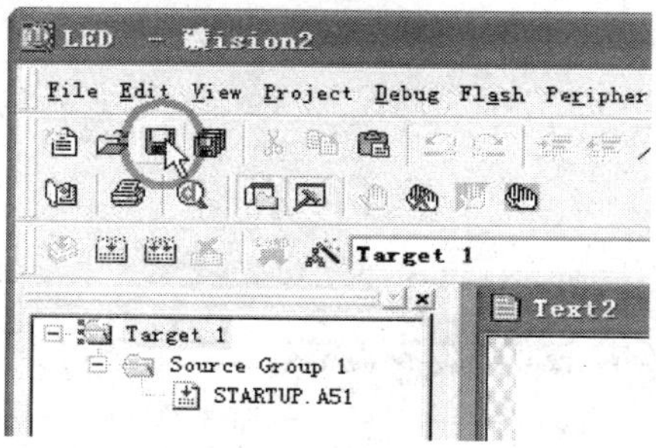

图 2-8 保存文件

在出现的对话框中输入保存文件名 led_main.c(注意后缀名必须为 .c)，再单击“保存”，如图 2-9 所示。

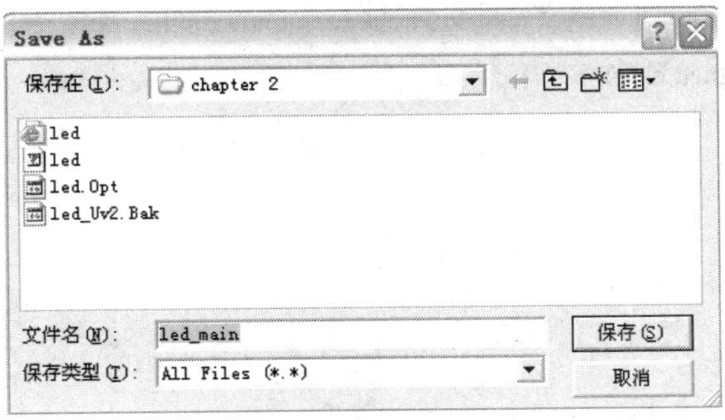

图 2-9　输入文件名

保存好后把此文件加入到工程中，方法如下：用鼠标在 Source Group1 上单击右键，然后再单击 Add Files to Group 'Source Group 1'，如图 2-10 所示。

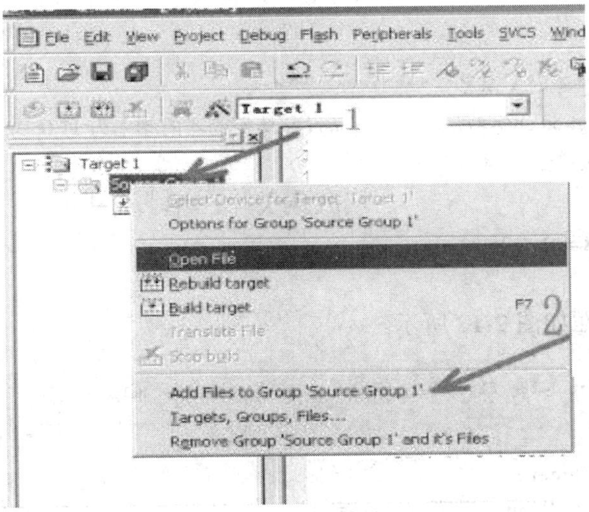

图 2-10　将文件添加到工程

选择要加入的文件，找到 led_main.c 后，单击 Add，然后单击 Close，如图 2-11 所示。

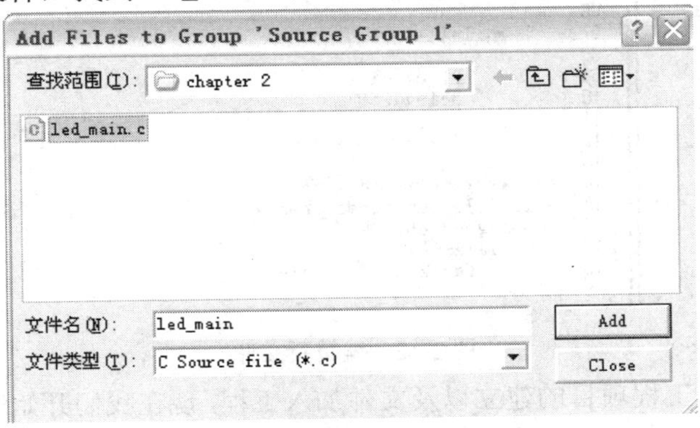

图 2-11　选择文件对话框

在编辑框里输入如例 2-1 所示代码。

【例 2-1】 led_main.c 源文件。

```
#include <reg51.h>
void delay(unsigned char);
sbit P1_0=P1^0;

void main(void)
{
        while(1)
        {
                P1_0=!P1_0;
                delay(250);
        }
}

/*************延时 x 毫秒*****************/
void delay(unsigned char x)                    //设晶体振荡器的频率为 11.0592 MHz
{   unsigned char k;
    while(x--)                                 //延时大约 x 毫秒
            for(k=0;k<125;k++){ }
}
```

代码录入后的界面如图 2-12 所示。

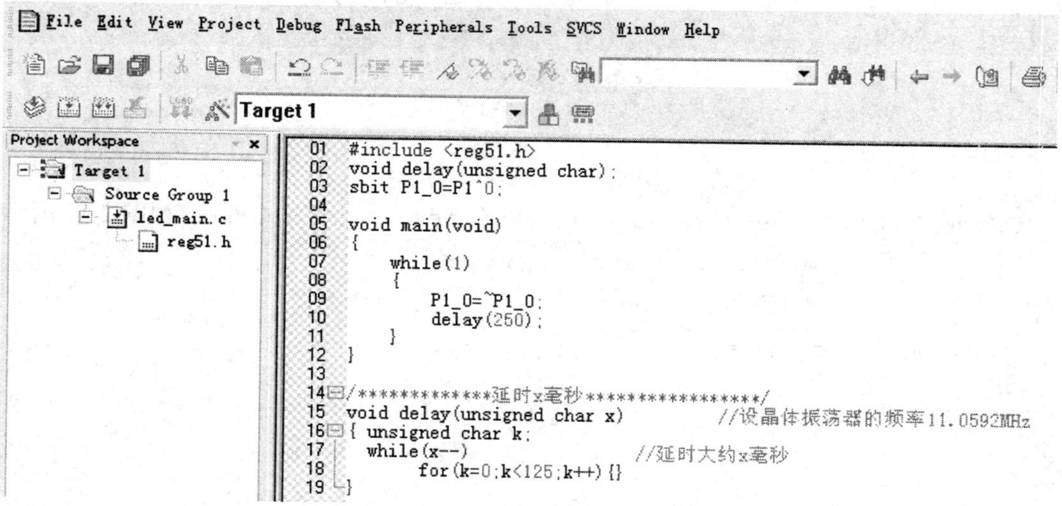

图 2-12　编辑新文件

到此我们完成了工程项目的建立以及文件加入工程，现在我们开始编译工程，如图 2-13 所示。我们先单击编译，如果在错误与警告处看到 0 Error(s)表示编译通过。

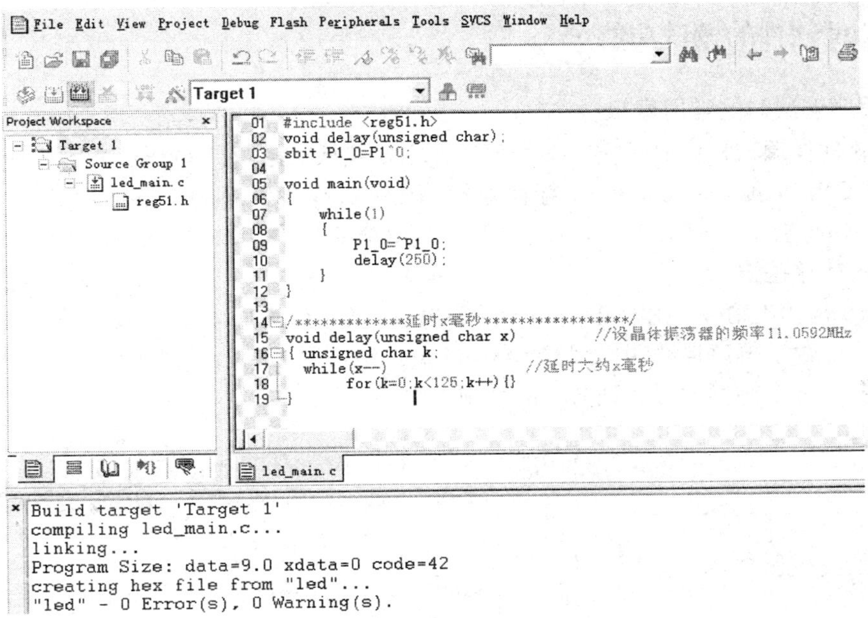

图 2-13　编译界面

生成 .hex 烧写文件，先单击 Options for Target，如图 2-14 所示。

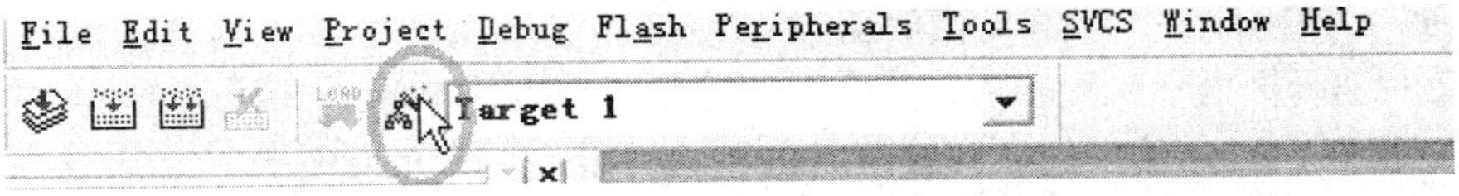

图 2-14　生成 .hex 文件设置界面(1)

在图 2-15 中，单击 Output 选项卡，选中 Create HEX File 选项。再单击确定。

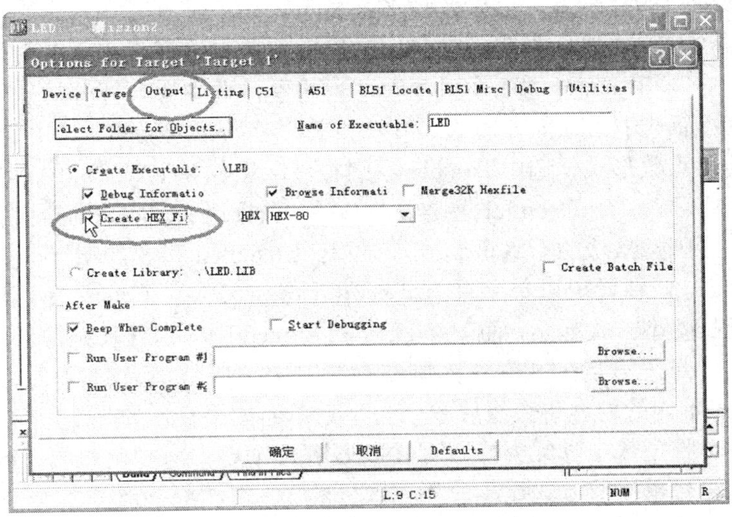

图 2-15　生成 .hex 文件设置界面(2)

以上是 Keil 软件的基本应用，下一节将介绍 Keil 软件强大的调试功能。

2.2.2 Keil 软件的调试功能

1. 程序调试时的常用窗口

Keil 软件在调试程序时提供了多个窗口，主要包括输出窗口(Output Windows)、观察窗口(Watch&Call Statck Windows)、存储器窗口(Memory Window)、反汇编窗口(Dissambly Window)、串行窗口(Serial Window)等。进入调试模式后，可以通过菜单 View 下的相应命令打开或关闭这些窗口。

图 2-16 是输出窗口、存储器窗口和观察窗口，各窗口的大小可以使用鼠标调整。进入调试程序后，输出窗口自动切换到 Command 页。该页用于输入调试命令和输出调试信息。对于初学者，可以暂不学习调试命令的使用方法。

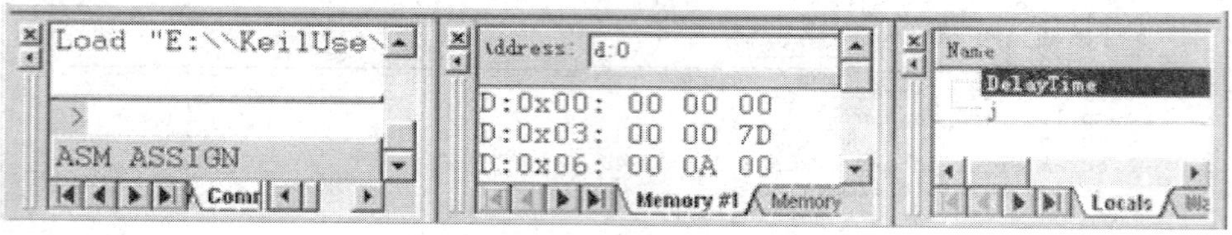

图 2-16　调试窗口(命令窗口、存储器窗口、观察窗口)

1) 存储器窗口

图 2-17 为存储器窗口图。存储器窗口中可以显示系统中各种内存中的值，通过在 Address 后的编辑框内输入“字母：数字”即可显示相应内存值。其中，字母可以是 C、D、I、X，分别代表代码存储空间、直接寻址的片内存储空间、间接寻址的片内存储空间、扩展的外部 RAM 空间，数字代表想要查看的地址。例如，输入 D:0 即可观察到地址 0 开始的片内 RAM 单元值；键入 C:0 即可显示从 0 开始的 ROM 单元中的值，即查看程序的二进制代码。该窗口的显示值可以以各种形式显示，如十进制、十六进制、字符型等，改变显示方式的方法是点击鼠标右键，在弹出的快捷菜单中选择。该菜单用分隔条分成三部分，其中第一部分与第二部分的三个选项为同一级别，选中第一部分的任一选项，内容将以整数形式显示；而选中第二部分的 ASCII 项则将以字符形式显示，选中 Float 项将显示相邻四字节组成的浮点数形式、选中 Double 项则将显示相邻 8 字节组成的双精度形式。第一部分又有多个选择项，其中 Decimal 项是一个开关，如果选中该项，则窗口中的值将以十进制的形式显示，否则按默认的十六进制方式显示。Unsigned 和 Signed 后分别有三个选项：Char、Int、Long，分别代表以单字节方式显示、将相邻双字节组成整型数方式显示、将相邻四字节组成长整型方式显示，而 Unsigned 和 Signed 则分别代表无符号形式和有符号形式。究竟从哪一个单元开始的相邻单元则与设置有关，以整型为例，如果输入的是 I:0，那么 00H 和 01H 单元的内容将会组成一个整型数；而如果输入的是 I:1，01H 和 02H 单元的内容全组成一个整型数，以此类推。有关数据格式与 C 语言规定相同，请参考 C 语言书籍，它默认以无符号单字节方式显示。第三部分的 Modify Memory at X:xx 用于更改鼠标处的内存单元值，选中该项即出现如图 2-18 所示的对话框，可以在对话框内输入要修改的内容。

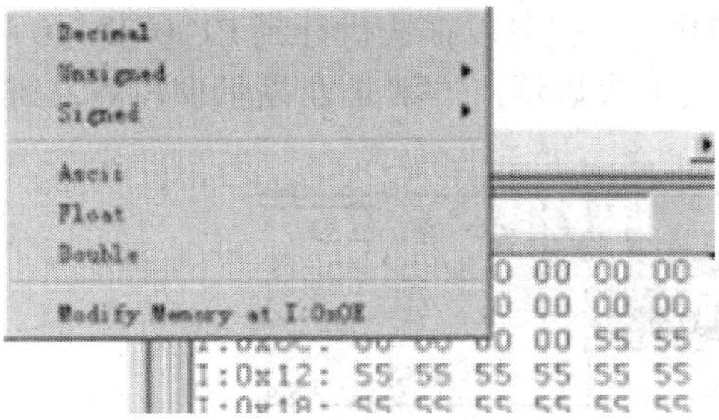

图 2-17 存储器数值各种方式显示选择

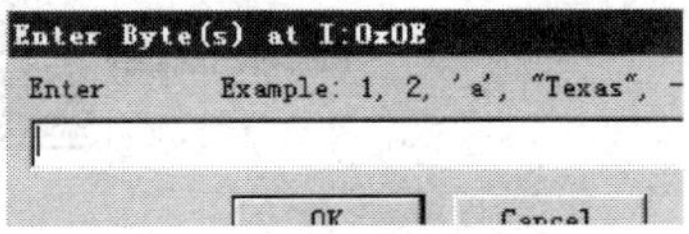

图 2-18 存储器的值的修改

2) 工程窗口寄存器页

图 2-19 是工程窗口寄存器页的内容，寄存器页包括了当前的工作寄存器组和系统寄存器。系统寄存器组有一些是实际存在的寄存器，如 A、B、DPTR、SP、PSW 等；有一些是实际中并不存在或虽然存在却不能对其操作的寄存器，如 PC、Status 等。每当程序中执行到对某寄存器的操作时，该寄存器会以反色(蓝底白字)显示，用鼠标单击然后按下 F2 键，即可修改该值。

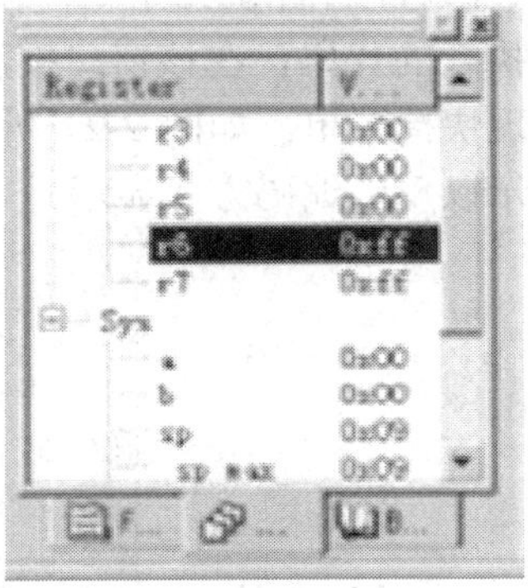

图 2-19 工程窗口寄存器页

3) 观察窗口

观察窗口是很重要的一个窗口，从工程窗口可以观察到工作寄存器和有限的寄存器，如 A、B、DPTR 等，如果需要观察其它的寄存器的值或者在高级语言编程时需要直接观察变量，就要借助观察窗口了。

其它窗口将在以下的实例中介绍。一般情况下，我们仅在单步执行时才对变量的值的变化感兴趣，全速运行时，变量的值是不变的，只有在程序停下来之后，才会将这些值的最新变化反映出来。但是，在一些特殊场合下我们也可能需要在全速运行时观察变量的变化，此时可以点击 View->Periodic Window Updata(周期更新窗口)，确认该项处于被选中状态，即可在全速运行时动态地观察有关值的变化。但是，当选中该项时，将会使程序模拟执行的速度变慢。

2．各种窗口在程序调试中的使用

下面我们通过例 2-1 来说明这些窗口的使用，例 2-1 这个程序的功能是不断调用延时程序，每延时 250 ms，将 P1.0 取反一次。

对上一节建立的项目编译、连接后按 Ctrl+F5 键进入调试状态，按 F10 键单步执行。注意观察窗口，其中有一个标签页为 Locals，这一页会自动显示当前模块中的变量名及变量值。当执行到 delay(250)行时按 F11 键跟踪到 delay()函数内部，该窗口的变量自动变为 x 和 k。另外两个标签页 Watch #1 和 Watch #2 可以加入自定义的观察变量，点击“type F2 to edit”，然后再按 F2 键即可输入变量，试着在 Watch #1 中输入 k，观察它的变化。在程序较复杂，变量很多的场合，这两个自定义观察窗口可以筛选出我们自己感兴趣的变量加以观察。观察窗口中变量的值不仅可以观察，还可以修改，以该程序为例，k 须加 125 次才能到 124，为快速验证是否可以正确执行到 P1_0=!P1_0 行，点击 k 后面的值，再按 F2 键，该值即可修改，将 k 的值改到 124，再次按 F10 键单步执行，就可以很快执行到 P1_0=!P1_0 程序行。该窗口显示的变量值可以以十进制或十六进制形式显示，方法是在显示窗口点右键，在快捷菜单中的选择如图 2-20 所示。

图 2-20　设定观察窗的显示方式

点击 View->Dissambly Window 可以打开反汇编窗口，该窗口可以显示反汇编后的代码、源程序和相应反汇编代码的混合代码。可以在该窗口进行在线汇编，利用该窗口跟踪已执行的代码，在该窗口按汇编代码的方式单步执行。打开反汇编窗口，点击鼠标右键，出现快捷菜单，如图 2-21 所示，其中 Mixed Mode 表示以混合方式显示，Assembly Mode 表示以反汇编码方式显示。

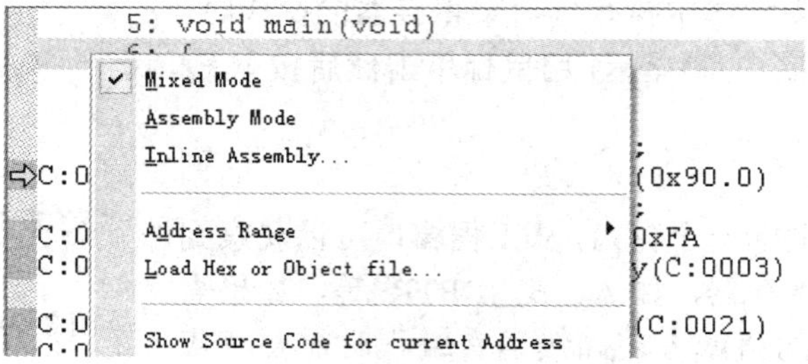

图 2-21　反汇编窗口中的工具选择

例如，我们可以分析一下 delay 函数的执行时间。图 2-22 为 delay 函数的汇编语言形式。

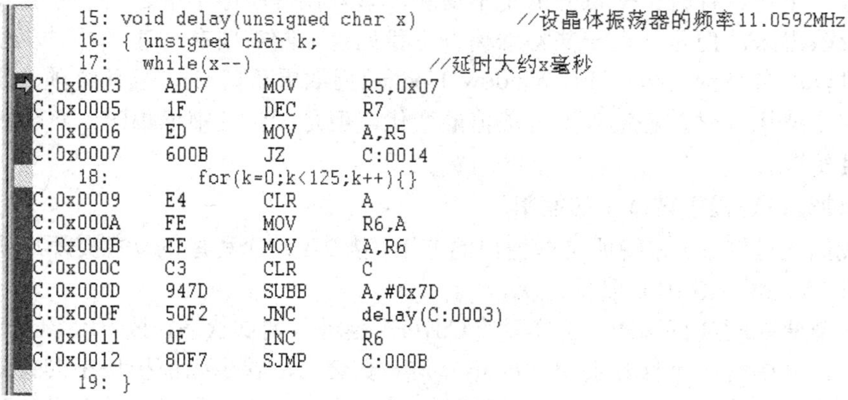

15: void delay(unsigned char x)　　//设晶体振荡器的频率11.0592MHz
16: { unsigned char k;
17:   while(x--)　　//延时大约x毫秒
C:0x0003　AD07　MOV　R5,0x07
C:0x0005　1F　DEC　R7
C:0x0006　ED　MOV　A,R5
C:0x0007　600B　JZ　C:0014
18:　for(k=0;k<125;k++){}
C:0x0009　E4　CLR　A
C:0x000A　FE　MOV　R6,A
C:0x000B　EE　MOV　A,R6
C:0x000C　C3　CLR　C
C:0x000D　947D　SUBB　A,#0x7D
C:0x000F　50F2　JNC　delay(C:0003)
C:0x0011　0E　INC　R6
C:0x0012　80F7　SJMP　C:000B
19: }

图 2-22　delay 函数的反汇编窗口

在图 2-22 中，我们重点标注 delay 函数一次循环中每条汇编指令的执行时间。标注的时间信息见以下代码中的注释部分。

```
C:0x000B    EE      MOV     A,R6        ； 1 个机器周期
C:0x000C    C3      CLR     C           ； 1 个机器周期
C:0x000D    947D    SUBB    A,#0x7D     ； 1 个机器周期
```

```
C:0x000F    50F2    JNC     delay(C:0003)    ; 2个机器周期
C:0x0011    0E      INC     R6               ; 1个机器周期
C:0x0012    80F7    SJMP    C:000B           ; 2个机器周期
```

通过汇编语言以及每条指令的执行时间，假定系统晶振为 12 MHz，则 delay(1)函数的执行时间为：$(1+1+1+2+1+2)\times125=1000\ \mu s=1\ ms$；如果系统晶振为 11.0592 MHz，则执行 delay(1)近似时间为 1 ms。在以后的代码中，我们都使用该函数作为我们的延迟函数，通过调用 delay(x)，则可以延时 x ms。

程序调试中常使用设置断点然后全速运行的方式，在断点处可以获得各变量值，但却无法知道程序到达断点以前究竟执行了哪些代码，而这往往是需要了解的。为此，Keil 提供了跟踪功能，在运行程序之前打开调试工具条上的允许跟踪代码开关，然后全速运行程序，当程序停止运行后，点击查看跟踪代码按钮，自动切换到反汇编窗口，如图 2-23 所示，其中前面标有“-”的行就是中断以前执行的代码，可以按窗口边的上卷按钮向上翻查看代码执行记录。

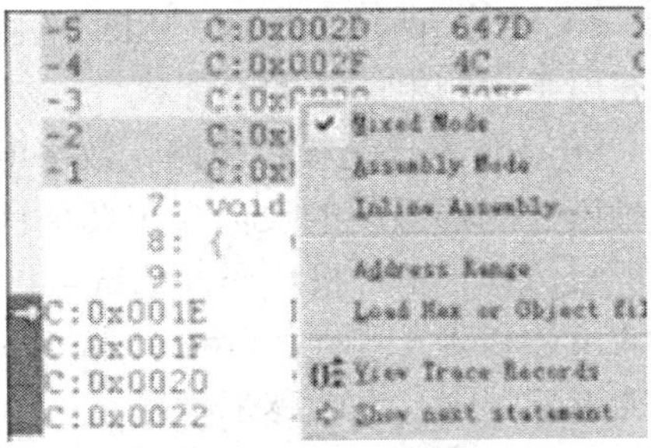

图 2-23　反汇编窗口

利用工程窗口还可以观察程序执行的时间，下面我们观察一下该例中延时程序的延时时间是否满足我们的要求，即是否延时 250 ms。展开工程窗口 Regs 页中的 Sys 目录树，其中的 Sec 项记录了从程序开始执行到当前程序流逝的秒数。点击 RST 按钮以复位程序，Sec 的值回零。在 delay(250)行设置断点，先后两次按 F5 运行该程序，可记录两次 Sec 的值，两次的差值大约是 0.25 s，所以延时时间大致是正确的，如图 2-24 所示。注意，使用这一功能的前提是在项目设置中正确设置晶振的数值。

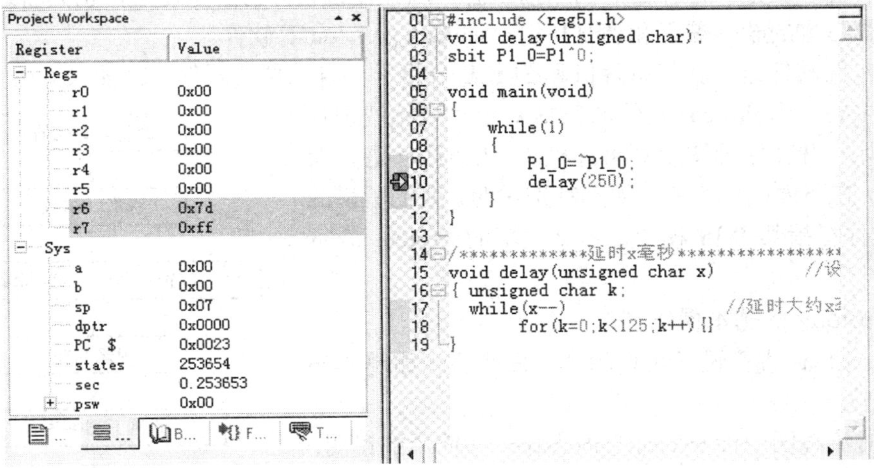

图 2-24　观察程序执行的时间

Keil 还提供了串行窗口，我们可以直接在串行窗口中键入字符，该字符虽不会被显示出来，但却能传递到仿真 CPU 中。如果仿真 CPU 通过串行口发送字符，那么这些字符会在串行窗口显示出来，用该窗口可以在没有硬件的情况下用键盘模拟串口通信。

2.3 Proteus 仿真软件的使用

2.3.1 Proteus 的基本操作

1. Proteus 简介

Proteus 是英国 LabCenter Electronics 公司开发的电路分析与仿真软件。Proteus 主要由 ISIS 和 ARES 两部分组成，ISIS 的主要功能是原理图设计与电路原理图的交互仿真，ARES 主要用于印制电路板的设计。

Proteus 不仅是模拟电路、数字电路、模/数混合电路的设计与仿真平台，而且还是多种型号微控制器系统的设计与仿真平台。它真正实现了在计算机上完成从原理图设计、电路分析与仿真、单片机代码及调试与仿真、系统测试与功能验证到形成 PCB 的完整的电子产品的设计和研发过程。Proteus 从 1989 年问世至今，经过了 20 多年的使用、发展和完善，功能越来越强，性能越来越好。

Proteus 软件具有以下特点：

(1) 具有强大的原理图绘制功能和 PCB 制版功能。

(2) 支持主流单片机系统的仿真。目前支持的单片机类型有 8051 系列、ARM 系列、AVR 系列、PIC 系列以及各种外围芯片。

(3) 实现了单片机仿真和 SPICE 电路仿真相结合。具有模拟电路仿真、数字电路仿真、单片机及其外围电路组成的系统的仿真、RS-232 动态仿真、I^2C 调试器、SPI 调试器、键盘和 LCD 系统仿真的功能；有各种虚拟仪器，如示波器、逻辑分析仪、信号发生器等。

(4) 提供软件调试功能。在硬件仿真系统中具有全速、单步、设置断点等调试功能，同时可以观察各个变量、寄存器等的当前状态，因此在该软件仿真系统中，也具备这些功能；同时支持第三方的软件编译和调试环境，如 Keil μVision 等软件。

总之，该软件是一款集单片机和 SPICE 分析于一身的仿真软件，功能极其强大。

本书主要使用 Proteus 软件的 ISIS 对单片机系统进行原理图设计，并在原理图上对单片机 C 语言程序进行调试与仿真。在下面的内容中，如不特别说明，我们所说的 Proteus 软件特指其 ISIS 模块。本文使用的 Proteus 版本是 7.4。

2. Proteus 的基本操作

使用 Proteus 进行设计仿真的基本操作流程如图 2-25 所示。

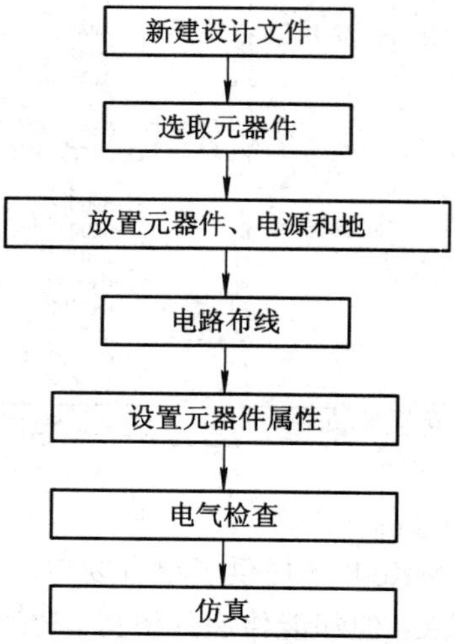

图 2-25 Proteus 的基本操作流程

下面对流程图中涉及的部分内容作一些简单的说明。

(1) 选取元器件：首先，选择元件库，将 Proteus ISIS 设置为元件模式，即选中元件图标 。单击对象选择器中的 P 按钮，将弹出元件库浏览的对话框，然后，选择元器件。

(2) 电路布局布线：将元件放置到合适的位置之后，在元件间进行布线。系统默认实时捕捉和自动布线有效。相继单击元器件引脚间、线间等要连线的两处，会自动生成连线。

✧ 实时捕捉：在实时捕捉有效的情况下，当光标靠近引脚末端或线时该处会自动感应出一个“×”，表示从此点可以单击画线。

✧ 自动布线：在前一鼠标单击点和当前点之间会自动预画线，在引脚末端选定第一个画线点后，随鼠标移动自动有预画线出现，当遇到障碍时，会自动绕开。

(3) 设置元器件属性：Proteus 库中的元器件都有相应的属性，要设置、修改它的属性，可右击所需设置的元器件(高亮显示)后，再单击元器件打开其属性窗口，进行修改、设置。

(4) 电气检查：单击工具栏中的按钮，进行电气检查。

(5) 仿真：在绘制完原理图之后，则可继续在该原理图的基础上进行仿真。

下面我们首先来熟悉一下 Proteus 的界面。Proteus 是一个标准的 Windows 窗口程序，和大多数程序一样，没有太大区别，其启动界面如图 2-26 所示。

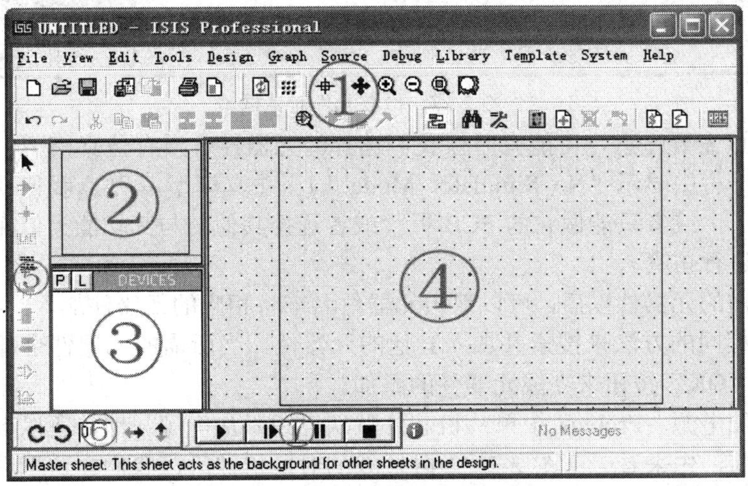

图 2-26　Proteus 启动界面

如图中所示，区域①为菜单及工具栏，区域②为预览区，区域③为元器件浏览区，区域④为编辑窗口，区域⑤为对象拾取区，区域⑥为元器件调整工具栏，区域⑦为运行工具条。

下面就建立一个和我们在 Keil 软件一节所讲的工程项目相配套的 Proteus 工程为例来详细讲述 Proteus 的操作方法以及注意事项。

1) 选取元器件

首先点击启动界面区域③中的“P”按钮(Pick Devices，拾取元器件)来打开“Pick Devices”(拾取元器件)对话框从元件库中拾取所需的元器件。对话框如图 2-27 所示。

在对话框中的“Keywords”中输入我们要检索的元器件的关键词，比如要选择项目中使用的 AT89C51，就可以直接输入。输入以后我们能够在中间的“Results”结果栏里看到搜索的元器件的结果。在对话框的右侧，还能够看到我们选择的元器件的仿真模型、引脚以及 PCB 参数。

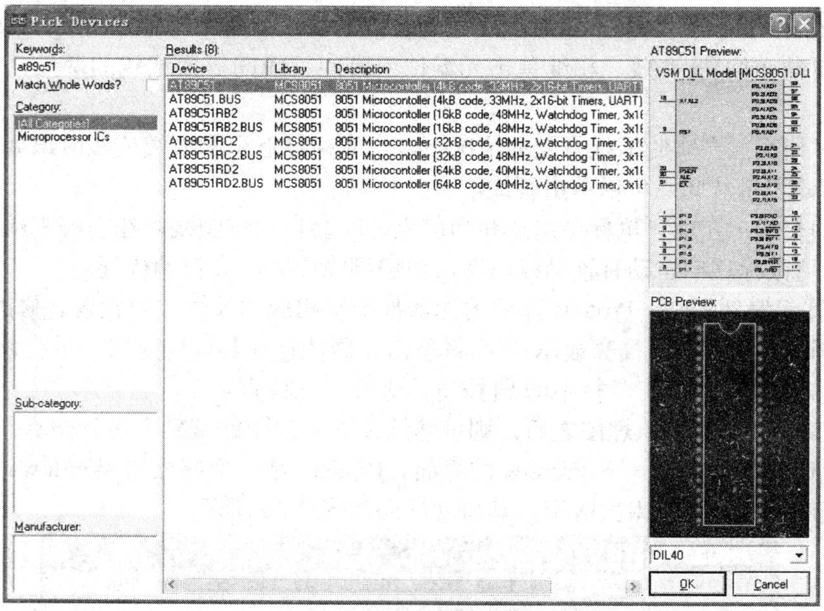

图 2-27　拾取元件对话框

这里有一点需要注意，可能有时候我们选择的元器件并没有仿真模型，对话框将在仿真模型和引脚一栏中显示“No Simulator Model”(无仿真模型)。那么我们就不能够对该元器件进行仿真了，或者只能做它的 PCB 板，或者选择其他的与其功能类似而且具有仿真模型的元器件再进行仿真。

搜索到所需的元器件以后，可以双击元器件名来将相应的元器件加入到我们的文档中，接着还可以用相同的方法来搜索并加入其他的元器件。当所需的元器件全部加入到文档中时，可以点击“OK”按钮来完成元器件的添加。

下面来添加电源。Proteus 中单片机芯片默认已经添加电源与地，所以可以省略。在添加电源与地以前，先来看一下图 2-26 中区域⑤的对象拾取区，我们在这里只说明本文中可能会用到的以及比较重要的工具。

：选择模式(Selection Mode)。通常情况下都需要选中它，比如在布局和布线时。

：组件模式(Component Mode)。点击该按钮，能够显示出区域③中的元器件，以便我们选择。

：线路标签模式(Wire Label Mode)。选中它并单击文档区电路连线能够为连线添加标签，经常与总线配合使用。

：文本模式(Text Script Mode)。选中它能够为文档添加文本。

：总线模式(Buses Mode)。选中它能够在电路中画总线。关于总线画法的详细步骤与注意事项我们在下面会进行专门讲解。

：终端模式(Terminals Mode)。选中它能够为电路添加各种终端，比如输入、输出、电源、地等。

：虚拟仪器模式(Virtual Instruments Mode)。选中它我们能够在区域③中看到很多虚拟仪器，比如示波器、电压表、电流表等，关于它们的用法我们会在后面的相应章节中详细讲述。

添加电源时，首先点击 ，选择终端模式，然后在元器件浏览区中点击 POWER(电源)来选中电源，通过区域⑥中的元器件调整工具进行适当的调整，然后就可以在文档区中放置电源了。

2) 对元器件布局和布线

添加好元器件以后，下面需要做的就是将元器件按照需要连接成电路。首先在元器件浏览区中点击需要添加到文档中的元器件，这时可以在浏览区看到所选择的元器件的形状与方向，如果其方向不符合要求，则可以通过点击元器件调整工具栏中的工具来任意进行调整，调整完成之后在文档中单击并选定好需要放置的位置即可。接着按相同的操作即可完成所有元器件的布置。

接下来是连线。布线时我们只需要单击选择起点，然后在需要转弯的地方单击一下，按照所需走线的方向移动鼠标到线的终点单击即可。

放置了元器件并布线后的结果如图 2-28 所示。

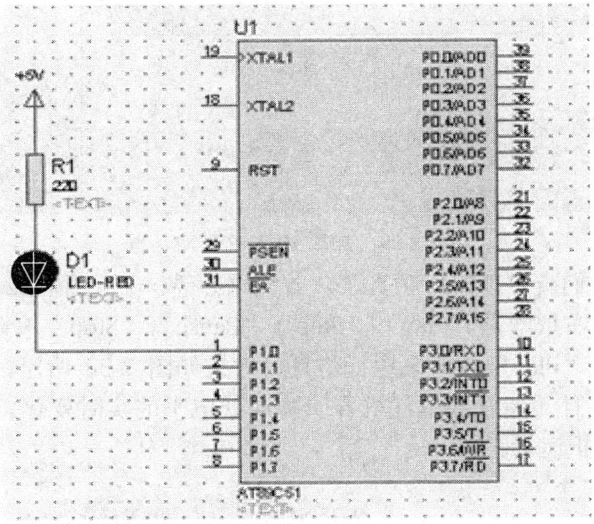

图 2-28　布局布线后的原理图

在上面的电路图中，我们没有使用时钟电路，事实上在 Proteus 中单片机的时钟电路可以省略，系统默认为 12 MHz，为了方便，采用默认值即可。当然，也可以很方便地将该晶振修改为通常使用的 11.0592 MHz。另外，我们也没有使用复位电路，感兴趣的读者可以加上。需要说明的是，在本文后续的电路图中，时钟电路和复位电路均予以省略。

3) 设置元器件属性

原理图中的 R1 电阻值默认为 10 kΩ，这个电阻作为限流电阻显然太大，会使发光二极管 D1 的亮度很低或者根本不亮，影响仿真结果，所以要进行修改。修改方法如下：首先双击电阻图标，这时软件将弹出“Edit Component”对话框(见下图所示的对话框)，对话框中的“Component Referer”是组件标签之意，可以随便填写，也可以取默认，但要注意在同一文档中不能有两个组件标签相同。“Resistance”就是电阻值了，我们可以在其后的框中根据需要填入相应的电阻值，填写时需注意其格式，如果直接填写数字，则单位默认为 Ω；如果在数字后面加上 K 或者 k，则表示 kΩ 之意。这里我们填入 220，表示 220 Ω。

修改好各组件属性后，整个原理图就完成了。

4) 下载程序并仿真

下面将程序(HEX 文件)载入单片机。首先双击单片机图标，系统会弹出“Edit Component”对话框，如图 2-29 所示。在这个对话框中点击“Program files”框右侧的，来打开选择程序代码窗口，选中相应的 HEX 文件后返回，这时，按钮左侧的框中就填入了相应的 HEX 文件，点击对话框的“OK”按钮，回到文档，程序文件就添加完毕了。

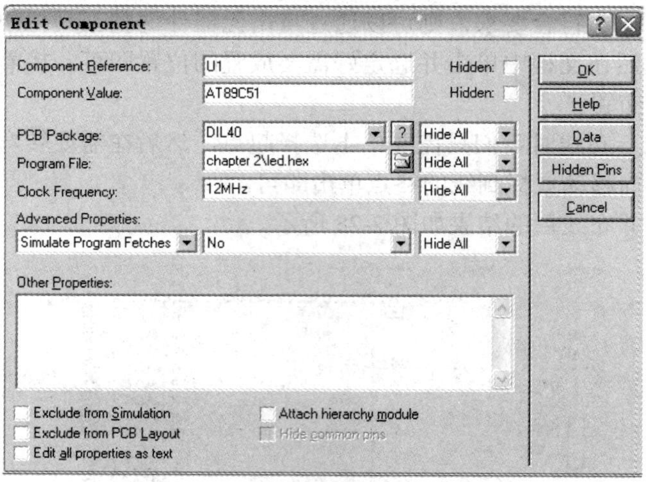

图 2-29　加载 HEX 文件对话框

装载好程序，我们就可以进行仿真了。首先来熟悉一下上面图 2-26 中区域⑦的运行工具条。工具条从左到右依次是“Play”、“Step”、“Pause”、“Stop”按钮，即运行、步进、暂停、停止。下面点击“Play”按钮来运行仿真，效果如图 2-30 所示，可以看到系统按照程序的意图在运行，而且还能看到单片机各引脚高低电平的实时变化。仿真过程中，可以点击“Stop”按钮来停止运行。

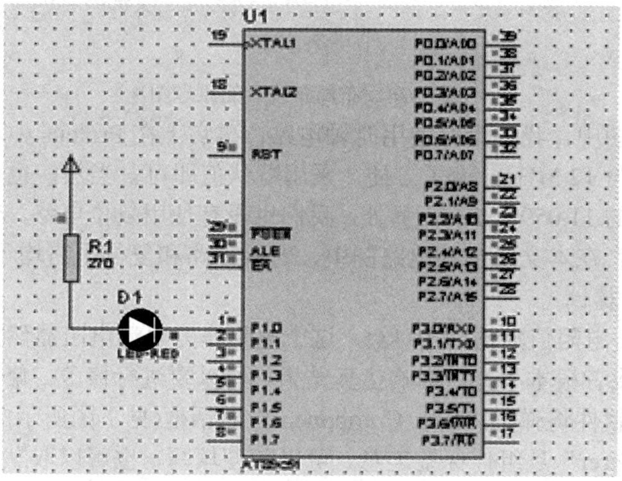

图 2-30　仿真结果

2.3.2 层次原理图的绘制

同多图纸设计过程一样，ISIS 支持层次设计。一个较大、较复杂的电路图，不可能一次完成，也不可能将这个电路图画在一张图纸上，更不可能由一个人单独来完成。利用层次电路图可以大大提高设计速度，也就是将这种复杂的电路图根据功能划分为几个模块，由不同的人员来分别完成各个模块，做到多层次并行设计。

本节将通过一个具体的例子(如图 2-31 所示)来介绍层次电路图的基本概念和绘制层次电路图的步骤与技巧。

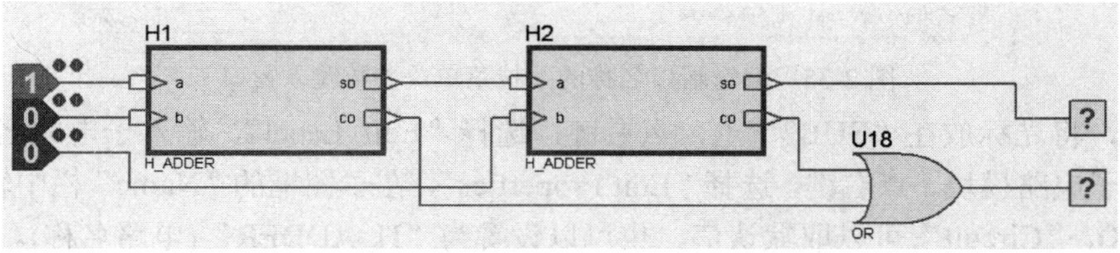

图 2-31　层次电路设计例图——全加器

图 2-31 是一个完成全加器功能的层次电路，其中 H1 和 H2 为子电路，子电路的具体电路图如图 2-32 所示，该子电路完成半加器的功能。

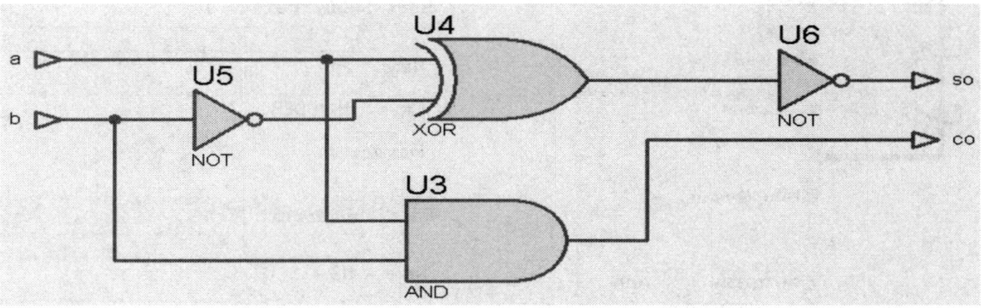

图 2-32　子电路图——半加器

下面介绍使用子电路工具建立层次图的方法和步骤：

(1) 单击工具栏中的子电路工具，并在编辑窗口拖动，拖出子电路模块，如图 2-33 所示。从对象选择器中选择适合的输入、输出端口，放置在子电路图的左侧和右侧。端口用来连接子图和主图，一般输入端口放在电路图模块的左侧，而输出端口放在右侧，如图 2-34 所示。

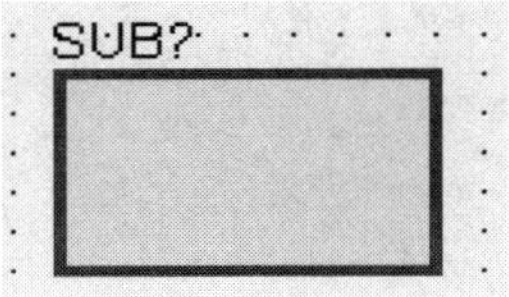

图 2-33　子电路图模块

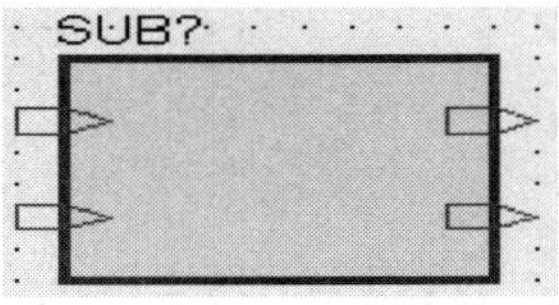

图 2-34　添加子电路图端口

(2) 直接使用端口编辑对话框编辑端口名称，也可使用菜单命令【Tools】→【Property Assignment Tool】编辑端口及子图框的名称。端口的名称必须与子电路的逻辑终端名称一致。

例如，将光标放在端口上单击右键，在弹出的快捷菜单中选择“Edit Properties”，然后输入端口名称即可，如图 2-35 所示。本电路输入端口分别是 a、b，输出端口分别是 co、so。

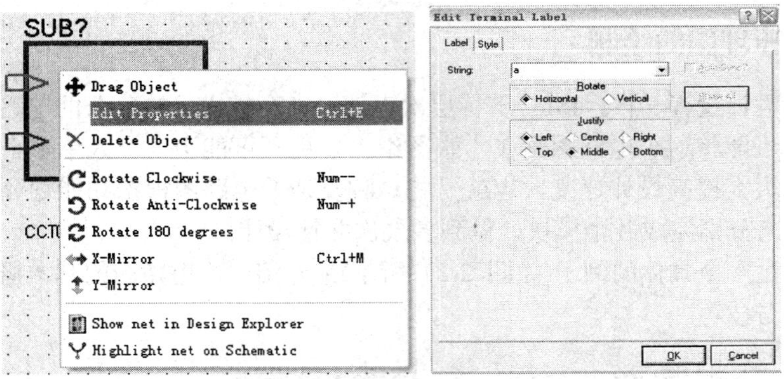

图 2-35　编辑端口名称的下拉菜单及参数输入窗口

同样，将光标放在“SUB?”上，点右键，选择“Edit Label”，输入子电路名称，或者选中整个子电路模块，点右键，选择“Edit Properties”，在子图框的“Name”栏中输入“H1”(实体名称)，“Circuit”可以取默认值，也可以设置为“H_ADDER”(电路名称)。多个子电路可以具有同样的“Circuit”(电路名称)，如“#RSFF”，但是在同一个图页，每个子电路必须有唯一的子图框名称 Name，如“H1”和“H2”。设置界面如图 2-36 所示。

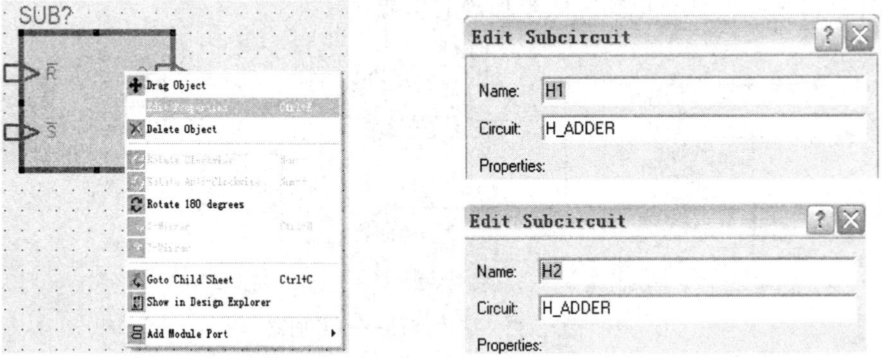

图 2-36　子电路图属性编辑窗口

(3) 将光标放置在子图上，点右键，并选择菜单命令“Goto Child Sheet”(默认组合键为“Ctrl+C”)，这时 ISIS 将加载一空白的子图页，如图 2-37 所示。

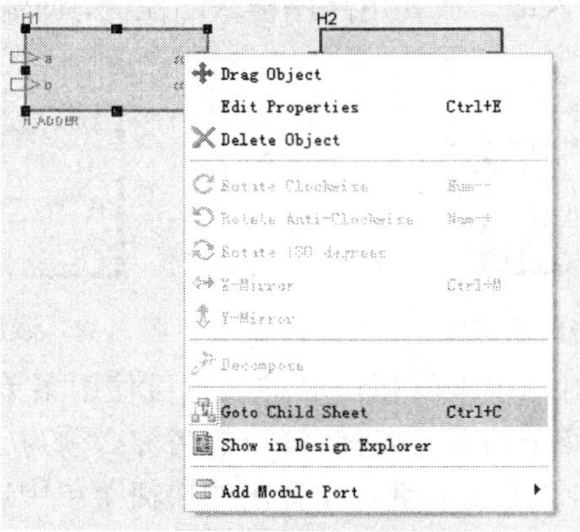

图 2-37　加载空白的子图页

(4) 编辑子电路。首先，在 Proteus ISIS 编辑环境中，输入图 2-32 的原理图。然后，单击工具箱中的按钮，则相应的在操作界面的对象选择器列出所包含的项目，如图 2-38 所示。可根据需要选择相应对象。

输入/输出终端是必须放置的。选中对象编辑器中的“INPUT/OUTPUT”，在预览窗口出现输入/输出端口的图标，在原理图中单击，就可在原理图中添加输入/输出端口，选中输入/输出端口符号，拖到合适的位置，并将输入/输出端口连接到电路中。单击输入/输出端口符号，进入编辑对话框，在“String”栏中分别输入输入/输出端口名称，然后单击“OK”按钮，完成端口的放置，如图 2-32 所示。

注意：这里的端口名称必须与子电路框图中的一致。

(5) 子电路编辑完后，选择菜单命令【Design】→【Goto Sheet】，这时出现如图 2-39 所示对话框，选择“Root sheet1”，然后单击“OK”按钮，使 ISIS 回到主设计页。

需要返回主设计页也可以在子图页空白处单击右键，选择“Exit to Parent Sheet”选项。

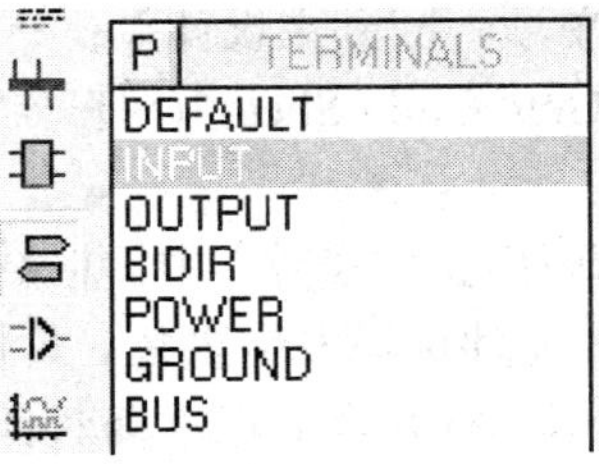

图 2-38　对象选择器中内容

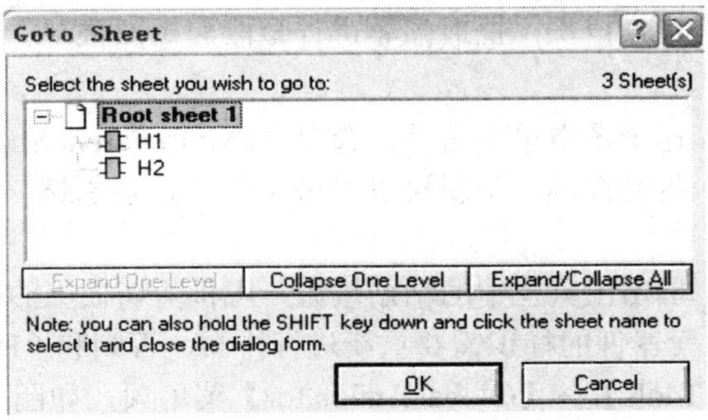

图 2-39　“Goto Sheet”对话框

(6) 单击子电路图框，进入子电路编辑对话框，可对子电路属性进行编辑。

(7) 单击“OK”，完成对子电路的编辑，同时实现了电路的层次化。

层次电路图 2-31 中另一子电路 H2 的编辑方法与 H1 的相同。实际上，这里两个子电路是一样的，所以可以采用复制的方法得到子电路 H2。具体操作是：先选中 H1 子模块，然后选择 Block Copy 工具进行块复制，如图 2-40 所示，之后点右键退出，对复制的子电路模块进行属性修改，其电路名称 Circuit 保持为“#RSFF”不变，子图框名称 Name 改为“H2”即可。

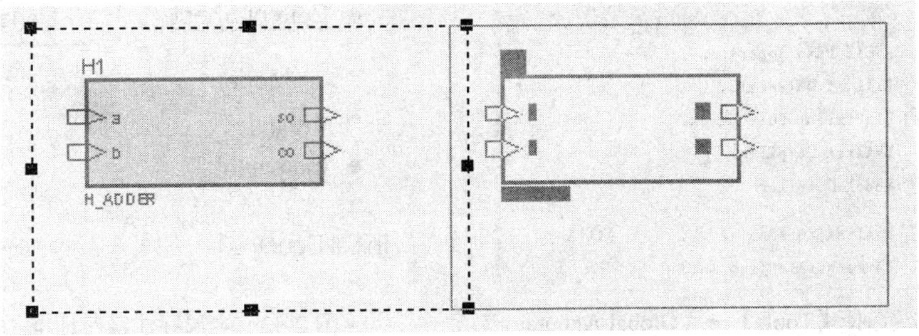

图 2-40　块的复制

如果新建子电路模块(如实体名为“NEW”，电路名为“XX”)只有部分和前一子电路内容相同时，可以采用以下方法进行创建。

(1) 单击工具箱中“Sub-circuit”按钮，并在编辑窗口拖动，拖出子电路模块。

(2) 从对象选择器中选择合适的输入/输出端口，放置在子电路模块的左右两侧。

(3) 选中端口，直接编辑或使用“Property Assignment Tool”对话框编辑端口名称。

(4) 选中子图模块编辑子图模块，并设置实体名(Name)为“NEW”，电路名称(Circuit)为“XX”。

(5) 将光标放在子图，点右键，选择“Goto Child Sheet”菜单项，ISIS 将加载一个新的空白子图页。

(6) 在空白页中编辑电路，具体方法如下：

➢ 在子图中单击右键，选择“Exit to Parent Sheet”菜单项，ISIS 回到主设计页；

➢ 将光标放在子图模块“H1”上，点右键，选择“Goto Child Sheet”，进入“H1”子图；

➢ 拖动鼠标，选取需要进行复制的电路部分，单击工具栏中复制按钮，将图复制到剪切板；

➢ 在子图中单击右键，选择“Exit to Parent Sheet”菜单项，回到主设计页；

➢ 将光标放在子图模块“NEW”上，点右键，选取“Goto Child Sheet”，打开“NEW”子图；

➢ 单击工具栏中的粘贴按钮，可将剪切板上的图粘贴至子图“NEW”中，粘贴后的子电路中元器件的标识需要重新进行排布，否则和“H1”中的元件标识发生重复。具体方法：选择【Tools】→【Global Annotator】菜单项，如图 2-41 所示，打开全局标注器对话框，如图 2-42 所示，其中，“Scope”为标注范围，系统提供了两种标注范围，即“Whole Design”(整个设计)和“Current Sheet”(当前电路)；“Mode”为标注模式，系统提供了两种模式，即“Total”(综合式)和“Incremental”(增量式)。这里可以选择“Whole Design”和“Total”，然后单击“OK”按钮，系统自动完成标注子电路；

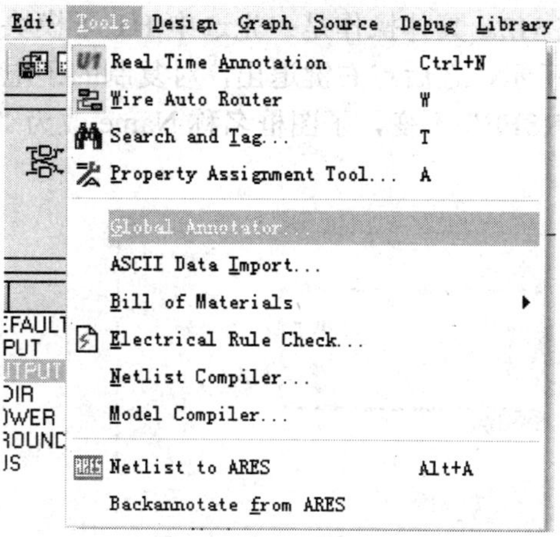

图 2-41　选择【Tools】→【Global Annotator】

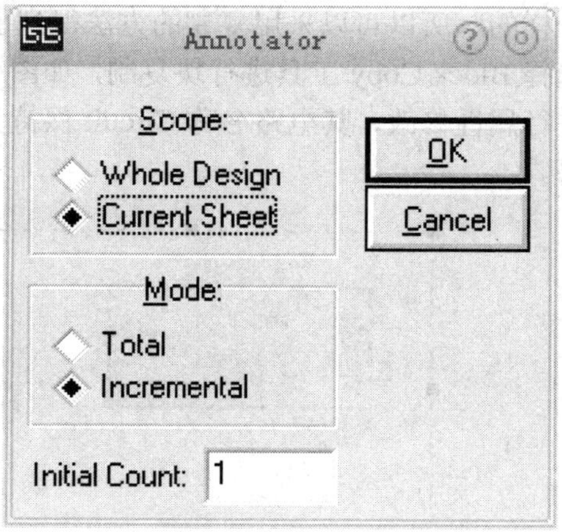

图 2-42　全局标注器对话框

➢ 接着完成“New”中除复制部分以外的电路；

➢ 编辑完“New”中全部电路之后，在“NEW”子图中单击右键，选择“Exit to Parent Sheet”，回到主设计页。

(7) 单击子电路模块，进入子电路编辑对话框，可在“Properties”中添加子电路属性，然后单击“OK”按钮，完成对此子电路的编辑工作。

最后，将创建好的子电路放到主电路中合适的位置，按照图 2-31 连接电路，完成层次电路的设计。

2.3.3　Proteus 和 Keil 的联合调试

先装好 Keil μVision3 和 Proteus 7.4。可以使用以下两种方法：离线方式和在线联合仿真调试方式。不论是离线还是在线方式的联合调试，HEX 文件是必不可少的。生成 HEX 文件，需要在 Keil 软件中进行正确的设置。方法如下：进入 Keil 开发环境中，打开相应的工程文件，在选中“target1”的情况下选择 project→options for target “target1”，选择“output”选项卡，在“create HEX file”前的方框里打钩保存。

1．Keil μVision 与 Proteus 的离线联合使用

先通过 Keil μVision 编辑、修改、编译源程序并生成 HEX 文件，然后运行 Proteus 将 HEX 文件与原理图中的 MCU 进行绑定即可。

离线联合调试有一个缺点，就是无法使用 Keil 强大的调试功能。当然，离线联合调试可以非常直观地看到程序运行的仿真结果，通常情况下，我们可以根据仿真结果对程序错误进行定位、修改，进而完成程序的设计。

2．Keil μVision 与 Proteus 的联合仿真调试

(1) 确保计算机上安装有 TCP/IP 协议。

(2) 下载安装 LabCenter 公司的 vdmagdi 插件，这个插件安装以后可以实现 Keil 与 Proteus 的联合调试。注意在安装过程中程序会自动搜索到 Keil 的安装目录，所有均默认安装就可以了。安装过程中注意选择自己的 Keil 版本和需要调试的芯片类型，这个插件可以支持 51 系列和 AVR 系列单片机。安装后在 Keil 文件夹下的 TOOLS.INI 文件中的[c51]字段的最后多了两行：TDRV8=BIN\VDM51.DLL ("Proteus VSM Simulator")和 BOOK2 = HLP\VDMAGDI.HLP ("Proteus VSM AGDI Driver")，即增加了用于两软件的连接和帮助文档。

(3) 在“debug”选项卡中选择右边的“use”，在下拉框中选择“proteus vsm simulator”，其他选择默认值，至此 Keil 设置完毕。

(4) 打开 Proteus ISIS，在菜单栏中选择“debug→use remote debug monitor”，选中该项就是在前面加一个钩。

完成以上步骤后就可以进行 Keil 与 Proteus 的在线联合仿真调试。在 Proteus 软件中画电路图，在 Keil 软件中编程，在 Keil 软件中进入调试界面，即可在 Proteus 看到运行结果。这种联合仿真调试，可以使用 Keil 的单步执行、设置断点等调试功能。

以上两种联合调试方法，都可以用于单片机系统的调试，读者可以选择使用。

2.4　Cx51 与标准 C 语言的区别与联系

用于 8051 单片机开发的 C 语言，我们称之为 Cx51。Cx51 大部分语法跟标准 C 语言是相同的，但由于 Cx51 专门为开发单片机作了一些拓展，其中有一些语法现象是标准 C 语言中所没有的，下面简述一些与标准 C 语言不同的而在 Cx51 中常用的语法现象。

2.4.1　数据类型

Cx51 使用的数据类型如图 2-43 所示。从图 2-43 可知，Cx51 支持的数据类型比标准 C 语言多了一个位型(bit)，这是与单片机的应用相适应的，在单片机的应用中经常使用一个端口去控制外设或接收外设传来的信息。

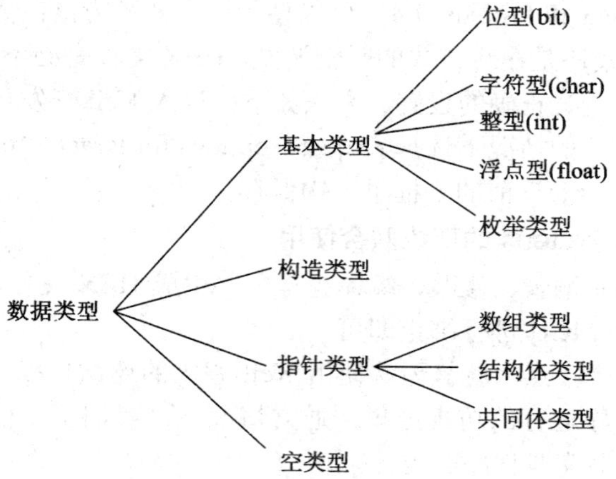

图 2-43　Cx51 的数据类型

表 2-1 列出了这些数据类型的长度和值域。从表 2-1 可以看出，Cx51 支持一般指针，一般指针在 Cx51 中是固定 24 位，包括 1 字节的存储器类型和 2 字节的偏移量。Keil Cx51 支持“基于存储器的”指针和“一般”指针两种类型，其中“基于存储器的”指针与标准 C 语言中使用的指针类似。对一般指针感兴趣的读者可参阅相关书籍，此处不再展开描述。

表 2-1　Keil Cx51 的数据类型

数据类型	长度/bit	值　域
bit	1	0、1
unsigned char	8	0～255
signed char	8	−128～127
unsigned int	16	$0\sim2^{16}-1$
signed int	16	$-2^{15}\sim2^{15}-1$
unsigned long	32	$0\sim2^{32}-1$
signed long	32	$-2^{31}\sim2^{31}-1$
float	32	±1.176E-38～3.40E+38(小数点后 6 位有效)
double	64	±1.176E-38～3.40E+38(小数点后 10 位有效)
一般指针	24	存储空间：0～65535

2.4.2　存储类型

Cx51 的数据类型以一定的存储类型定位在 8051 的某一存储区域中，因此存储类型是与 8051 的存储结构相关，对应关系如表 2-2 所示。

表 2-2　Cx51 存储类型与 8051 存储空间的对应关系

存储类型	与存储空间的对应关系
data	直接寻址片内数据存储区(128 B：0x00～0x7f)，访问速度快
bdata	可位寻址片内数据存储区(16 B：0x20～0x2f)，允许位与字节混合访问
idata	间接寻址片内数据存储区，可访问片内全部 RAM 区(256 B：0x00～0xff)
pdata	分页寻址片外数据存储区，P2 固定(256 B：0x00～0xff)
xdata	片外数据存储区(64 KB：0x0000～0xffff)
code	代码存储区(64 KB：0x0000～0xffff)

由表 2-2 可知，当使用存储类型 data、bdata、idata 定义常量和变量时，Cx51 编译器会将它们定位在片内 RAM 中；当使用存储类型 pdata、xdata 定义常量和变量时，Cx51 编译器会将它们定位在片外 RAM 中。当使用片外 RAM 中的数据时，必须首先将这些数据移到片内 RAM 中，因此相对片外 RAM 来说，片内 RAM 虽然不大，但它能快速存取各种数据。片内 RAM 通常用于存放临时变量或使用频率较高的变量。

Cx51 允许在变量类型定义之前指定存储类型。变量的存储类型定义举例：

```
char data var;        //将字符变量 var 放在片内 RAM 中，等价于：data char var;
bit bdata flag;       //将位变量 flag 放在片内位寻址区中，等价于：bdata bit flag;
unsigned char xdata vector[10];
                      //将数组变量 vector 放在片内外 RAM 中，等价于：xdata unsigned char vector[10];
```

如果变量定义时省略存储类型，则编译器会自动选择默认的存储类型。默认的存储类型则由 SMALL、COMPACT 和 LARGE 存储模式限制。存储模式及说明见表 2-3。

表 2-3　存储模式及说明

存储模式	说　明
SMALL	参数及局部变量放入可直接寻址的片内 RAM(最大 128B，默认存储类型为 data)
COMPACT	参数及局部变量放入分页片外寻址区(最大 256B，默认存储类型为 pdata)
LARGE	参数及局部变量直接放入片外 RAM(最大 64KB，默认存储类型为 xdata)

在编写单片机应用程序时，经常会遇到片内 RAM 不够而导致编译无法通过的情况，通常的解决办法是，精减使用的变量，或者将位于片内 RAM 的变量移到片外 RAM 中。

2.4.3　位变量及其定义

在位定义中，位变量都被存放在 8051 片内 RAM 的位寻址区中，也就是说，位变量占据的空间不能超过 128 bit。因此位变量的存储类型限制为 data、bdata 或 idata，如果将位变量的存储类型定义为其他类型，则导致编译出错。

关于位变量，再进一步说明以下两点：

(1) 位变量不能定义成一个指针，不存在位数组。例如：

```
bit *bit_p;             //非法，不能定义为指针
bit bit_arry[10];       //非法，不存在位数组
```

(2) 函数可包含类型为 bit 的参数，也可将 bit 型变量作为返回值。例如：

```
bit func(bit b0)        //这种使用是合法的
{
```

```
    …
        return (b0);
    }
```

注意：bit 仅用于定义存放在片内 RAM 位寻址区的常量或变量。

2.4.4 特殊功能寄存器及其定义

8051 单片机片内有 21 个特殊功能寄存器，为了能直接访问这些特殊功能寄存器，Keil Cx51 提供了一种定义方法，这种方法与标准 C 语言不兼容。

这种定义方法引入关键字“sfr”，语法为：sfr sfr_name = constant，举例如下：

```
sfr TMOD=0x89;          //TMOD 地址为 0x89
sfr TCON=0x88;          //TCON 地址为 0x88
```

sfr 后面必须跟一个特殊寄存器名，“=”后面必须是地址常数，不允许带有运算符的表达式，这个地址常数值必须在特殊功能寄存器的地址范围内(0x80～0xff)。

在 8051 应用中，经常需要单独访问特殊功能寄存器的某一位，Cx51 中可以使用关键字“sbit”进行定义，这种方法与标准 C 语言也不兼容。

与 sfr 的用法类似，用关键字“sbit”定义某些特殊位，可接受任何符号名，“=”后必须是位地址。使用 sbit 定义某一位时，可以使用特殊寄存器的名称进行定义，也可以使用特殊寄存器的地址进行定义，还可以使用某位的绝对地址进行定义。下面分别使用这三种方法对 CY 进行定义。

方法一：使用特殊寄存器的名称进行定义。

```
sfr PSW=0xd0;           //PSW 地址为 0xd0
sbit CY=PSW ^ 7;        //CY 为 PSW 的第 7 位
```

方法二：使用特殊寄存器的地址进行定义。

```
sbit CY=0xd0 ^ 7;
```

方法三：使用 CY 位的绝对地址进行定义。

```
sbit CY=0xd 7;
```

注意：sbit 与 bit 是不一样的，sbit 仅用于访问特殊功能寄存器的可位寻址的位。

2.5 小　　结

在本章中，我们讨论了以下知识点：

➢ 汇编语言与 C 语言比较。用 C 语言进行单片机程序设计是单片机开发与应用的必然趋势。所以作为一个技术全面并涉足较大规模的软件系统开发的单片机开发人员最好能够掌握 C 语言编程。

➢ Keil 软件是目前最流行的 MCS-51 单片机的开发环境之一，本章介绍了该软件的使用，并重点介绍了 Keil 软件强大的调试功能。

➢ Proteus 仿真软件是目前最流行的 MCS-51 单片机的仿真环境之一，本章介绍了该软件的使用，并重点介绍了在 Proteus 仿真软件中绘制层次原理图的方法。

➢ 介绍了 Keil 与 Proteus 两种软件的联合调试技术：离线方式和在线联合仿真调试方式。

➢ 用于 8051 单片机开发的 Cx51 与标准 C 语言的大部分语法是相同的，但也有差异之处。本章重点介绍了两者 4 个方面的差异：数据类型、存储类型、特殊功能寄存器及其定义、位变量及其定义。

习　题

2-1　C 语言和汇编语言相比，有哪些优缺点？

2-2　简述 Keil 软件的使用方法。

2-3　简述 Proteus 软件的使用方法。

2-4　上机实际操作 Proteus 和 Keil 的联合调试技术。

2-5　上机实际操作并理解 Cx51 与标准 C 语言的区别。

第 3 章　MCS-51 单片机 I/O 端口应用

通常单片机端口直接用于连接输入/输出设备，常用的输入/输出设备包括：LED 灯、数码管、矩阵键盘、液晶、LED 矩阵。本章详细介绍使用 MCS-51 单片机端口控制的几个项目：流水灯、数码管显示、矩阵键盘扫描、液晶显示、LED 矩阵显示。

由于流水灯、键盘、数码管、液晶等输入/输出设备将单片机的 I/O 端口基本用完，为了能够节约使用 I/O 端口或者让单片机做更多的控制工作，实际应用中需要对 MCS-51 系统的外部 I/O 接口扩展。

对 MCS-51 系统外部 I/O 端口电路扩展需要注意一个问题：外部数据存储器和外部 I/O 端口电路必须采用统一编址设计。最常用的扩展芯片为 8255A，它可以使用单片机的 P0 端口和 P2 端口，扩展出 3 个独立的 8 位 I/O 端口。

3.1　原理图设计与说明

3.1.1　原理图设计

本章使用的电路原理图如图 3-1 所示。

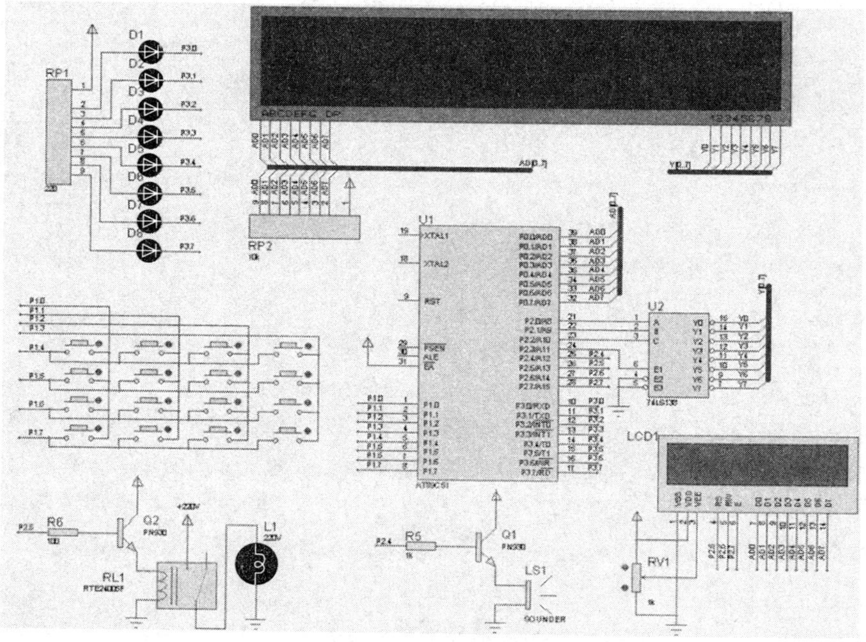

图 3-1　输入/输出应用电路原理图

关于原理图的说明如下：

(1) 8 只 LED 灯连接于 P3 口，可实现任何 LED 流水灯的显示。

(2) 8 只数码管均为共阴极数码管，段控线连接于 P0 口，位控线由 P2 口通过 74LS138 来控制，一次只能显示一只数码管。由于数码管同时显示同样数据的场合非常少，因此一次只显示一只数码管。若想让 8 只数码管同时显示不同数值，则可以采用快速扫描显示的方式。另外，在使用 P0 口驱动数码管时，需要加上拉电阻，这在第 1 章已作过说明。关于芯片 74LS138 功能将在下一节详细介绍。

(3) 4×4 矩阵键盘接于 P1 口，这样做可以节省 I/O 端口资源，同时增加可用键数量。另外，需要说明的是，矩阵键盘的行线和列线均没有通过上拉电阻接 +5 V 电源，这是因为 P1 口内部已经通过上拉电阻接 +5 V 电源。

(4) 液晶显示的 3 个控制端分别接于 P2.5、P2.6 和 P2.7 引脚，数据端接于 P0 口。

(5) 喇叭用于发出声响，接于 P2.4 引脚，继电器用于控制 220 V 的日光灯泡发光，接于 P2.5 引脚。由于两者驱动电流较大，因此均需要使用三极管驱动。

(6) 图中省略了时钟电路和复位电路，这在第 2 章已经作过说明，后面各章原理图也将省略时钟电路和复位电路，将不再说明。

(7) 使用器件列表如图 3-2 所示，在 Proteus 中输入器件名称即可找到该器件。

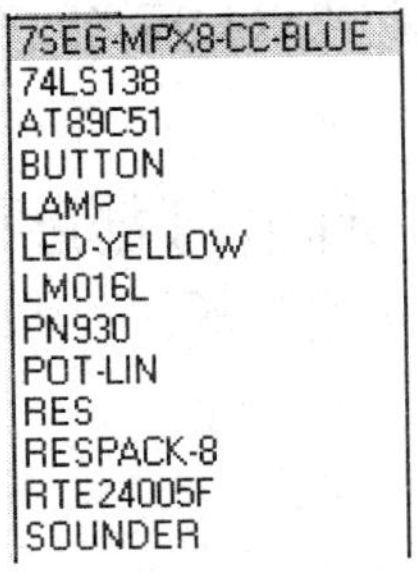

图 3-2　元器件列表清单

关于 Proteus 软件的使用可参照第 2 章及相关书籍。

3.1.2　74LS138 功能介绍

74LS138 为 3-8 译码器，它由 3 个输入变量(A_0～A_2)控制 8 个输出端(Y_0～Y_7)，其引脚图如图 3-3 所示。

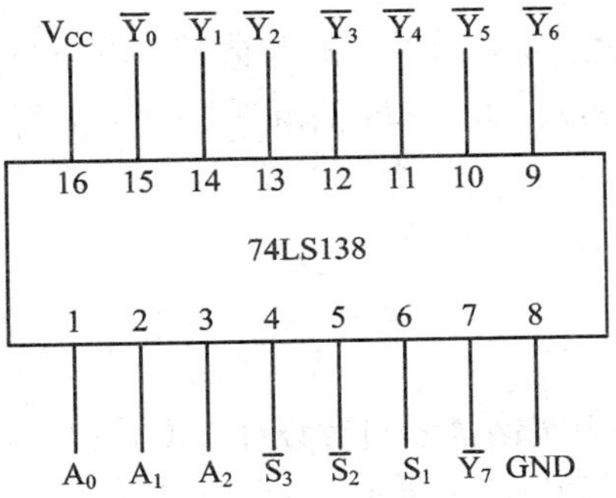

图 3-3　74LS138 引脚图

其功能真值表如表 3-1 所示。

表 3-1 3-8 译码器 74LS138 的功能真值表

输入					输出							
S_1	$\overline{S}_2+\overline{S}_3$	A_2	A_1	A_0	$\overline{Y}_0$	$\overline{Y}_1$	$\overline{Y}_2$	$\overline{Y}_3$	$\overline{Y}_4$	$\overline{Y}_5$	$\overline{Y}_6$	$\overline{Y}_7$
0	X	X	X	X	1	1	1	1	1	1	1	1
X	1	X	X	X	1	1	1	1	1	1	1	1
1	0	0	0	0	0	1	1	1	1	1	1	1
1	0	0	0	1	1	0	1	1	1	1	1	1
1	0	0	1	0	1	1	0	1	1	1	1	1
1	0	0	1	1	1	1	1	0	1	1	1	1
1	0	1	0	0	1	1	1	1	0	1	1	1
1	0	1	0	1	1	1	1	1	1	0	1	1
1	0	1	1	0	1	1	1	1	1	1	0	1
1	0	1	1	1	1	1	1	1	1	1	1	0

无论从逻辑图还是功能表我们都可以看到 74LS138 的八个输出引脚，任何时刻要么全为高电平 1，即芯片处于不工作状态，要么只有一个为低电平 0，其余 7 个输出引脚全为高电平 1。如果出现两个输出引脚同时为 0 的情况，说明该芯片已经损坏。

71LS138 有三个附加的控制端 S_1、S_2 和 S_3，用来控制译码器的工作或禁止工作。当译码器被禁止时，所有的输出端被封锁在高电平。这三个控制端也被称为“片选”输入端，利用片选的作用可以将多个芯片连接起来以扩展译码器的功能。

3.2 流水灯程序设计

3.2.1 设计要求

共 8 只 LED 灯，连成一排，要求实现几种灯的组合显示。具体要求如下：

(1) 模式 1：按照 1、2、3、4、5、6、7、8 的顺序循环点亮，在某一时刻只有一个灯亮，间隔 0.5 s。

(2) 模式 2：按照 1、2、3、4、5、6、7、8 的顺序依次点亮所有灯，间隔 0.25 s；然后再按 1、2、3、4、5、6、7、8 的顺序依次熄灭所有灯，间隔 0.25 s。

(3) 模式 3：先奇数灯即第 1/3/5/7 灯亮 0.25 s，然后偶数灯即第 2/4/6/8 灯亮 0.25 s；依次类推。

(4) 模式 4：按照 1/8、2/7、3/6、4/5 的顺序依次点亮所有灯，间隔 0.25 s，每次同时点亮两个灯；然后再按照 1/8、2/7、3/6、4/5 的顺序依次熄灭所有灯，间隔 0.25 s，每次同时熄灭两个灯。

(5) 以上模式可以选择。

3.2.2 流水灯设计说明

本节仅设计模式 1，其他模式由读者自行设计，模式的选择由键盘控制。由于本设计比较简单，可直接画出流程图，如图 3-4 所示。

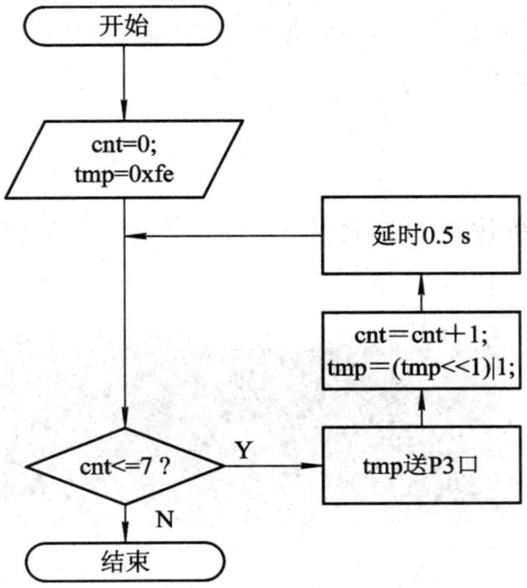

图 3-4　流水灯程序流程图

3.2.3　流水灯设计源码

根据软件流程图，可以很容易地写出代码，如例 3-1 所示。

【例 3-1】　流水灯项目代码。

```
/************流水灯项目代码************************/
void light(void)
{
    uchar cnt,tmp=0xfe;
    for(cnt=0;cnt<=7;cnt++)
    {
        P3=tmp;
        tmp=(tmp<<1)|1;
        delay(250);delay(250);                    //延时 0.5 s
    }
}
```

对于代码，可参考流程图和注释来理解。

另外，本章及以后各章均会用到延时程序，其代码如下：

【例 3-2】　延时程序代码。

```
/*************延时 x 毫秒****************/
void delay(uchar x)                          //设晶体振荡器的频率为 12 MHz
{ uchar k;
  while(x--)                                 //延时大约 x 毫秒
      for(k=0;k<125;k++){}
}
```

需要说明的是，延时子程序中，while 循环体中实现的大约是 1 ms 的延时。该程序已在前面进行过详细分析，在此不再赘述。

3.2.4 仿真结果

使用 Keil 软件对 C 源程序进行编译生成 .hex 文件，然后将 .hex 下载到单片机中，并进行仿真，仿真结果如图 3-5 所示。

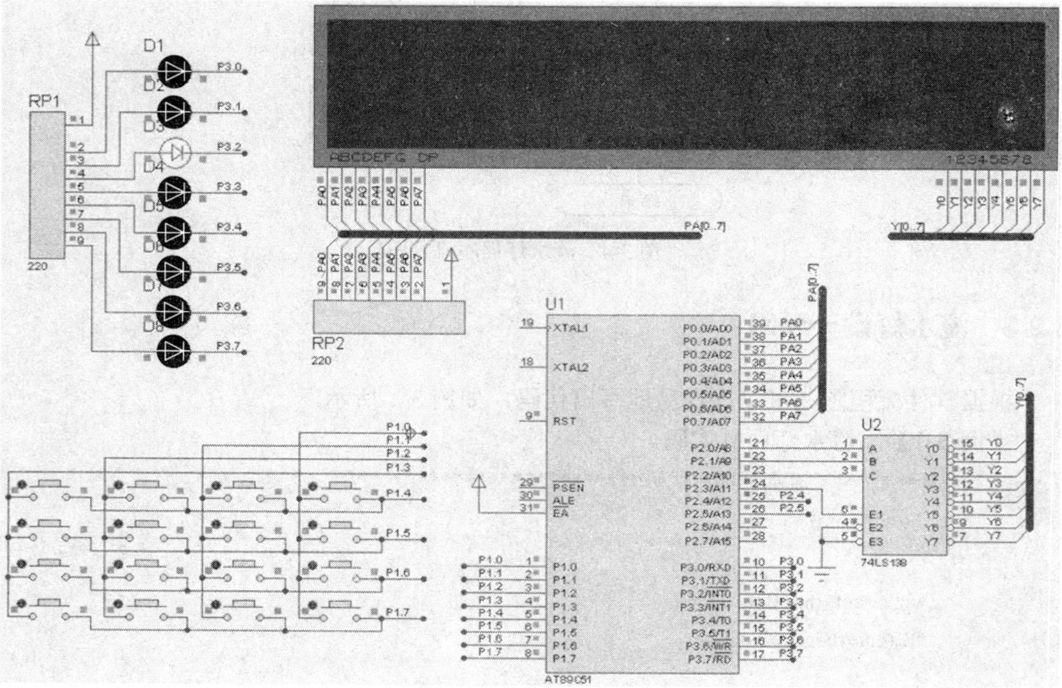

图 3-5　流水灯仿真结果

从实时仿真结果可以看出，8 只 LED 灯循环点亮，与模式 1 完全一致。

3.3 数码管显示程序设计

在单片机应用系统中，经常需要将测量、时钟或数值运算结果等字符显示出来便于人们监视系统的工作情况。可见，数字显示电路是单片机系统中不可或缺的组成部分，是常用的外围设备之一。

数字显示器有很多种不同类型的产品，如发光二极管、荧光数码管、液晶数字显示器等。本节主要介绍目前常用的 7 段荧光数码管显示器，本书简称为“数码管”。

3.3.1 设计要求

共 8 只数码管，连成一排，要求可以任意显示其中一个或多个数码管。具体要求如下：

(1) 依次选通 8 只数码管，并让每只数码管显示相应的值。例如，让每只数码管依次显示十六进制码 0、1、2、3、4、5、6、7、8、9、a、b、c、d、e、f，即第 1～8 只数码管依次显示 0、1、2、3、4、5、6、7；然后再从头开始，第 1～8 只数码管依次显示 8、9、a、b、c、d、e、f。每个十六进制码持续显示约 0.5 s。

(2) 要求在 8 只数码管中同时显示 1、2、3、4、5、6、7、8，即第 1 只数码管显示 1，第 2 只数码管显示 2，…，依此类推，第 8 只数码管显示 8。

3.3.2　数码管软件设计说明

本节仅实现设计要求 1，要求 2 由读者自行设计。

下面对数码管原理作简单介绍。

(1) 数码管分共阴极和共阳极两类。7 段共阴极数码管如图 3-6 所示。当数码管的输入为“1101101”时，则数码管的 7 个段 g、f、e、d、c、b、a 分别接 1、1、0、1、1、0、1，由于接有高电平的段发亮，所以数码管显示“5”。注意，这里没有考虑表示小数点的发光管，如果要考虑，需要增加段 h。

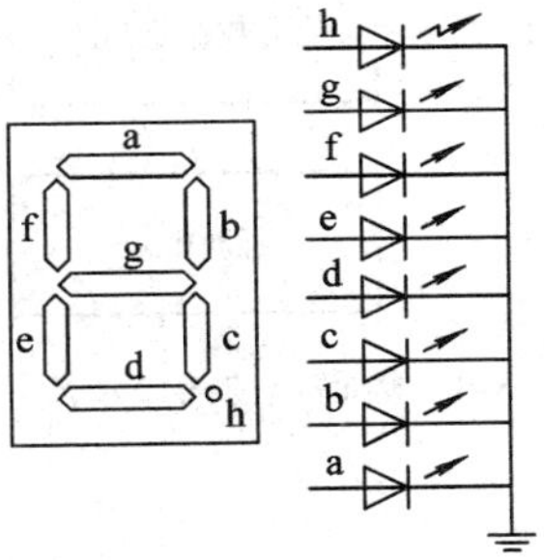

图 3-6　共阴极数码管及其电路

(2) 图 3-7 所示的是 8 位数码扫描显示电路，其中每只数码管的 8 只段 h、g、f、e、d、c、b、a(h 是小数点)都分别连在一起，8 只数码管分别由 8 个选通信号 K1、K2、…，K8 来选择。被选通的数码管显示数据，其余关闭。如在某一时刻，K1 为低电平，其余选通信号为高电平，这时仅 K1 对应的数码管显示来自段信号端的数据，而其他 7 只数码管均不显示。因此，如果希望 8 只数码管显示不同的数据，就必须使得 8 个选通信号 K1、K2、…，K8 轮流被单独选通，同时，在段信号输入口加上希望在对应数码管上显示的数据，于是随着选通信号的变化，就能实现扫描显示的目的。

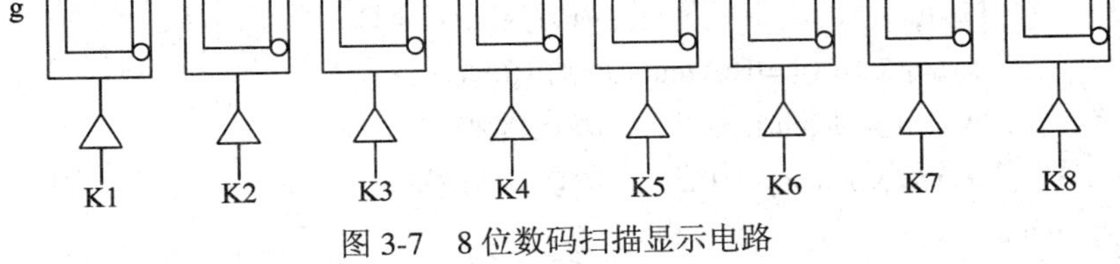

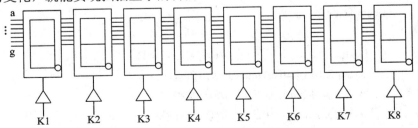

图 3-7　8 位数码扫描显示电路

根据以上原理说明，设计实现要求 1 的程序设计流程图如图 3-8 所示。

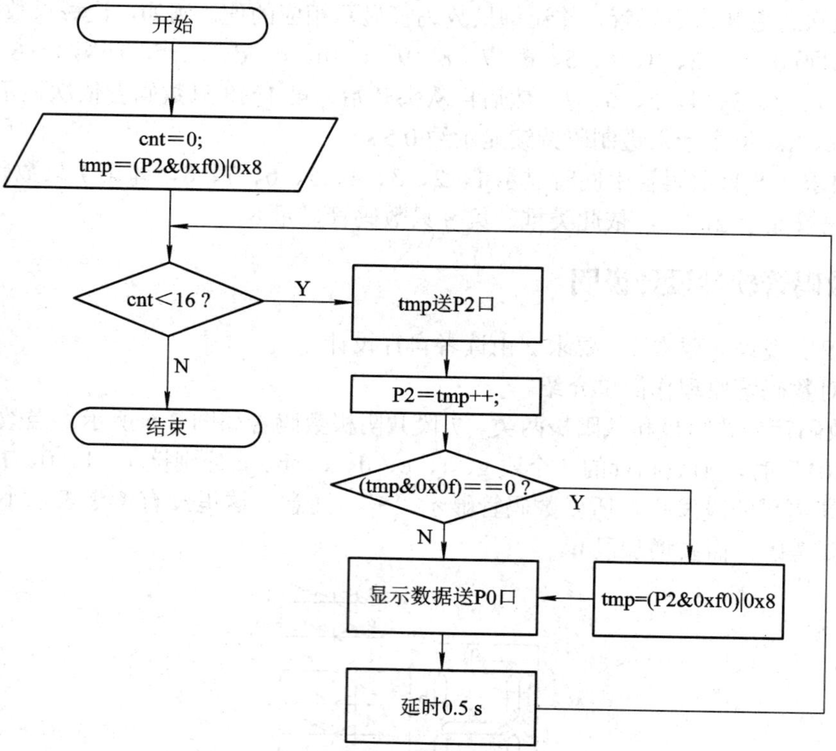

图 3-8　数码管扫描显示流程图

3.3.3　数码管软件设计源码

根据软件流程图，可写出如下代码。

【例 3-3】　数码管项目代码。

```
void led_7s(uchar keyvalue)
{
    uchar cnt,tmp=(P2&0xf0)|0x8;        //cnt 用于选择段控数码；tmp 用于位控,实现 8 只数码管
                                        //循环显示
    uchar led_table[16]={0x3f,0x6,0x5b,0x4f,0x66,0x6d,0x7d,0x7,0x7f,0x6f,0x77,
0x7c,0x39,0x5e,0x79,0x71};              //0～F 共 16 个数，用于段控
    for(cnt=0;cnt<16;cnt++)
    {
        P2=tmp++;                       //选择显示数码管
        if((tmp&0x0f)==0x0) tmp=(P2&0xf0)|0x8;
        P0=led_table[cnt];              //显示数据
        delay(250); delay(250);         //延时约 0.5 s
    }
}
```

对于代码，可参考流程图和注释来理解。

3.3.4　仿真结果

数码管循环显示的仿真结果如图 3-9 所示。

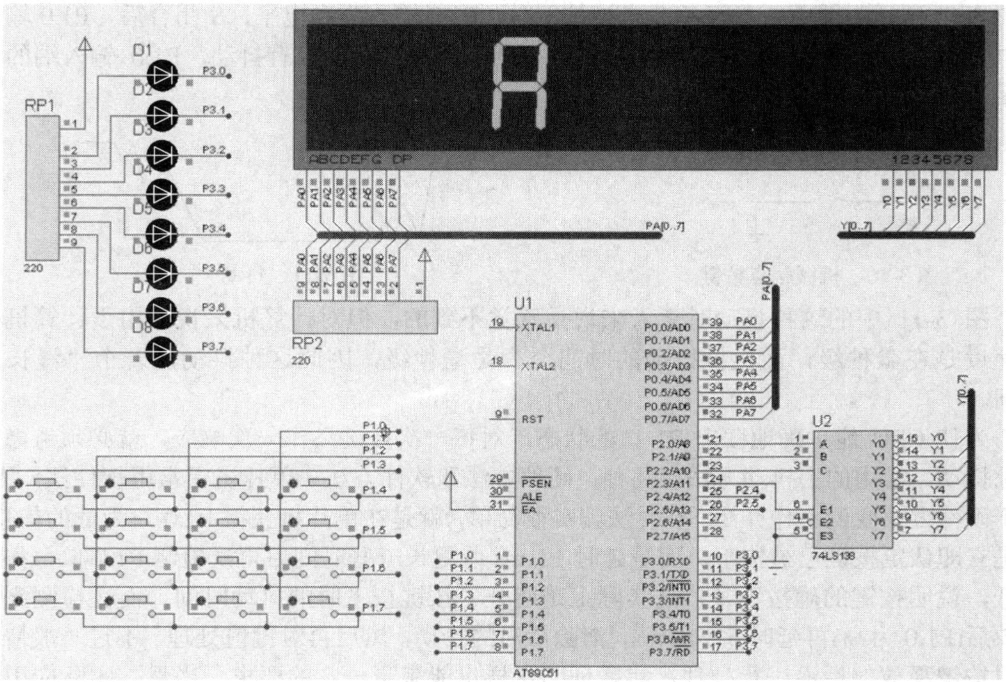

图 3-9　数码管循环显示的仿真结果

从仿真结果可以看出，设计要求 1 已经正确地实现了。

3.4　矩阵键盘程序设计

键盘是由若干按键组成的开关矩阵，它是微型计算机最常用的输入设备，用户可以通过键盘向计算机输入指令、地址和数据。一般单片机系统中采用非编码键盘，非编码键盘是由软件来识别键盘上的闭合键，它具有结构简单，使用灵活等特点，因此被广泛应用于单片机系统。

3.4.1　设计要求

矩阵键盘，共 16 个按键，要求可识别按键并执行相应的功能，具体要求如下：

(1) 对于矩阵键盘，要求从左到右从上到下，依次给按键编码为(编码的结果后文简称为键号)：0，1，2，3，4，5，…，E，F，并在数码管中显示出来。

(2) 通过按键来控制单片机行使相应的功能，不同的按键控制单片机实现不同的功能。

3.4.2　矩阵键盘软件设计说明

1．按键开关的抖动问题

组成键盘的按键有触点式和非触点式两种，单片机中应用的一般是由机械触点构成的，如图 3-10 所示。图中，当开关 S 未被按下时，P1.0 输入为高电平，S 闭合后，P1.0 输入为低电平。由于按键是机械触点，当机械触点断开、闭合时，会有抖动，P1.0 输入端的波形如图 3-11 所示。

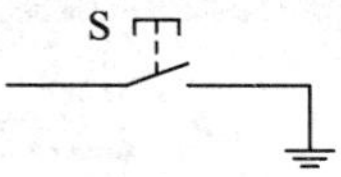

图 3-10　机械触点按键

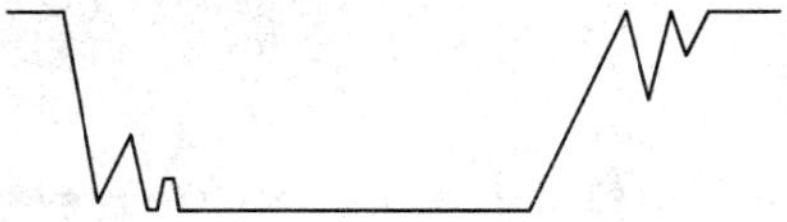

图 3-11　抖动

图 3-11 中的这种抖动对于人来说是感觉不到的，但对计算机来说，由于计算机处理的速度是在微秒级，而机械抖动的时间至少是毫秒级，因此这种抖动是一个“漫长”的时间。

为使 CPU 能正确地读出 P1 口的状态，对每一次按键只作一次响应，就必须考虑如何去除抖动，常用的去抖动方法有两种：硬件方法和软件方法。单片机中常用软件法，因此，对于硬件方法我们不作介绍。软件法其实很简单，就是在单片机获得 P1.0 口为低的信息后，不是立即认定按键已被按下，而是延时 10 ms 或更长一些时间后再次检测 P1.0 口，如果仍为低，说明按键的确按下了，这实际上是避开了按键按下时的抖动时间。而在检测到按键释放后(P1.0 为高)再延时 5～10 ms，消除后沿的抖动，然后再对键值处理。不过一般情况下不对按键释放的后沿进行处理，实践证明这样也能满足一定的要求。当然，实际应用中，对按键的要求也是千差万别，要根据不同的需要来编制处理程序，但以上是消除键抖动的原则。

2．矩阵式键盘的按键识别方法

矩阵式结构的键盘，其列线通过电阻接正电源，列线所接的 I/O 口则作为输入，并将行线所接的单片机的 I/O 口作为输出端。这样，当按键没有按下时，所有的输出端都是高电平，代表无键按下。行线输出是低电平，一旦有键按下，则输入线就会被拉低，这样，通过读入输入线的状态就可得知是否有键按下了。

确定矩阵式键盘上何键被按下，可采用“行扫描法”。行扫描法又称为逐行(或列)扫描查询法，是一种最常用的按键识别方法。其识别过程如下：

(1) 判断键盘中有无键按下。将全部 4 个行线置低电平，然后检测列线的状态。只要有一列的电平为低，则表示键盘中有键被按下，而且闭合的键位于低电平线与 4 根行线相交叉的 4 个按键之中。若所有列线均为高电平，则键盘中无键按下。

(2) 判断闭合键所在的位置。在确认有键按下后，即可进入确定具体闭合键的过程。其方法是：依次将行线置为低电平，即在置某根行线为低电平时，其他线为高电平。在确定某根行线位置为低电平后，再次逐行检测各列线的电平状态。若某列为低，则该列线与置为低电平的行线交叉处的按键就是闭合的按键。

下面使用图 3-12 来作具体说明。

8051 单片机的 P1 口用作键盘 I/O 口，键盘的列线接到 P1 口的低 4 位，键盘的行线接到 P1 口的高 4 位。列线 P1.0～P1.3 分别接有 4 个上拉电阻到正电源 +5 V，并把列线 P1.0～P1.3 设置为输入线，行线 P1.4～P1.7 设置为输出线。4 根行线和 4 根列线形成 16 个相交点。

检测当前是否有键被按下。检测的方法是 P1.4～P1.7 输出全“0”，读取 P1.0～P1.3 的状态，若 P1.0～P1.3 为全“1”，则无键闭合，否则有键闭合。

去除键抖动。当检测到有键按下后，延时一段时间再做下一步的检测判断。

若有键被按下，应识别出是哪一个键闭合，方法是对键盘的行线进行扫描。P1.4～P1.7 按下述 4 种组合依次输出：

P1.7 1 1 1 0　　P1.6 1 1 0 1　　P1.5 1 0 1 1　　P1.4 0 1 1 1

在每组行输出时读取 P1.0～P1.3。若全为“1”，则表示为“0”这一行没有键闭合，否则有键闭合。由此得到闭合键的行值和列值，然后可采用计算法或查表法将闭合键的行值和列值转换成所定义的键值。

为了保证键每闭合一次 CPU 仅作一次处理，必须去除键释放时的抖动。

图 3-13 给出了按键处理流程图。

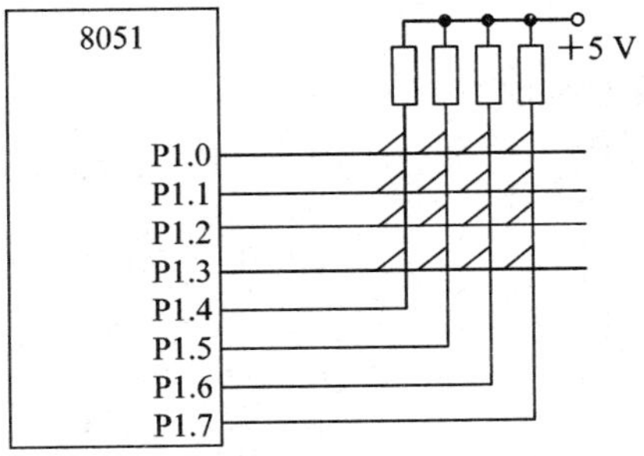

图 3-12　矩阵键盘原理说明

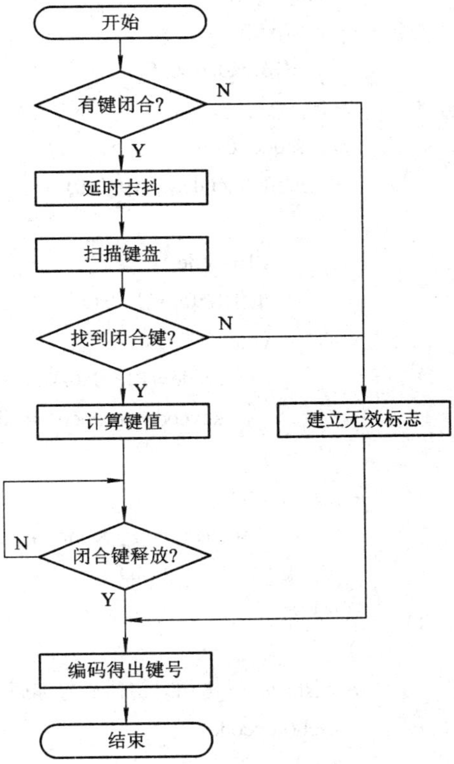

图 3-13　按键处理流程图

3.4.3　矩阵键盘软件设计源码

根据软件流程图，写出键盘扫描程序的代码：

【例 3-4】 矩阵键盘项目代码。

```
/*************获取按键值，一次按键处理一次*****************/
//键盘从左到右从上到下的键值依次为:
//0, 1, 2, 3
//4, 5, 6, 7
//8, 9, 10, 11
//12, 13, 14, 15
 uchar keyscan(void)
 {
    uchar scode,rcode,keycode,keycode_v;
    P2=P2&0xf7;                     //关闭所有数码管，第 4 个管脚控制 138 不使能端
    P1=0x0f;                        //使 P1 高 4 位为低电平，低 4 位为高电平
    keycode=0;                      //无键按下时，键值为 0，建立无效标志
    if((P1&0x0f)!=0x0f)
    {
       delay(10);                   //延时 10 ms 消抖
       P1=0x0f;
       if((P1&0x0f)!=0x0f)
       {
          scode=0xef;
          while((scode&0x01)!=0)    //此 while 语句使 P1 高 4 位依次为低电平
          {
              P1=scode;
              if((P1&0x0f)!=0x0f)
              {
                   rcode=(P1&0x0f)|0xf0;
                   keycode= ~rcode|~scode;      //有键按下时，取得键值
              }
              else
                 scode=_crol_(scode,1);         //sccode 左移 1 位
          }
       }
    }
    //下面 swithc 语句对键值进行编码
    switch(keycode)
    {
           case 0:   keycode_v=0xff; break;
           case 0x11:   keycode_v=0; break;
           case 0x12:   keycode_v=1; break;
           case 0x14:   keycode_v=2; break;
```

```
            case 0x18:   keycode_v=3; break;
            case 0x21:   keycode_v=4; break;
            case 0x22:   keycode_v=5; break;
            case 0x24:   keycode_v=6; break;
            case 0x28:   keycode_v=7; break;
            case 0x41:   keycode_v=8; break;
            case 0x42:   keycode_v=9; break;
            case 0x44:   keycode_v=10; break;
            case 0x48:   keycode_v=11; break;
            case 0x81:   keycode_v=12; break;
            case 0x82:   keycode_v=13; break;
            case 0x84:   keycode_v=14; break;
            case 0x88:   keycode_v=15; break;
        }
        //下面这两句作用：等待按键释放
        P1=0x0f;    //使 P1 高 4 位为低电平，低 4 位为高电平
        while((P1&0x0f)!=0x0f);
        return keycode_v;
    }
```

对于代码，可参考流程图和注释来理解。

3.4.4 仿真结果

程序在运行过程中，按下任一键，则键值会在数码管中显示出来。图 3-14 为按下第一排第 3 个键时的结果。

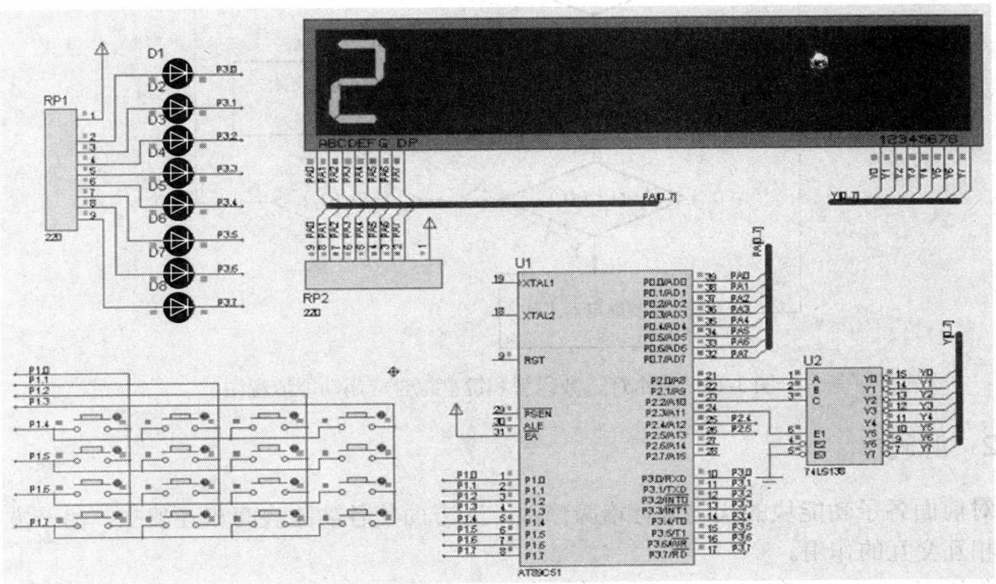

图 3-14　键盘仿真结果

3.5 流水灯、数码管和键盘的综合应用

3.5.1 功能说明

完成的功能主要有：

(1) 首先展示流水灯效果，用数码管轮流显示 0、1、2、…、F。

(2) 然后进行键盘扫描，根据按键决定程序的执行，具体包括：

(a) 键号为 0 的按键，可控制继电器工作，按下后可使日光灯点亮。

(b) 键号为 1 的按键，按下后，可使喇叭发声，同时控制继电器停止工作，使日光灯熄灭。

(c) 各按键按下后，将会在数码管中显示相应的键号。

具体功能流程图如图 3-15 所示。

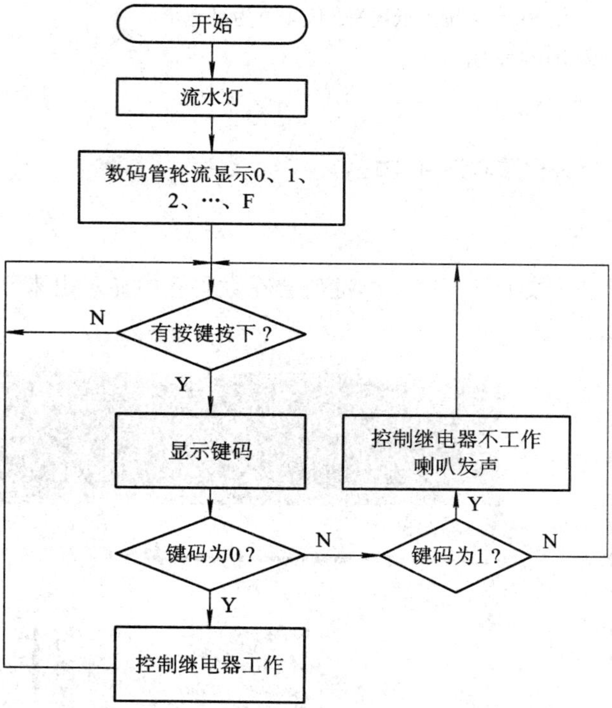

图 3-15 流水灯、数码管和键盘综合应用功能流程图

3.5.2 源码

对前面各子功能块的代码进行增减修改，一方面使各功能块间相互独立，另一方面增加了相互交互的作用。

代码写在 main.c 和 pin_inout.c 两个文件中，如例 3-5 和例 3-6 所示。

【例 3-5】　main.c 文件。

```
#define  uchar  unsigned  char
#define  uint  unsigned  int

//以下为函数声明
void light(void);
void led_7s(uchar);
uchar keyscan(void);
void speaker(void);
void relay(bit);
void delay(uchar x);

void main(void)
{
        uchar tmp,disp=0xff;
//喇叭不工作
        speaker( );
//流水灯
        light( );
//七段数码管
        led_7s(0xff);
//继电器不工作
        relay(0);
        while(1)
        {
                if((tmp=keyscan())!=0xff) disp=tmp;     //如果有按键按下，则保存该键值

                if(disp!=0xff) led_7s(disp);
                if(disp==0)
                {                                       //第 1 个按键控制继电器工作
                        relay(1);
                }
                else if(disp==1)                        //第 2 个按键控制喇叭发声，按后发声
                {
                        speaker( );
                        relay(0);
                }
        }
}
```

【例 3-6】 pin_inout.c 文件。

```
#include <reg51.h>
#include <absacc.h>
#include <intrins.h>

#define uchar unsigned char
#define uint unsigned int

sbit spk=P2^4;                        //定义喇叭引脚
sbit rly=P2^5;                        //定义继电器引脚

//以下为函数声明
void light(uchar);
void led_7s(uchar);
uchar keyscan(void);
void speaker(void);
void relay(bit);
void delay(uchar x);

/************喇叭发声代码************************/
void speaker(void)
{
    uchar cnt;
    for(cnt=0;cnt<=100;cnt++)
    {
        spk=~spk;                     //产生方波
        delay(2);                     //改变延时值可产生不同频率的声音
    }
}

/************继电器工作代码************************/
//继电器由键盘控制
void relay(bit ctrl)
{
    rly=ctrl;                         //继电器工作状态由输入参数决定
}

/************流水灯项目代码************************/
void light(void)
```

```
{
    uchar cnt,tmp=0xfe;
    P2=P2&0xf7;                    //关闭所有数码管，第 4 个管脚控制 74LS138 不使能端
    for(cnt=0;cnt<=7;cnt++)
    {
        P0=tmp;
        tmp=(tmp<<1)|1;
        delay(250);delay(250);     //延时 0.5 s
    }
}

/************七段数码管项目代码**********************/
//当参数 keyvalue 为 0xff 时，依次显示 0, 1, …, F 一次;
//当参数 keyvalue 为 i 时，则仅在第一个数码管上显示 i 一次(i 取值范围 0～15)
void led_7s(uchar keyvalue)
{
    uchar cnt,tmp=(P2&0xf0)|0x8;          //cnt 用于选择段控数码; tmp 用于位控，实现 8 个
                                          //数码管循环显示
    uchar led_table[16]={0x3f,0x6,0x5b,0x4f,0x66,0x6d,0x7d,0x7,0x7f,0x6f,0x77,0x7c,0x39,0x5e,
    0x79,0x71};                           //0～F 共 16 个数，用于段控
    if(keyvalue==0xff)
    {
        for(cnt=0;cnt<16;cnt++)
        {
            P2=tmp++;                     //选择显示数码管
            if((tmp&0x0f)==0x0) tmp=(P2&0xf0)|0x8;
            P0=led_table[cnt];            //显示数据
            delay(250); delay(250);       //延时约 0.5 s
        }
    }
    else  //要不断刷新，才能保证 LED 持续亮
        {
            P2=tmp;
            P0=led_table[keyvalue];
        }
}

/*************获取按键值,一次按键处理一次****************/
//键盘从左到右从上到下的键值依次为:
```

```
//0, 1, 2, 3
//4, 5, 6, 7
//8, 9, 10, 11
//12, 13, 14, 15
 uchar keyscan(void)
 {
   uchar scode,rcode,keycode,keycode_v;
   P2=P2&0xf7;                          //关闭所有数码管，第 4 个引脚控制 138 不使能端
   P1=0x0f;                             //使 P1 高 4 位为低电平，低 4 位为高电平
   keycode=0;                           //无键按下时，键值为 0
   if((P1&0x0f)!=0x0f)
   {
     delay(10);                         //延时 10 ms 消抖
     P1=0x0f;
     if((P1&0x0f)!=0x0f)
     {
       scode=0xef;
       while((scode&0x01)!=0)           //此 while 语句使 P1 高 4 位依次为低电平
       {
          P1=scode;
          if((P1&0x0f)!=0x0f)
          {
              rcode=(P1&0x0f)|0xf0;
              keycode= ~rcode|~scode;   //有键按下时，取得键值
          }
          else
            scode=_crol_(scode,1);      //sccode 左移 1 位
       }
     }
   }
   //下面 swithc 语句对键值进行编码
   switch(keycode)
   {
         case 0:   keycode_v=0xff; break;
         case 0x11:   keycode_v=0; break;
         case 0x12:   keycode_v=1; break;
         case 0x14:   keycode_v=2; break;
         case 0x18:   keycode_v=3; break;
         case 0x21:   keycode_v=4; break;
```

```
            case 0x22:  keycode_v=5; break;
            case 0x24:  keycode_v=6; break;
            case 0x28:  keycode_v=7; break;
            case 0x41:  keycode_v=8; break;
            case 0x42:  keycode_v=9; break;
            case 0x44:  keycode_v=10; break;
            case 0x48:  keycode_v=11; break;
            case 0x81:  keycode_v=12; break;
            case 0x82:  keycode_v=13; break;
            case 0x84:  keycode_v=14; break;
            case 0x88:  keycode_v=15; break;
    }
    //下面这两句作用：等待按键释放
    P1=0x0f;                          //使 P1 高 4 位为低电平，低 4 位为高电平
    while((P1&0x0f)!=0x0f);
    return keycode_v;
}

/*************延时 x 毫秒*****************/
void delay(uchar x)                   //设晶体振荡器的频率为 11.0592 MHz
{ uchar k;
   while(x--)                         //延时大约 x 毫秒
        for(k=0;k<125;k++){}
}
```

将例 3-5 和例 3-6 加入项目工程中编译生成 .hex 文件，然后下载到单片机程序存储区中即可看到运行效果。

关于流水灯、数码管和键盘的综合应用项目的仿真，请读者自行完成。

3.6　LCD 液晶显示

LCD1602 的应用比较普遍，市面上字符型液晶绝大多数是基于 HD44780 液晶芯片的。由于字符型液晶的控制原理完全相同，因此 HD44780 读写的控制程序可以很方便地应用于市面上大部分的字符型液晶中。字符型 LCD 通常有 14 条引脚线或 16 条引脚线的 LCD，多出来的 2 条线是背光电源线 V_{CC}(15 脚)和地线 GND(16 脚)，其控制原理与 14 脚的 LCD 完全一样。

3.6.1　LCD1602 引脚与功能

LCD1602 引脚排列如图 3-16 所示。

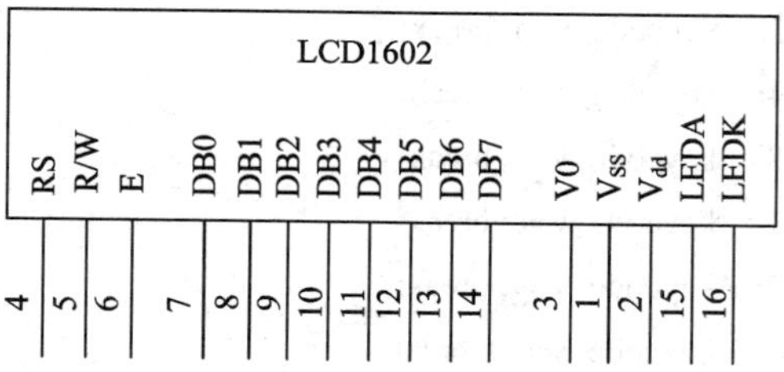

图 3-16 LCD1602 芯片引脚图

其引脚功能说明见表 3-2 所示。

表 3-2 LCD1602 芯片引脚功能

引脚号	符号	电平	输入/输出	功 能
1	V_{SS}			电源地
2	V_{DD}			电源 +5 V
3	V0			对比度调整电压。接正电源时对比度最弱，接地时对比度最强，对比度过高时会产生“鬼影”，使用时可以通过一个 10 kΩ的电位器调整对比度
4	RS	0/1	输入	寄存器选择：1 代表数据寄存器；0 代表指令寄存器
5	R/W	0/1	输入	读、写操作：1 代表读；0 代表写
6	E	1，1→0	输入	使能信号：1 时读取信息；1→0(下降沿)时执行命令
7	DB0	0/1	输入/输出	数据总线(LSB)
8	DB1	0/1	输入/输出	数据总线
9	DB2	0/1	输入/输出	数据总线
10	DB3	0/1	输入/输出	数据总线
11	DB4	0/1	输入/输出	数据总线
12	DB5	0/1	输入/输出	数据总线
13	DB6	0/1	输入/输出	数据总线
14	DB7	0/1	输入/输出	数据总线(MSB)
15	LEDA	$+V_{CC}$	输入	背光电源正极(接+5V)
16	LEDK	接地	输入	背光电源负极(接地)

在端口中，RS、R/W、E 为液晶模块的控制信号，其真值表见表 3-3。

表 3-3 控制信号真值表

RS	R/W	E	功 能
0	0	下降沿	写指令
0	1	高电平	读忙标志和 AC 值
1	0	下降沿	写数据
1	1	高电平	读数据

3.6.2　字符显示原理

HD44780 内置了 DDRAM、CGROM 和 CGRAM。

DDRAM 就是显示数据 RAM，用来寄存待显示的字符代码。共 80 个字节，其地址和屏幕显示位置的对应关系如表 3-4 所示。

表 3-4　DDRAM 地址和屏幕显示位置的对应关系

显示位置		1	2	3	4	…	15	16	17	…	40
DDRAM 地址	第一行	00H	01H	02H	03H	…	0EH	0FH	10H	…	27H
	第二行	40H	41H	42H	43H	…	4EH	4FH	50H	…	67H

显然一行有 40 个地址，但 LCD1602 屏幕每行只能显示 16 个字符，所以在 1602 中只用 DDRAM 前 16 个地址，第二行也一样用前 16 个地址，如上表中阴影部分所示。例如，若在 LCD1602 屏幕的第一行第一列显示一个“A”字，就要向 DDRAM 的 00H 地址写入“A”字的代码；若在屏幕第二行第一列显示一个“B”字，就要向 DDRAM 的 40H 地址写入“B”字的代码。

文本文件中每一个字符都是用一个字节的代码记录的，一个汉字是用两个字节的代码记录的。在 PC 上我们只要打开文本文件就能在屏幕上看到对应的字符是因为在操作系统里和 BIOS 里都固化有字符字模。什么是字模？字模就是代表了在点阵屏幕上点亮和熄灭的信息数据。例如“A”字的字模如下所示。

01110	○■■■○
10001	■○○○■
10001	■○○○■
10001	■○○○■
11111	■■■■■
10001	■○○○■
10001	■○○○■

上图左边的数据就是字模数据，右边就是将左边数据用“○”代表 0，用“■”代表 1，可以看出是个“A”字。在文本文件中“A”字的代码是 41H，PC 收到 41H 的代码后就去字模文件中将代表 A 字的这一组数据送到显卡去点亮屏幕上相应的点，于是就看到了“A”这个字。

在 LCD 模块上也固化了字模存储器，这就是 CGROM 和 CGRAM。HD44780 内置了 192 个常用字符的字模，存于字符产生器 CGROM(Character Generator ROM)中，另外还有 8 个允许用户自定义的字符产生 RAM，称为 CGRAM(Character Generator RAM)。表 3-5 说明了 CGROM 和 CGRAM 与字符的对应关系。

从表 3-5 可以看出，“A”字对应上面的高位代码为 0100，对应左边的低位代码为 0001，合起来就是 01000001，也就是 41H。因此，若要在 LCD1602 屏幕的第一行第一列显示一个“A”字，就要向 DDRAM 的 00H 地址写 41H，在 LCD1602 内部则根据 41H 从 CGROM 中取出字模数据，驱动 LCD 屏幕的第一行第一列的阵点显示“A”字。

表 3-5　CGROM 和 CGRAM 与字符的对应关系

	0000	0001	0010	0011	0010	0101	0110	0111	1000	1001	1010	1011	1100	1101	1110	1111
××××0000	CG RAM (1)			0	@	P	`	p				ー	タ	ミ	α	p
××××0001	(2)		!	1	A	Q	a	q			。	ア	チ	ム	ä	q
××××0010	(3)		"	2	B	R	b	r			「	イ	ツ	メ	β	θ
××××0011	(4)		#	3	C	S	c	s			」	ウ	テ	モ	ε	∞
××××0100	(5)		$	4	D	T	d	t			、	エ	ト	ヤ	μ	Ω
××××0101	(6)		%	5	E	U	e	u			・	オ	ナ	ユ	σ	ü
××××0110	(7)		&	6	F	V	f	v			ヲ	カ	ニ	ヨ	ρ	Σ
××××0111	(8)		'	7	G	W	g	w			ァ	キ	ヌ	ラ	g	π
××××1000	(1)		(	8	H	X	h	x			ィ	ク	ネ	リ	√	x̄
××××1001	(2)		)	9	I	Y	i	y			ゥ	ケ	ノ	ル	⁻¹	y
××××1010	(3)		*	:	J	Z	j	z			ェ	コ	ハ	レ	j	千
××××1011	(4)		+	;	K	[	k	{			ォ	サ	ヒ	ロ	×	万
××××1100	(5)		,	<	L	¥	l	|			ャ	シ	フ	ワ	¢	円
××××1101	(6)		-	=	M	]	m	}			ュ	ス	ヘ	ン	£	÷
××××1110	(7)		.	>	N	^	n	→			ョ	セ	ホ	゛	ñ	
××××1111	(8)		/	?	O	_	o	←			ッ	ソ	マ	゜	ö	█

字符代码 0x00～0x0F 为用户自定义的字符图形 RAM(对于 5×8 点阵的字符，可以存放 8 组，对 5×10 点阵的字符，则存放 4 组)，就是 CGRAM。

0x20～0x7F 为标准的 ASCII 码，0xA0～0xFF 为日文字符和希腊文字符，其余字符码(0x10～0x1F 及 0x80～0x9F)没有定义。

下面进一步介绍对 DDRAM 的内容和地址进行具体操作的指令。

3.6.3　LCD1602 指令描述

LCD1602 有 11 个控制指令，下面分别阐述每条指令的格式及其功能。

1) 清屏指令

指令功能	指令编码										执行时间/ms
	RS	R/W	DB7	DB6	DB5	DB4	DB3	DB2	DB1	DB0	
清屏	0	0	0	0	0	0	0	0	0	1	1.64

功能：

➢ 清除液晶显示器，即将 DDRAM 的内容全部填入 ASCII 码 20H。

➢ 光标归位，即将光标撤回液晶显示屏的左上方。

➢ 将地址计数器(AC)的值设为 0。

2) 光标归位指令

指令功能	指令编码										执行时间/ms
	RS	R/W	DB7	DB6	DB5	DB4	DB3	DB2	DB1	DB0	
光标归位	0	0	0	0	0	0	0	0	1	X	1.64

功能：

➢ 把光标撤回到液晶显示屏的左上方。

➢ 把地址计数器(AC)的值设置为 0。

➢ 保持 DDRAM 的内容不变。

3) 进入模式设置指令

指令功能	指令编码										执行时间/μs
	RS	R/W	DB7	DB6	DB5	DB4	DB3	DB2	DB1	DB0	
进入模式设置	0	0	0	0	0	0	0	1	I/O	S	40

功能：

➢ 设定每次写入 1 位数据后光标的移位方向，并且设定每次写入的一个字符是否移动。参数设置如下：

I/D：0 表示写入或读出新数据后，AC 值自动减 1，光标左移；1 表示写入或读出新数据后，AC 值自动增 1，光标右移；

S：0 表示写入新数据后显示屏不移动；1 表示写入新数据后显示屏整体平移，此时若 I/D=0，则画面右移；若 I/D=1，则画面左移。

4) 显示开关控制指令

指令功能	指令编码										执行时间/μs
	RS	R/W	DB7	DB6	DB5	DB4	DB3	DB2	DB1	DB0	
显示开关控制	0	0	0	0	0	0	1	D	C	B	40

功能：

➢ 控制显示器开/关、光标显示/关闭以及光标是否闪烁。参数设置如下：

D：0 表示显示功能关，1 表示显示功能开；

C：0 表示无光标，1 表示有光标；

B：0 表示光标闪烁，1 表示光标不闪烁。

5) 设定显示屏或光标移动方向指令

指令功能	指令编码										执行时间/μs
	RS	R/W	DB7	DB6	DB5	DB4	DB3	DB2	DB1	DB0	
设定显示屏或光标移动方向	0	0	0	0	0	1	S/C	R/L	X	X	40

功能：

➢ 使光标移位或使整个显示屏幕移位，但不改变 DDRAM 的内容。参数设定的情况如表 3-6 所示。

表 3-6 设定显示屏或光标移动的真值表

S/C	R/L	设定情况
0	0	光标左移 1 格
0	1	光标右移 1 格
1	0	显示器上字符全部左移一格，但光标不动
1	1	显示器上字符全部右移一格，但光标不动

6) 功能设定指令

指令功能	指令编码										执行时间/μs
	RS	R/W	DB7	DB6	DB5	DB4	DB3	DB2	DB1	DB0	
功能设定	0	0	0	0	1	DL	N	F	X	X	40

功能：

➢ 设定数据总线位数、显示的行数及字型。参数设定的情况如下：

DL：0 表示数据总线为 4 位，1 表示数据总线为 8 位；

N：0 表示显示 1 行，1 表示显示 2 行；

F：0 表示 5 × 7 点阵/每字符，1 表示 5 × 10 点阵/每字符。

7) 设定 CGRAM 地址指令

指令功能	指令编码										执行时间/μs
	RS	R/W	DB7	DB6	DB5	DB4	DB3	DB2	DB1	DB0	
设定 CGRAM 地址	0	0	0	1	CGRAM 的址址(6 位)						40

功能：

➢ 设定下一个要存入数据的 CGRAM 的地址。

8) 设定 DDRAM 地址指令

指令功能	指令编码										执行时间/μs
	RS	R/W	DB7	DB6	DB5	DB4	DB3	DB2	DB1	DB0	
设定 DDRAM 地址	0	0	1	DDRAM 的地址(7 位)							40

功能：

➢ 设定下一个要存入数据的 DDRAM 的地址，地址值可以为 0x00～0x4f。

9) 读取忙信号或 AC 地址指令

指令功能	指令编码										执行时间/μs
	RS	R/W	DB7	DB6	DB5	DB4	DB3	DB2	DB1	DB0	
读取忙信号或 AC 地址	0	1	FB	AC 内容(7 位)							40

功能：

➢ 读取忙信号 BF 的内容，BF=1 表示液晶显示器忙，暂时无法接收单片机送来的数据或指令；当 BF=0 时，液晶显示器可以接收单片机送来的数据或指令。

➢ 读取地址计数器(AC)的内容。

10) 数据写入 DDRAM 或 CGRAM 指令

指令功能	指令编码										执行时间/μs
	RS	R/W	DB7	DB6	DB5	DB4	DB3	DB2	DB1	DB0	
数据写入到 DDRAM 或 CGRAM	1	0	要写入的数据 D7～D0								40

功能：

➢ 将字符码写入 DDRAM(或 CGRAM)，以使液晶显示屏显示出相对应的字符，或者将使用者自己设计的图形存入 CGRAM。

11) 从 CGRAM 或 DDRAM 读出数据的指令

指令功能	指令编码										执行时间/μs
	RS	R/W	DB7	DB6	DB5	DB4	DB3	DB2	DB1	DB0	
从 CGRAM 或 DDRAM 读出数据	1	1	要读出的数据 D7～D0								40

功能：

➢ 读取当前 DDRAM 或 CGRAM 单元中的内容。

3.6.4 读写操作时序

根据上述指令的介绍可知，LCD1602 有 4 种基本操作，见表 3-7。

表 3-7　LCD1602 的 4 种基本操作

基本操作	输　入	输　出
读状态	RS=L，RW=H，E=H	DB0～DB7 表示状态字
写指令	RS=L，RW=L，E 表示下降沿，DB0～DB7 表示指令码	无
读数据	RS=H，RW=H，E=H	DB0～DB7 表示数据
写数据	RS=H，RW=L，E 表示下降沿，DB0～DB7 表示数据	无

读写操作时序如图 3-17 和图 3-18 所示。

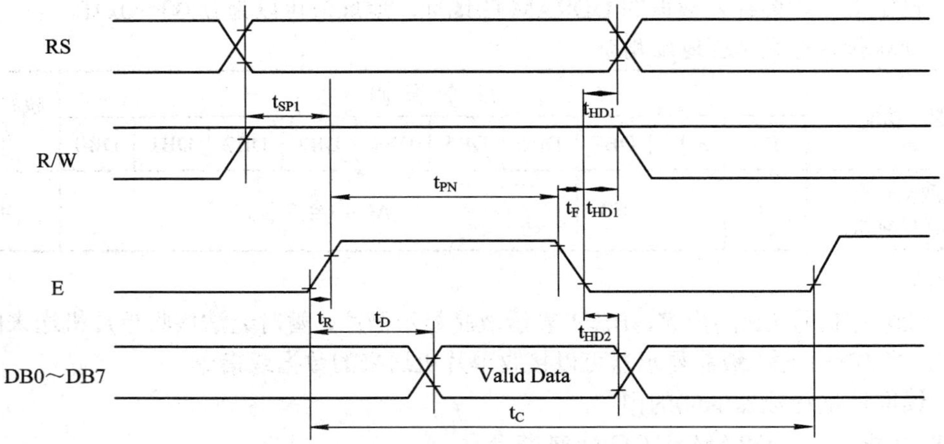

图 3-17 读操作时序

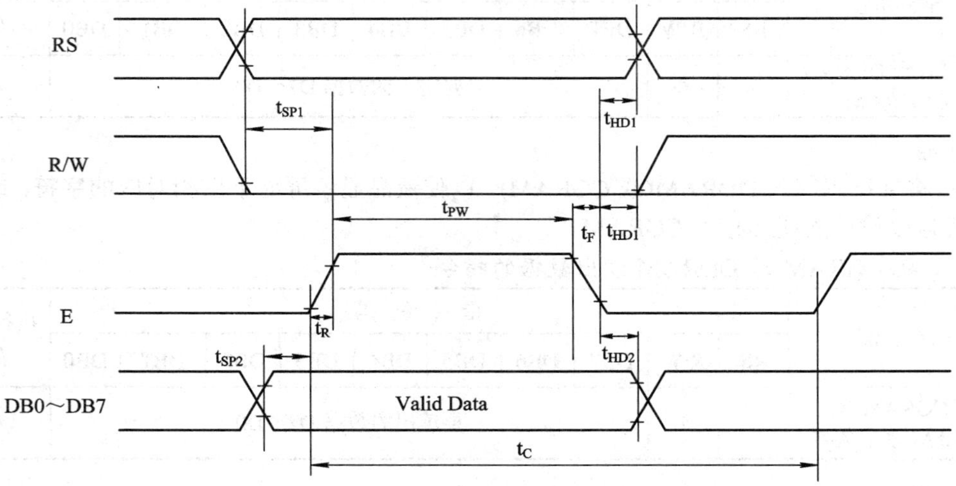

图 3-18 写操作时序

读写操作时序图中均有相应的时间参数，这些时间参数均为微秒级，可查阅相关手册得到确切的时间。或者为了简便起见，直接使用 1 ms 延时处理这些时间参数，本文采用的就是这种方法。

3.6.5 液晶驱动程序及仿真

根据以上介绍，我们可以写出 LCD1602 的液晶驱动程序。

【例 3-7】 引脚定义和函数声明。

```
#include <reg51.h>
#define uchar unsigned char
sbit RS=P2^5;
sbit EN=P2^7;
```

```
sbit RW=P2^6;
//各函数调用的 delay 函数声明
void delay(uchar);
```

【例 3-8】　忙检查函数。

```
bit Busy_check( )
{
        bit lcd_status;
        P0=0xff;
        RS=0;                       //选择状态寄存器
        RW=1;                       //读状态寄存器
        EN=0;
        delay(1);
        EN=1;                       //开始读
        delay(1);
        lcd_status=(P0&0x80);
        EN=0;
        return lcd_status;
}
```

【例 3-9】　读 LCD 数据函数。

```
uchar Lcd_read_data( )
{
        uchar lcd_data;
        while(Busy_check( ));           //忙等待
        RS=0;                           //读数据
        RW=1;
        EN=0;
        delay(1);
        EN=1;                           //开始读
        delay(1);
        lcd_data=P0;
        EN=0;
        return lcd_data;
}
```

【例 3-10】　写 LCD 命令函数。

```
void Lcd_write_cmd(uchar cmd)
{
        while(Busy_check( ));           //忙等待
        delay(1);
```

```
        RS=0;                           //选择命令寄存器
        RW=0;                           //写寄存器
        EN=0;
        P0=cmd;
        delay(1);
        EN=1;                           //开始写
        delay(1);
        EN=0;
    }
```

【例 3-11】 写 LCD 数据函数。

```
    void Lcd_write_data(uchar dat)
    {
        while(Busy_check());            //忙等待
        delay(1);
        RS=1;                           //选择数据寄存器
        RW=0;                           //写寄存器
        EN=0;
        P0=dat;
        delay(1);
        EN=1;                           //开始写
        delay(1);
        EN=0;
    }
```

【例 3-12】 LCD 初始化函数。

```
    void Lcd_initialize( )
    {
        Lcd_write_cmd(0x38);            //2 行，5×7 字符
        delay(1);
        Lcd_write_cmd(0x01);            //清显示，每次调用则清空显示屏
        delay(1);
        Lcd_write_cmd(0x06);            //字符输入模式：地址增量，显示屏不动，字符后移
        delay(1);
        Lcd_write_cmd(0x0e);            //显示开，光标不显示，光标不闪烁
        delay(1);
    }
```

【例 3-13】　LCD 显示字符串函数。

```
//输入 addr 为地址，范围为：0x00～0x0f, 0x40～0x4f
void Lcd_display(uchar addr, uchar *str )
{
        uchar i=0;
        //设置显示起始位置
         Lcd_write_cmd(addr|0x80);
        //输出字符串
        delay(1);
        for(i=0;str[i]!='\0';i++)
        {
                Lcd_write_data(str[i]);
                delay(1);
        }
}
```

【例 3-14】　上面几个函数用到的延时函数，延时约 x 毫秒。

```
void delay(uchar x)                          //设晶体振荡器的频率为 11.0592 MHz
{ uchar k;
   while(x--)                                //延时大约 x 毫秒
         for(k=0;k<125;k++){ }
}
```

下面应用上面的 LCD1602 驱动函数，显示“Welcome!”和“---hjk”两行信息，要求第一行从第 1 个位置开始显示，第二行从第 5 个位置开始显示。

【例 3-15】　LCD 显示函数。

```
void main(void)              //主函数
{
        Lcd_initialize( );
        Lcd_display(0, "Welcome!");
        Lcd_display(0x44, "---hjk");
        while(1);
}
```

将上述文件编译生成 .hex 文件，然后下载进行仿真，仿真结果如图 3-19 所示。

最后特别指出，后文中我们为了节省引脚，将 R/W 引脚接地，单片机仅使用两根 I/O 控制线即可驱动液晶。这样做基于以下两点原因：第一，通常液晶用来显示数据，而很少从液晶中读数据；第二，液晶模块良好的情况下，读忙状态这一步可以省略，然后在读写操作时增加适量的延时即可。

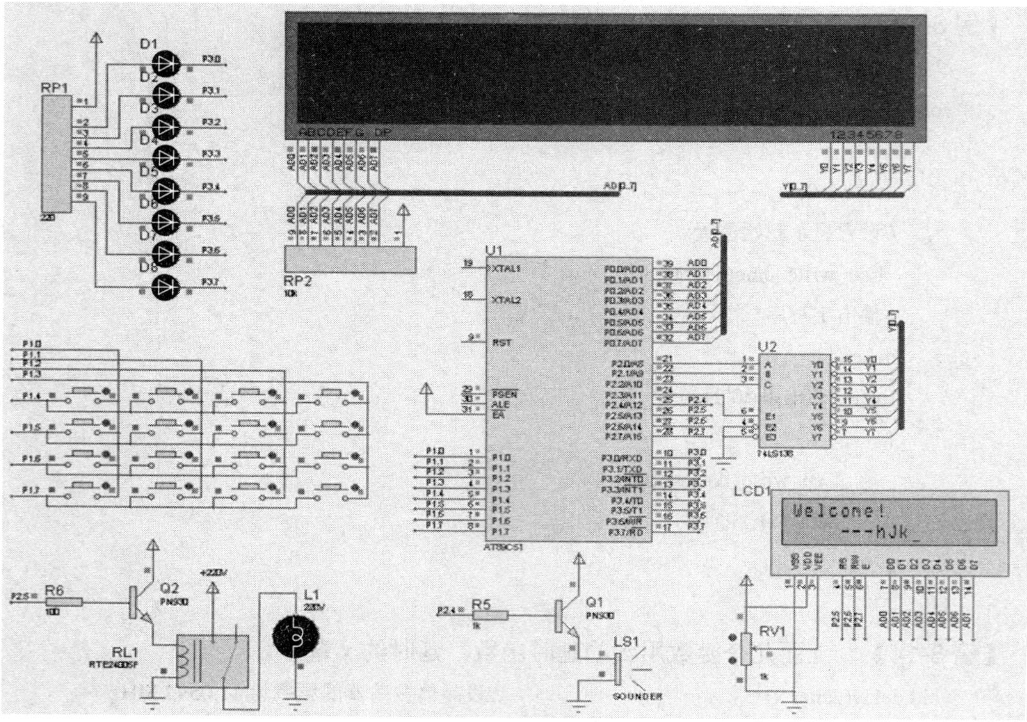

图 3-19 LCD1602 仿真结果

3.7 LED 矩阵显示屏的应用

LED 点阵块具有亮度高、发光均匀、可靠性好、寿命长、拼装方便等优点，能构成各种尺寸的显示屏。LED 点阵显示屏是集微电子技术、计算机技术、信息处理技术于一体的大型显示屏系统，目前已广泛用于社会各行各业，用来显示各种字符及图像。

本节介绍 LED 矩阵显示屏的原理及应用。

3.7.1 设计要求

按图 3-20 连接单片机与 LED 矩阵。试设计一个 LED 矩阵显示屏的应用程序，要求由单片机控制 LED 矩阵循环显示 00～99。

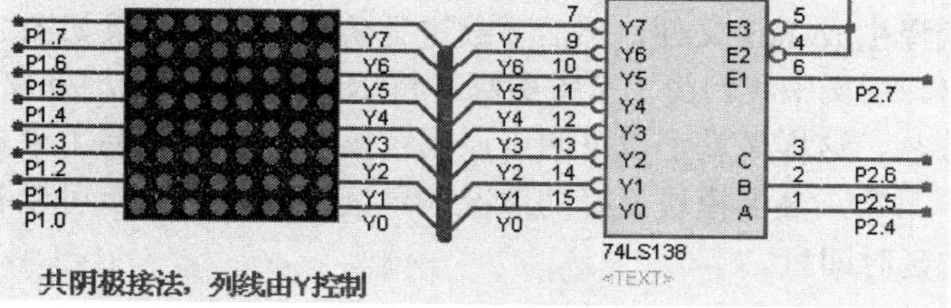

图 3-20 单片机与 LED 矩阵的接口原理图

3.7.2　设计说明

下面首先介绍 8 × 8 LED 点阵的构造及显示原理。

8 × 8 LED 点阵显示器排列起来刚好是正方形，因此构造方面并没有行共阳或行共阴之分，其内部由 64 个 LED 排列而成，内部排列如图 3-21 所示，而外观引脚可参考图 3-22。

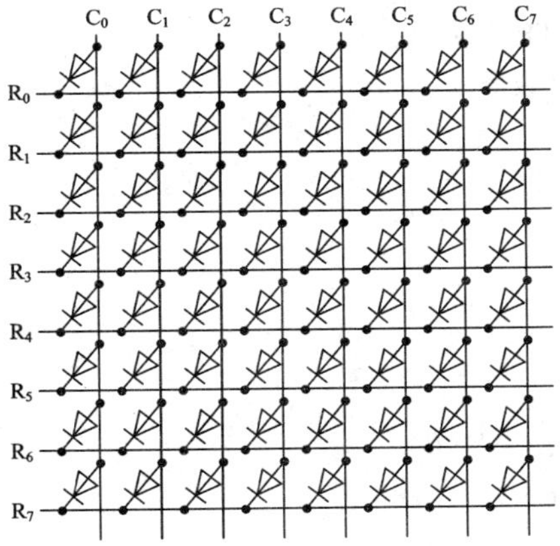

图 3-21　8 × 8 LED 点阵内部排列

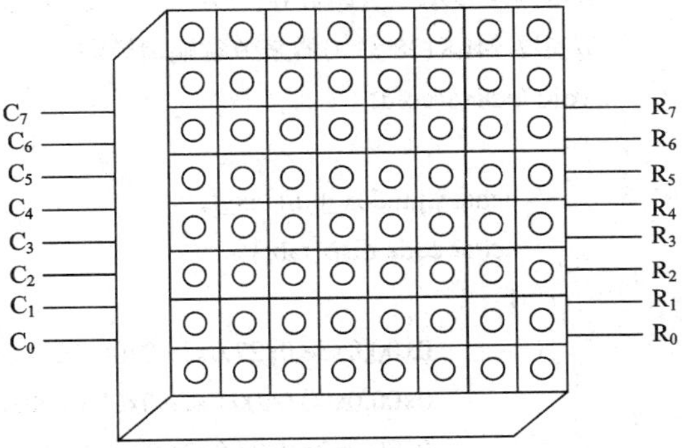

图 3-22　8 × 8 LED 点阵引脚图

不同厂家的 LED 点阵，其引脚排列可能不同，在做 PCB 时，要注意这一点。

程序设计流程图如图 3-23 所示。

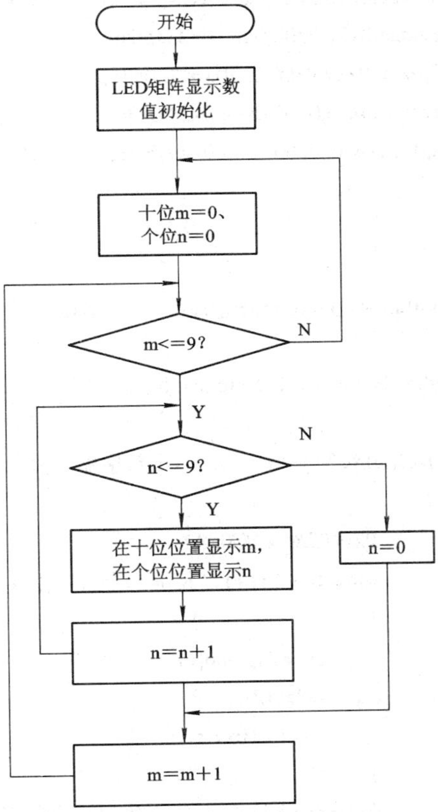

图 3-23　LED 矩阵显示的程序流程图

3.7.3 设计源码

【例 3-16】 矩阵 LED 显示源码。

```
//   *************8x8 矩阵 LED 显示函数*****************//
//本例使用的是共阴极接法，列线由 Y 控制，行线接 LED
//可显示 1,2,3,4,5,6,7,8,9,a,b,c,d,e,f。显示范围：00～FF
//本例仅显示十进制数 00～99，可以看做 100 进制计数器
//使用 74LS138 译码器来节省端口资源
void led8x8(void)
{
    uchar i,j,index_h,index_l;
    uchar code disp_tab[]=
    {
        0x00,0x3e,0x22,0x3e,0x00,0x3e,0x22,0x3e,        //0
        0x00,0x00,0x00,0x3e,0x00,0x00,0x00,0x3e,        //1
        0x00,0x2e,0x2a,0x3a,0x00,0x2e,0x2a,0x3a,        //2
        0x00,0x2a,0x2a,0x3e,0x00,0x2a,0x2a,0x3e,        //3
        0x00,0x38,0x08,0x3e,0x00,0x38,0x08,0x3e,        //4
        0x00,0x3a,0x2a,0x2e,0x00,0x3a,0x2a,0x2e,        //5
        0x00,0x3e,0x2a,0x2e,0x00,0x3e,0x2a,0x2e,        //6
        0x00,0x20,0x20,0x3e,0x00,0x20,0x20,0x3e,        //7
        0x00,0x3e,0x2a,0x3e,0x00,0x3e,0x2a,0x3e,        //8
        0x00,0x3a,0x2a,0x3e,0x00,0x3a,0x2a,0x3e,        //9
    };
    while(1)
    {
        for(index_h=0;index_h<10;index_h++)        //显示下一个数字
        {
            for(index_l=0;index_l<10;index_l++)  //显示下一个数字
            {
                for(j=0;j<20;j++)        //每个数字刷新显示 N 次，相当于延长一段时间
                {
                    P2=(P2&0x0f)|0x80;
                    for(i=0;i<4;i++)  //每屏一个数字由 8 字节构成
                    {
                        P1=disp_tab[index_h*8+i];        //行码
                        delay(2);
                        P2=P2+0x10;                      //列码
                    }
                    for(i=4;i<8;i++)        //每屏一个数字由 8 字节构成
```

```
                        {
                            P1=disp_tab[index_l*8+i];          //行码
                            delay(2);
                            P2=P2+0x10;                        //列码
                        }
                    }
                }
            }
        }
    }
```

3.7.4 仿真结果

将源程序编译下载后进行仿真，仿真结果如图 3-24 所示，图中正在显示的数字为 34。

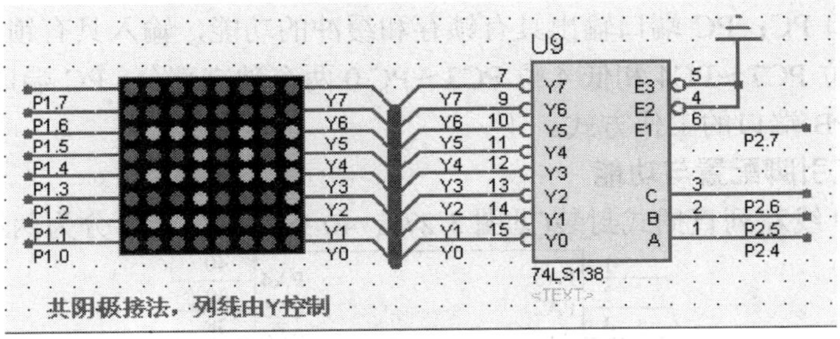

图 3-24　LED 矩阵仿真结果

本设计循环显示 00～99，相当于 100 进制计数器。读者只需对源程序作简单修改，就可以用来显示 0x00～0xFF 中的任一数值。

3.8 MCS-51 单片机 I/O 端口的扩展

根据图 3-1 所示原理图，我们可以看到，由于流水灯、键盘、数码管、液晶等输入/输出设备把单片机的 I/O 端口基本上用完了，使单片机无法再用 I/O 口做一些其他的事情(比如使用 LED 矩阵显示屏)，因此实际应用中需要对 MCS-51 系统外部进行 I/O 端口扩展。

对 MCS-51 系统外部 I/O 端口电路扩展需要注意的问题是：外部数据存储器和外部 I/O 端口电路采用统一编址设计。最常用的扩展芯片为 8255A，它可以使用单片机的 P0 口和 P2 口，扩展出 3 个独立的 8 位 I/O 端口。

3.8.1 8255A 可编程并行接口工作原理

1. 内部结构简介

数据总线缓冲器：通过 8 位数据线与 CPU 交换控制和数据信息。

读写控制逻辑模块：接收来自 CPU 的相关控制信号，控制 8255A 电路的存取操作。

8 位并行端口 PA：通过编程可以分别设置成单向输出、单向输入或者分时输入/输出。

PA 端口输出具有锁存和缓冲的功能，输入具有锁存功能。PA 端口结构如图 3-25 所示。

8 位并行端口 PB：通过编程可以分别设置成单向输出和单向输入。PB 端口输出具有锁存和缓冲的功能，输入具有缓冲功能。PB 端口结构如图 3-26 所示。

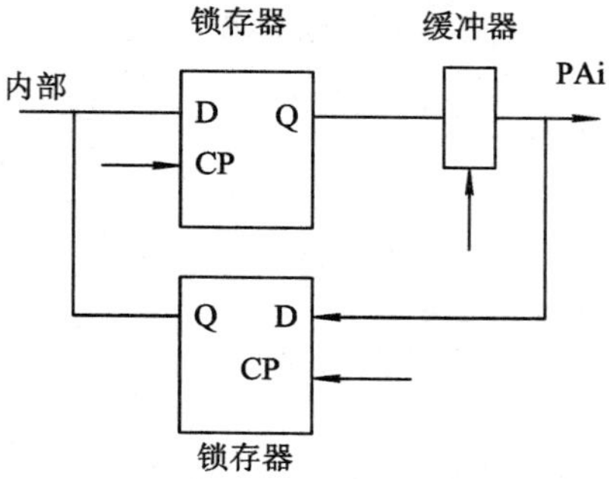

图 3-25　PA 端口的输出锁存和缓冲、输入锁存结构

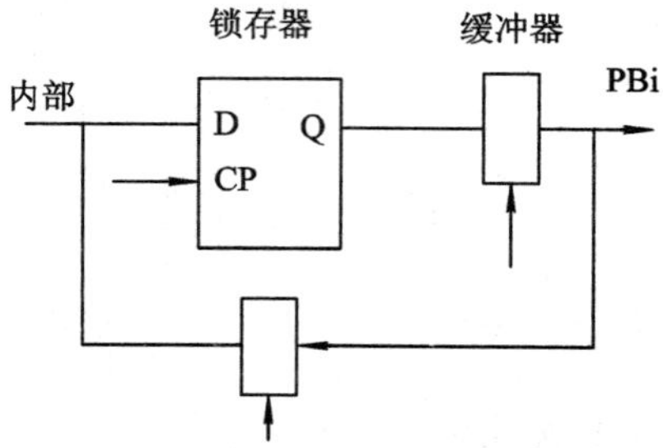

图 3-26　PB 端口的输出锁存和缓冲、输入缓冲结构

8 位并行端口 PC：PC 端口输出具有锁存和缓冲的功能，输入具有锁存功能。PC 端口还可以分为高 4 位 PC7～PC4 和低 4 位 PC3～PC 0 两个独立部分。PC 端口可否独立控制取决于 PA 端口和 PB 端口的工作方式。

2．外部电气引脚配置与功能

8255 采用 40 线双列直插式封装(见图 3-27)。40 条引脚信号可分为两组：

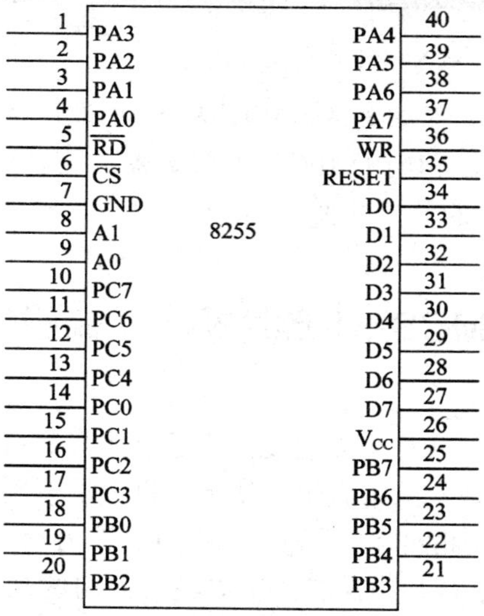

图 3-27　8255 引脚配置

1) CPU 控制信号

➢ RESET(输入)：当 CPU 向 8255 的 RESET 端发一高电平后，8255 将复位到初始状态。复位后内部 4 个端口清 0，外设界面上的 24 条 I/O 引脚呈现高阻状态，8255A 电路与外部设备断开。

➢ D7～D0(双向、三态)数据总线：D7～D0 是 8255 与 CPU 之间交换数据和控制信息的总线，通常与系统的数据总线相连。

➢ $\overline{CS}$ 输入芯片选中输入端：来自地址译码电路，当 $\overline{CS}$ 为低电平时，该 8255 被选中。

➢ $\overline{RD}$ 输入：$\overline{RD}$ 为主机发来的读数脉冲输入端，低电平有效。

➢ $\overline{WR}$ 输入：$\overline{WR}$ 为主机发来的写数脉冲输入端，低电平有效。

➢ A1、A0(输入)：A1、A0 为端口选择信号、A1，A0 输入不同时，数据总线 D7～D0 将与不同的转接口或控制字寄存器相连(见表 3-8)。使用时一般将 A1、A0 接入地址总线的最低 2 位，因而一块 8255 芯片占用四个设备地址，分别对应于端口 A、端口 B、端口 C 和控制寄存器。

表 3-8　8255A 芯片功能表

CS	RD	WR	A1	A0	D7～D0	功 能 说 明
1	X	X	X	X	高阻状态	8255 与系统隔离
0	0	1	0	0	输出数据	读取 PA 端口数据
0	0	1	0	1	输出数据	读取 PB 端口数据
0	0	1	1	0	输出数据	读取 PC 端口数据
0	0	1	1	1	随机数据	非法读取！
0	1	0	0	0	输入数据	数据写入 PA 端口
0	1	0	0	1	输入数据	数据写入 PB 端口
0	1	0	1	0	输入数据	数据写入 PC 端口
0	1	0	1	1	输入命令	命令写入控制端口

2) 并行端口信号

➢ PA7～PA0(双向)：PA 端口的并行 I/O 数据线，传送方向由编程决定。

➢ PB7～PB0(双向)：PB 端口的并行 I/O 数据线，传送方向由编程决定。

➢ PC7～PC0(双向)：PC 端口的 8 位 I/O 引脚，传送方向由编程决定。当 8255 工作于方式 0 时，PC 端口一分为二：PC7～PC4 和 PC3～PC0。当 8255 工作于方式 1 或方式 2 时 PC7～PC0 将分别作为 A、B 两组转接口的联络控制线，此时每根线被赋予新的含义。

3. 8255A 并行接口的编程操作

8255A 并行接口的编程操作分为两种：写入 8255A 命令字和写入 PC 端口操作字。

(1) 写入 8255A 命令字：用于设置 8255A 电路的工作模式与传送方向。

8255A 的命令字格式与功能如下：

D7	D6	D5	D4	D3	D2	D1	D0
1							

➢ D0：PC3～PC0 方向设置，0 为输出，1 为输入。

➢ D1：PB 端口方向设置，0 为输出，1 为输入。

➢ D2：PB 端口工作模式，0 为直接式输入或者输出(模式 0)，1 为选通式输入或者输出(模式 1)。

➢ D3：PC7～PC4 方向设置，0 为输出，1 为输入。

➢ D4：PA 端口方向设置，0 为输出，1 为输入。

➢ D6、D5：PA 端口工作模式，00 为直接式输入或者输出(模式 0)，01 为选通式输入或者输出(模式 1)；1X 为选通式分时输入输出(模式 2)。

➢ D7：8255A 软件字的特征位，0 为 PC 端口操作字，1 为 8255A 命令字。

(2) 写入 PC 端口操作字：用于设置 PC 端口的位输入或输出状态。

8255A 的 PC 端口操作字格式与功能如下：

D7	D6	D5	D4	D3	D2	D1	D0
1	—	—	—				

➢ D7＝0：操作字特征位。

➢ D3、D2、D1 用于指定 PCi 位线。其组合如下所示。

D3	D2	D1	PCi 位线
0	0	0	PC0
0	0	1	PC1
0	1	0	PC2
0	1	1	PC3
1	0	0	PC4
1	0	1	PC5
1	1	0	PC6
1	1	1	PC7

➢ D0：电平状态。若为 0，则 PCi 为低电平；若为 1，则 PCi 为高电平。

注意：8255A 的命令字和 PC 端口操作字都是写入到芯片中的命令端口，它们通过各自的特征位区别。

由于本文仅仅使用 8255A 的模式 0，将 PA、PB 和 PC 作为 I/O 接口使用，不会使用其他模式，所以关于 8255A 的工作模式，感兴趣的读者可查阅相关书籍，在此不再赘述。

3.8.2　使用 8255 拓展单片机端口的原理图

电路图采用层次电路图的形式给出，如图 3-28 和图 3-29 所示。

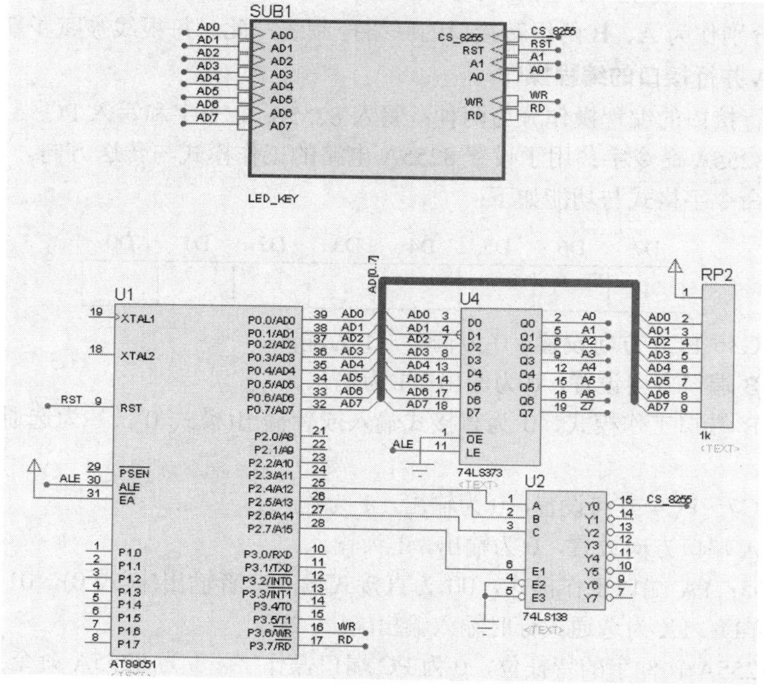

图 3-28　层次电路中的顶层电路图

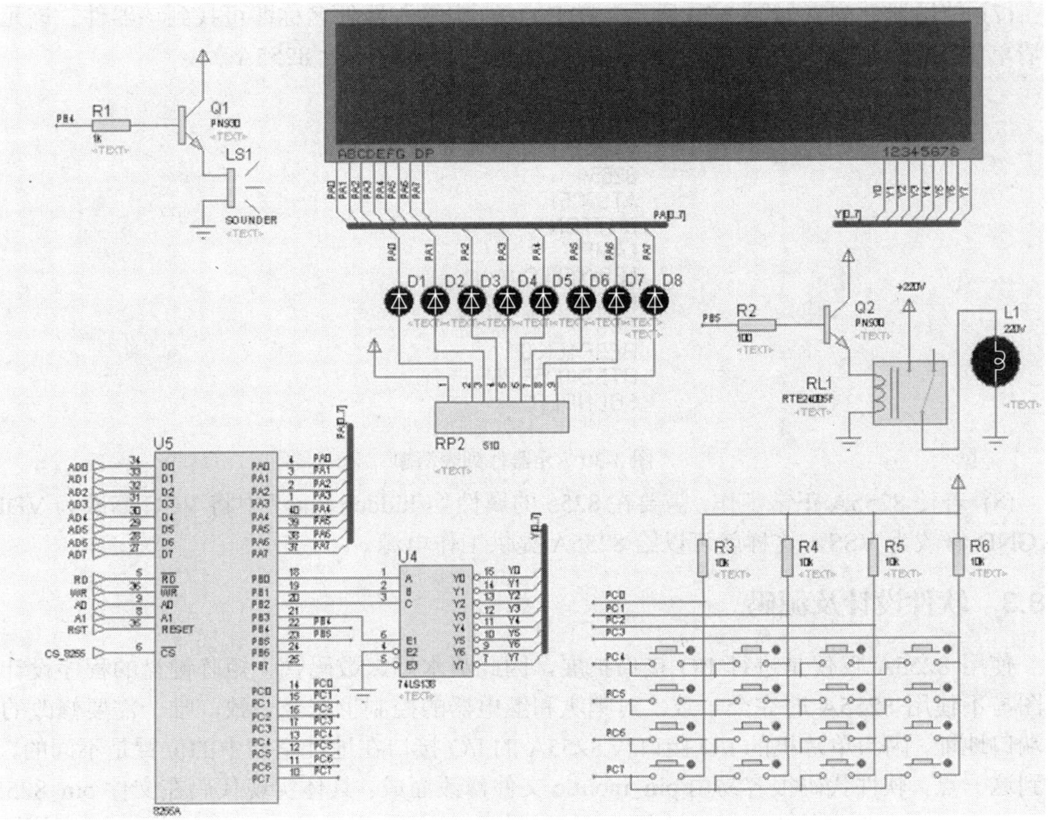

图 3-29　顶层图中的 SUB1 子电路图

关于原理图的说明如下：

(1) MCS-51 系统与 8255A 电路的接口设计说明：① 译码器 74LS138 的输出 Y0 有效时，P2 端口包含的 4 个地址线 A11A10A9A8 = 1000；② 本接口逻辑是地址不完全译码设计。8255A 电路可以使用的 4 个端口地址分别是：PA 端口为 0x80fc、PB 端口为 0x80fd、PC 端口为 0x80fe 和命令字地址为 0x80ff。

(2) 8 只 LED 灯连接于 8255A 的 PA 端口，可实现任何 LED 流水灯的显示。

(3) 8 只数码管均为共阴极数码管，段控线与 8 只 LED 灯共用 PA 端口，位控线由 8255A 的 PB 端口通过 74LS138 来控制。在演示流水灯项目时，可关闭数码管的显示。但在显示数码管项目时，则 LED 灯会随着控制而变化。

(4) 4 × 4 矩阵键盘接于 8255A 的 PC 端口，这里需要说明的是，在单片机 P1 端口接矩阵键盘时，矩阵键盘没有接上拉电阻，这是因为单片机内部 P1 端口已经接了上拉电阻。而用 8255A 的 PC 端口连接矩阵键盘时，需要在外部电路中接上拉电阻，如图中的 R3、R4、R5 和 R6。

(5) 根据 PA 端口、PB 端口和 PC 端口的功能，可将 8255A 的命令字写成 0x81，即 PA、PB 均为输出，PC 低 4 位输入，高 4 位输出。

(6) 喇叭用于发出声响，接于 8255A 的 PB4，继电器用于控制 220 V 的日光灯泡发光，接于 8255A 的 PB5。由于两者驱动电流较大，因此均需要使用三极管驱动。

(7) 使用器件列表如图 3-30 所示，在 Proteus 中输入器件名称即可找到该器件。该元器件清单中比图 3-2 多了锁存器 74LS373 和可编程并行接口芯片 8255A。

7SEG-MPX8-CC-BLUE
74LS138
74LS373
8255A
AT89C51
BUTTON
LAMP
LED-YELLOW
PN930
RES
RESPACK-8
RTE24005F
SOUNDER

图 3-30　元器件列表清单

(8) 若使 8255A 正常工作，需要在 8255 的属性“--hidden Pins”中将 VCC 修改为 VDD，将 GND 修改为 VSS，这样就可以给 8255A 提供工作电源。

3.8.3　软件设计及源码

使用 8255A 仅仅是进行 I/O 接口扩展，因此流水灯、数码管、矩阵键盘的程序设计流程图与不使用 8255A 时完全一致，对喇叭和继电器的控制也完全一致，唯一需要修改的就是端口地址，因为单片机的 I/O 接口与 8255A 的 I/O 接口在地址空间中的位置是不同的，注意到这一点，软件代码很容易由 pin_inout.c 文件修改而成。具体实现代码在文件 pin_8255.c 中，而 main.c 文件中的内容基本上不需要做任何改动，只需要在 main.c 中的 main 函数最开始处增加一句 8255A 初始化的语句“init_8255(void);”，即可实现流水灯、数码管和键盘的综合应用。

【例 3-17】　由 pin_inout.c 作少许改动修改成的 pin_8255.c 文件。

```
#include  <reg51.h>
#include  <absacc.h>
#include  <intrins.h>

//以下为函数声明
void light(uchar);
void led_7s(uchar);
uchar keyscan(void);
void speaker(void);
void relay(bit);
void delay(uchar x);
void init_8255(void);

//下面地址定义中包含使能 138 芯片的信息
```

```
#define    PA8255   XBYTE[0x80fc]          //8255 端口 A 的地址
#define    PB8255   XBYTE[0x80fd]          //8255 端口 B 的地址
#define    PC8255   XBYTE[0x80fe]          //8255 端口 C 的地址
#define    COM8255   XBYTE[0x80ff]         //8255 命令字的地址

void init_8255(void)
{
  COM8255=0x81;    //8255 命令字, PA/PB 均为输出, PC 低 4 位输入, 高 4 位输出
}

/************喇叭发声代码************************/
void speaker(void)
{
      uchar cnt;
      F`or(cnt=0;cnt<=100;cnt++)
      {
            PB8255=PB8255^0x10;             //产生方波
            delay(2);                       //此延时用于产生不同频率的声音
      }
}

/************继电器工作代码************************/
//继电器由键盘控制，本函数继电器工作状态由输入参数决定
void relay(bit ctrl)
{
      if(ctrl)      PB8255=PB8255|0x20;     //PB5 为 1，继电器工作
      else PB8255=PB8255&0xdf;              //PB5 为 0，继电器不工作
}

/************流水灯项目代码************************/
void light(void)
{
      uchar cnt,tmp=0xfe;
      PB8255=PB8255&0xf7;                   //关闭所有数码管，第 4 个管脚控制 138 不使能端
      for(cnt=0;cnt<=7;cnt++)
      {
            PA8255=tmp;
            tmp=(tmp<<1)|1;
            delay(250);delay(250);          //延时 0.5 s
```

```
    }
}

/************七段数码管项目代码**********************/
void led_7s(uchar keycode)
{
    uchar cnt,tmp=(PB8255&0xf0)|0x8;      //cnt 用于选择段控数码；tmp 用于位控，实现 8 个
                                          //数码管循环导通
    uchar led_table[16]={0x3f,0x6,0x5b,0x4f,0x66,0x6d,0x7d,0x7,0x7f,0x6f,0x77,
    0x7c,0x39,0x5e,0x79,0x71};            //0～F 共 16 个数，用于段控
    if(keycode==0xff)
    {
        for(cnt=0;cnt<16;cnt++)
        {
            PB8255=tmp++;                 //选择显示数码管
            PA8255=led_table[cnt];        //显示数据
            if((tmp&0x0f)==0x0) tmp=(PB8255&0xf0)|0x8;
            delay(250); delay(250);       //延时约 0.5 s
        }
    }
    else   //要不断刷新,才能保证 LED 持续亮
    {
        PB8255=tmp;
        PA8255=led_table[keycode];
    }
}

/*************获取按键值,一次按键处理一次*****************/
//键盘从左到右从上到下的键值依次为:
//0, 1, 2, 3
//4, 5, 6, 7
//8, 9, 10, 11
//12, 13, 14, 15
uchar keyscan(void)
 {
    uchar scode,rcode,keyvalue,keycode;
    PB8255=PB8255&0xf7;            //关闭所有数码管，第 4 个管脚控制 138 不使能端
    PC8255=0x0f;                   //使 PC 高 4 位为低电平，低 4 位为高电平
    keyvalue=0;                    //无键按下时，键值为 0
```

```
if((PC8255&0x0f)!=0x0f)
{
  delay(2);                 //延时 2 ms 消抖
  PC8255=0x0f;
  if((PC8255&0x0f)!=0x0f)
  {
    scode=0xef;
    while((scode&0x01)!=0)               //此 while 语句使 PC 高 4 位依次为低电平
    {
       PC8255=scode;
       if((PC8255&0x0f)!=0x0f)
       {
           rcode=(PC8255&0x0f)|0xf0;
           keyvalue= ~rcode|~scode;    //有键按下时，取得键值
       }
       else
         scode=_crol_(scode,1);          //sccode 左移 1 位
    }
  }
}
//下面 swithc 语句对键值进行编码
switch(keyvalue)
{
      case 0:   keycode=0xff; break;
      case 0x11:   keycode=0; break;
      case 0x12:   keycode=1; break;
      case 0x14:   keycode=2; break;
      case 0x18:   keycode=3; break;
      case 0x21:   keycode=4; break;
      case 0x22:   keycode=5; break;
      case 0x24:   keycode=6; break;
      case 0x28:   keycode=7; break;
      case 0x41:   keycode=8; break;
      case 0x42:   keycode=9; break;
      case 0x44:   keycode=10; break;
      case 0x48:   keycode=11; break;
      case 0x81:   keycode=12; break;
      case 0x82:   keycode=13; break;
      case 0x84:   keycode=14; break;
```

```
            case 0x88:   keycode=15; break;
    }
    //下面这两句作用：等待按键释放
    PC8255=0x0f;                           //使 PC 高 4 位为低电平，低 4 位为高电平
    while((PC8255&0x0f)!=0x0f);
    return keycode;
}

/*************延时 x 毫秒*****************/
void delay(uchar x)                        //设晶体振荡器的频率为 11.0592 MHz
{ uchar k;
   while(x--)                              //延时大约 x 毫秒
        for(k=0;k<125;k++){}
}
```

3.9 小　　结

在本章中，我们讨论了以下知识点：

➢ 通常单片机端口直接用于连接输入/输出设备，常用的输入/输出设备包括：LED 灯、数码管、矩阵键盘、液晶、LED 矩阵。

➢ 本章详细介绍了使用 MCS-51 单片机端口控制的几个项目：跑马灯、数码管显示、矩阵键盘扫描、液晶显示、LED 矩阵显示。

➢ 流水灯、键盘、数码管、液晶等输入/输出设备就把单片机的 I/O 接口基本上用完了，为了能够节约使用 I/O 接口或者让单片机做更多的控制工作，实际应用中需要对 MCS-51 系统扩展外部 I/O 接口。

➢ 对 MCS-51 系统扩展外部 I/O 接口最常用的扩展芯片为 8255A，它可以使用单片机的 P0 口和 P2 口，扩展出 3 个独立的 8 位 I/O 接口。

习　　题

3-1　根据 3.2.1 节的设计要求完成流水灯程序。

3-2　根据 3.3.1 节的设计要求完成数码管显示程序。

3-3　根据 3.4.1 节的设计要求完成键盘程序。

第 4 章 MCS-51 单片机中断与定时应用

中断系统在单片机应用系统中起着十分重要的作用，良好的中断系统能提高单片机对外界异步事件的处理能力和响应速度，从而扩大单片机的应用范围。本章介绍 MCS-51 单片机的中断系统和定时器/计数器。

4.1　中断系统结构及工作原理

对初学者来说，中断这个概念比较抽象，其实单片机的处理系统与人的一般思维有着许多异曲同工之妙。在日常生活和工作中有很多类似中断的情况，假如你正在看文件，这时候电话响了，你在文件上做个记号(或放个书签)，然后与对方通电话，而此时恰好有客人来访，你先停下通电话，与客人说几句话，叫客人稍候，然后回头继续通完电话，再与客人谈话，谈话完毕，送走客人，继续看你的文件。

这就是日常生活和工作中的中断现象，从看文件到接电话是第一次中断，通电话的过程中又有客人到访，这是第二次中断，即在中断的过程中又出现中断，这就是我们常说的中断嵌套。这时，应在处理完第二个中断任务后，回头处理第一个中断，第一个中断完成后，再继续原先的工作。

在单片机中，为了实现中断功能而配置的软件和硬件，称为中断系统。中断系统的处理过程包括中断请求、中断响应、中断处理和中断返回。

4.1.1　MCS-51 中断系统的总体结构

图 4-1 所示为 MCS-51 中断系统的总体结构，图中包括 5 个中断请求源，4 个用于中断控制和管理的可编程和可位寻址的特殊功能寄存器：中断请求源标志寄存器(TCON 及 SCON)、中断允许控制寄存器(IE)和中断优先级控制寄存器(IP)。这些特殊功能寄存器提供两个中断优先级，可实现二级中断嵌套，且每一个中断源可编程为开放或屏蔽。

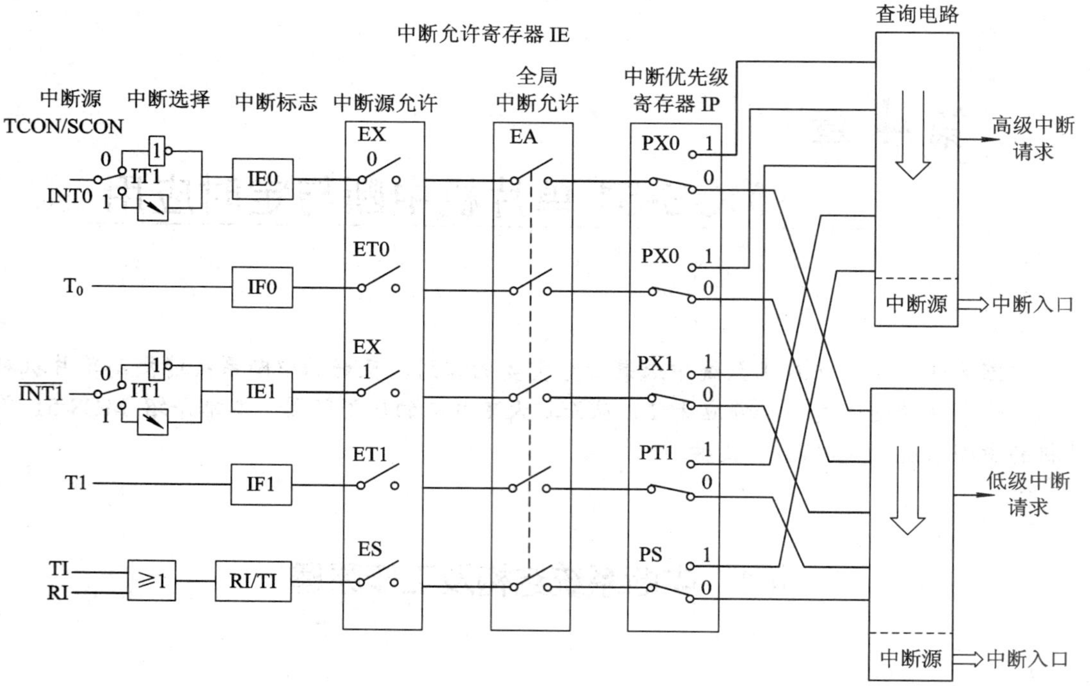

图 4-1　中断系统总体结构

4.1.2　中断请求

中断源是引起中断的原因或发出中断请求的中断来源。在 MCS-51 单片机中有五个中断源，分为三类：外部中断、定时器/计数器中断、串行口中断。

1) 外部中断

➢ $\overline{\text{INT0}}$：外部中断 0 请求，低电平或脉冲下降沿有效。由 P3.2 引脚输入。

➢ $\overline{\text{INT1}}$：外部中断 1 请求，低电平或脉冲下降沿有效。由 P3.3 引脚输入。

外部中断请求有两种信号方式，即电平触发方式和脉冲下降沿触发方式。

在电平方式下，CPU 在每个机器周期采样 P3.2/P3.3 管脚的输入电平，若采样到低电平，则认为有中断申请。

在脉冲下降沿触发方式下，CPU 在每个机器周期采样 P3.2/P3.3 引脚的输入电平，若在相继的两次采样中，前一个机器周期采样到高电平，后一个机器周期采样到低电平，即采样到一个下降沿，则认为有中断申请。

2) 定时器/计数器中断

➢ T0：定时器/计数器 0 溢出中断请求。外部计数脉冲由 P3.4 引脚输入。

➢ T1：定时器/计数器 1 溢出中断请求。外部计数脉冲由 P3.5 引脚输入。

T0/T1 作为定时器使用时，其计数脉冲取自内部定时脉冲，当作为计数器使用时，其计数脉冲取自 T0/T1 管脚。启动 T0/T1 后，每到来一个机器周期或在 T0/T1 管脚上每检测到一个脉冲信号，计数器就加 1，当计数器的值由全 1 变为全 0 时就会向 CPU 申请中断。

3) 串行口中断

➢ TX/RX：串行中断请求。

串行口中断分为发送中断和接收中断，当串行口完成一帧发送或接收时，请求中断。

定时器/计数器中断与串行口中断均属于内部中断。

每一个中断源都对应有一个中断请求标志位来反映中断请求状态，这些标志位分布在特殊功能寄存器 TCON 和 SCON 中，这两个寄存器将在下一节介绍。

4.1.3　中断控制

8051 单片机中，中断请求信号的锁存、中断源的屏蔽、中断优先级控制等都是由相关专用寄存器实现的。这些寄存器都属于特殊功能寄存器，它们包括：定时器/计数器控制寄存器 TCON、串行口控制寄存器 SCON、IP 中断允许寄存器 IE 和中断优先级寄存器，下面对这 4 个寄存器分别进行介绍。

1．定时器/计数器控制寄存器 TCON

TCON 字节地址为 88H，是可位寻址的特殊功能寄存器，其位地址为 88H～8FH。TCON 寄存器既是 T0/T1 开启关闭的控制寄存器，同时也锁存 T0/T1 及外部中断 0/外部中断 1 的中断标志。除 TR0 和 TR1 位外，其位地址的其余各位均与中断申请有关。

寄存器的位地址及格式如下：

D7	D6	D5	D4	D3	D2	D1	D0
8FH	8EH	8DH	8CH	8BH	8AH	89H	88H
TF1	TR1	TF0	TR0	IE1	IT1	IE0	IT0

➢ IT0(TCON.0)：外部中断请求 0($\overline{\text{INT0}}$)为边沿触发或电平触发方式的控制位。IT0=0，为电平触发方式，$\overline{\text{INT0}}$ 引脚位低电平时向 CPU 申请中断；IT0=1，为边沿触发方式，$\overline{\text{INT0}}$ 输入引脚上为高到低的负跳变时向 CPU 申请中断。IT0 可由软件置 1 或清 0。

➢ IE0(TCON.1)：外部中断 0 的中断申请标志。当 INT0 向 CPU 申请时，即将 IE0 置“1”。当 CPU 响应该中断，转向中断服务程序时，由硬件将 IE0 清 0。

➢ IT1(TCON.2)：外部中断请求 1($\overline{\text{INT1}}$)为边沿触发方式或电平触发方式的控制位，其用法与 IT0 相同。

➢ IE1(TCON.3)：外部中断 1 的中断申请标志。其功能同 IE0 类似。

➢ TF0(TCON.5)：片内定时器/计数器 0 溢出中断申请标志。当启动 T0 计数后，定时器/计数器 0 从初始值开始 1 计数，当最高位产生溢出时，由硬件将 TF0 置 1，向 CPU 申请中断，CPU 响应 TF0 中断时，会自动将 TF0 清 0。

➢ TF1(TCON.7)：片内定时器/计数器 1 溢出中断申请标志，功能和 TF0 类似。

当 MCS-51 系统复位后，TCON 各位均被清 0。

2．串行口控制寄存器 SCON

SCON 字节地址为 98H，是可位寻址的特殊功能寄存器，其位地址为 98H～9FH。SCON 寄存器与中断有关的标志位只有 TI 和 RI 两位。

寄存器的位地址及格式如下：

D7	D6	D5	D4	D3	D2	D1	D0
9FH	9EH	9DH	9CH	9BH	9AH	99H	98H
SM0	SM1	SM2	REN	TB8	RB8	TI	RI

➢ TI(SCON.1)：串行口的发送中断标志。TI=1 表示串行口发送器正在向 CPU 申请中断，向串行口的数据缓冲器 SBUF 写入一个数据后，就立即启动发送器发送，发送完成即同 CPU 申请中断。值得注意的是，CPU 响应发生器中断请求，转向执行中断服务程序时，并不将 TI 清 0，TI 必须由用户软件清 0。

➢ RI(SCON.0)：串行口接收中断标志。RI 为 1 表示串行口接收器正在向 CPU 申请中断，同样的 RI 必须由用户软件清 0。

一般情况下，8051 五个中断源的中断请求标志是由中断机构硬件电路自动置位的，但也可以通过指令对以上两个控制寄存器的中断标志位置位，即“软件代请中断”，这是单片机中断系统的一大特点。

3. 中断允许寄存器 IE

IE 字节地址为 A8H，是可位寻址的特殊功能寄存器，其位地址为 A8H～AFH。MCS-51 单片机对中断的开放或屏蔽，均是由片内的中断允许寄存器 IE 控制的。

寄存器的位地址及格式如下：

D7	D6	D5	D4	D3	D2	D1	D0
AFH	AEH	ADH	ACH	ABH	AAH	A9H	A8H
EA	—	—	ES	ET1	EX1	ET0	EX0

➢ EA(IE.7)：CPU 的中断开放/禁止总控制位。EA=0 时禁止所有中断；EA=1 时，开放中断，但每个中断还受各自的控制位控制。

➢ ES(IE.4)允许或禁止串行口中断控制位。ES=0 时，禁止中断；ES=1 时，允许中断。

➢ ET1(IE.3)：允许或禁止定时/计数器 1 溢出中断控制位。ET1=0 时，禁止中断；EX1=1 时，允许中断。

➢ EX1(IE.2)：允许或禁止外部中断 1($\overline{INT1}$)中断控制位。EX1=0 时，禁止中断；EX1=1 时，允许中断。

➢ ET0(IE.1)：允许或禁止定时器/计数器 0 溢出中断控制位。ET0=0 时，禁止中断，ET0=1 时允许中断。

➢ EX0(IE.0)：允许或禁止外部中断 0($\overline{INT0}$)中断。EX0=0 时，禁止中断；EX0=1 时，允许中断。

当 MCS-51 系统复位后，IE 各位均被清 0，所有中断被禁止。

4. 中断优先级寄存器 IP

IP 字节地址为 B8H，是可位寻址的特殊功能寄存器，其位地址为 B8H～BFH。MCS-51 单片机设有两级优先级，高优先级中断和低优先级中断。中断源的中断优先级分别由中断控制寄存器 IP 的各位来设定。

寄存器的位地址及格式如下：

D7	D6	D5	D4	D3	D2	D1	D0
BFH	BEH	BDH	BCH	BBH	BAH	B9H	B8H
—	—	—	PS	PT1	PX1	PT0	PX0

➢ PS(IP.4)：串行口中断优先级控制位。PS=1，为高优先级中断；PS=0，为低优先级中断。

➢ PT1(IP.3)：定时/计数器 T1 中断优先级控制位。PT1=1，为高优先级中断；PT1=0，为低优先级中断。

➢ PX1(IP.2)：外部中断 1 中断优先级控制位。PX1=1，为高优先级中断；PX1=0，为低优先级中断。

➢ PT0(IP.1)：定时器/计数器 T0 中断优先级控制位。PT0=1，为高优先级中断；PT1=0，为低优先级中断。

➢ PX0(IP.0)：外部中断 0 中断优先级控制位。PX0=1，为高优先级中断；PX0=0，为低优先级中断。

中断申请源的中断优先级的高低，由中断优先级控制寄存器 IP 的各位控制，IP 的各位由用户用指令来设定。复位操作后，IP= ××000000B，即各中断源均设为低优先级中断。

5．中断约定

MCS-51 单片机中断系统规定：

(1) 若 CPU 正在对某一个中断服务，则级别低的或同级中断申请不能打断正在进行的服务；而级别高的中断申请则能中止正在进行的服务，使 CPU 转去更高级的中断服务，待服务处理完毕后，CPU 再返回原中断服务程序继续执行。

(2) 若多个中断源同时申请中断，则级别高的优先级先服务。

(3) 若同时收到几个同一级别的中断请求时，中断服务取决于系统内部辅助优先顺序。在每个优先级内，存在着一个辅助优先级，其优先顺序如图 4-2 所示。

	中断源	中断级别
IE0	外部中断0	最高优先级
TF0	定时/计数器0溢出中断	↑
IE1	外部中断1	↕
TF1	定时器/计数器1溢出中断	↓
RI，TI	串行口中断	最低优先级

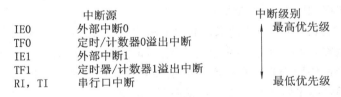

图 4-2　8051 内部中断优先级

4.1.4　中断响应

MCS-51 单片机在每一个机器周期顺序检查每一个中断源，并按优先级处理所有被激活的中断请求，去执行相应的中断服务程序，这一过程称为中断响应。

1．CPU 响应中断的条件及过程

MCS-51 单片机在每个机器周期顺序采样各中断请求标志位，如有置位，且下列三种情况都不存在，那么在下一周期响应中断；否则，CPU 不能立即响应中断。CPU 不响应中断的三种情况是：

(1) CPU 正在处理同级或高优先级的中断。

(2) 现行的机器周期不是所执行指令的最后一个机器周期。

(3) 正在执行的指令是 RETI 或访问 IE、IP 的指令。CPU 在执行 RETI 或访问 IE、IP 的指令后，至少需要再执行一条其他指令后才会响应中断请求。

CPU 响应中断后，由硬件执行下列操作序列：

(1) 保留断点，即把程序计数器 PC 的内容和其它相关寄存器的值压入堆栈保存。

(2) 将相应的中断请求标志位 IE0、IE1、TF0 或 TF1 清 0。

(3) 把被响应的中断服务程序的入口地址送入 PC，从而转入相应的中断服务程序。各中断源所对应的中断服务程序的入口地址如表 4-1 所示。

表 4-1　中断服务程序入口地址

中 断 源	入 口 地 址
外部中断 0	0003H
定时器/计数器 T0	000BH
外部中断 1	0013H
定时器/计数器 T1	001BH
串行口中断	0023H

(4) 从上述地址开始执行中断服务程序，中断服务程序的最后一条指令必须是中断返回指令 RETI。CPU 执行该指令时，先将相应的优先级状态触发器清零，然后从堆栈中弹出的两个字节到 PC，从而返回到主程序断点处。保护现场及恢复现场的工作必须由用户设计的中断服务程序处理。

2．中断请求的撤除

中断响应后，该中断请求标志应被清除，否则将会引起另一次中断或屏蔽新产生的中断。中断标志的清除分为三种情况：

(1) 对于定时器溢出的中断标志 TF0(或 TF1)及负跳变触发的外部中断标志 IE0(或 IE1)，中断响应后，中断标志由硬件自动清除。

(2) 对于电平触发的外部中断请求，本次中断请求已被响应后，若外部中断请求管脚的低电平没有及时清除，则有可能再次引起中断，即存在一次申请多次响应的情况。因此，对于电平触发的外部中断请求，在中断结束前必须由中断源撤消中断请求信号，或者采用其它软件和硬件的办法来解决一次申请多次响应的问题。

(3) 串行口中断标志 TI 和 RI 在中断响应后不能由硬件自动清除，这就需要在中断服务程序中，由软件清除中断请求标志。

3．外部中断的响应时间

外部中断 $\overline{\text{INT0}}$ 和 $\overline{\text{INT0}}$ 的电平在每一个机器周期都被采样，并锁存在 IE0 和 IE1 中，这个置入的 IE0 和 IE1 的状态到下一个机器周期才被查询，如果中断被激活，并且满足响应条件，CPU 接着执行一条硬件子程序调用指令，以转到相应的服务程序入口，该调用指令本身需要两个机器周期。这样，从产生外部中断请求到开始执行中断服务程序的第一条指令之间最少需要三个完整的机器周期。

如果中断请求遇到了上面所列三种情况之一，使 CPU 不能立即响应中断时，则中断响应的时间将更长。如果 CPU 正在处理同级或高级中断，则等待时间还取决于中断服务程序的处理时间。如果正在执行的指令没有执行到该指令的机器周期，所需的额外的等待时间不会多于 3 个机器周期(乘法指令和除法指令是最长的指令，需 4 个机器周期)。如果正在处理的指令为 RETI 或访问 IE、IP 的指令，额外的等待时间不会多于 5 个机器周期(执行这些指令最多需一个机器周期，再执行一条指令最多为 4 个机器周期)。由此看来，外部中断响应时间总是 3～8 个机器周期(不包括等待中断服务程序处理情况在内)。

4.2　定时/计数器的结构及工作原理

MCS-51 单片机内部有两个 16 位可编程定时器/计数器，即定时器 T0 和定时器 T1。它们既可用作定时器方式，又可用作计数器方式，并可编程设定 4 种不同的工作方式。

4.2.1　定时/计数器的结构

MCS-51 单片机内部有两个 16 位的可编程定时器/计数器，称为定时器 0(T0)和定时器 1(T1)，可编程选择其作为定时器用或作为计数器用。此外，工作方式、定时时间、计数值、启动、中断请求等都可以由程序设定，其逻辑结构如图 4-3 所示。

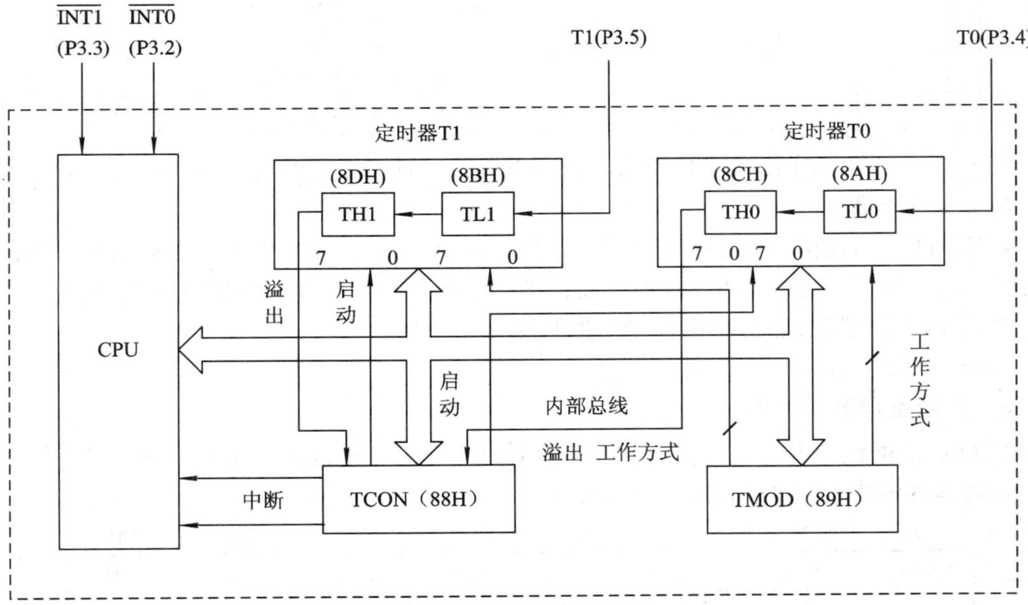

图 4-3　8051 定时器/计数器逻辑结构图

由图 4-3 可知，8051 定时器/计数器由定时器 T0、定时器 T1、定时器方式寄存器 TMOD 和定时器控制寄存器 TCON 组成。

T0、T1 是 16 位加法计数器，分别由两个 8 位专用寄存器组成：T0 由 TH0 和 TL0 构成，T1 由 TH1 和 TL1 构成。TL0、TL1、TH0、TH1 的访问地址依次为 8AH～8DH，每个寄存器均可单独访问。T0 或 T1 用作计数器时，对芯片引脚 T0(P3.4)或 T1(P3.5)上输入的脉冲计数，每输入一个脉冲，加法计数器加 1；当其用作定时器时，对内部机器周期脉冲计数，由于机器周期是定值，所以可设定初值进行定时。

TMOD、TCON 与 T0、T1 间通过内部总线及逻辑电路连接，TMOD 用于设置定时器的工作方式，TCON 用于控制定时器的启动与停止。

4.2.2 定时器/计数器的工作方式

1. 工作方式寄存器 TMOD

TMOD 字节地址为 89H，是不可位寻址的特殊功能寄存器。TMOD 为 T1、T0 的工作方式寄存器，其低 4 位为 T0 的方式字段，高 4 位为 T1 的方式字段，它们的含义完全相同。

寄存器的位地址及格式如下：

D7	D6	D7	D4	D3	D2	D1	D0
GATE	C/T	M1	M0	GATE	$C/\overline{T}$	M1	M0
定时器1				定时器0			

➢ M1 和 M0：方式选择位。其定义如表 4-2 所示。

表 4-2 定时器工作方式选择

M1	M0	工作方式	功 能 说 明
0	0	方式 0	13 位计数器
0	1	方式 1	16 位计数器
1	0	方式 2	自动再装入 8 位计数器
1	1	方式 3	定时器 0：分成两个 8 位计数器；定时器 1：停止计数

➢ $C/\overline{T}$：功能选择位。$C/\overline{T}$=0 时，表示设置为定时器工作方式；$C/\overline{T}$=1 时，表示设置为计数器工作方式。

➢ GATE：门控位。当 GATE=0 时，软件控制位 TR0 或 TR1 置 1 即可启动定时器；当 GATE=1 时，软件控制位 TR0 或 TR1 须置 1，同时还须 $\overline{INT0}$ (P3.2)或 $\overline{INT1}$ (P3.3)为高电平方可启动定时器，即允许外中断 $\overline{INT0}$ / $\overline{INT1}$ 启动定时器。

MCS-51 复位后，TMOD 所有位均清 0。

2. 控制寄存器 TCON

TCON 前面已经介绍过，该寄存器可位寻址，它的作用是控制定时器的启动、停止，标志定时器的溢出和中断情况。其格式如下：

D7	D6	D5	D4	D3	D2	D1	D0
8FH	8EH	8DH	8CH	8BH	8AH	89H	88H
TF1	TR1	TF0	TR0	IE1	IT1	IE0	IT0

➢ TCON.6 TR1：定时器 1 运行控制位。由软件置 1 或清 0 来启动或关闭定时器 1。当 GATE=1，且 $\overline{INT1}$ 为高电平时，TR1 置 1 启动定时器 1；当 GATE=0 时，TR1 置 1 即可启动定时器 1。

➢ TCON.4 TR0：定时器 0 运行控制位。其功能及操作情况同 TR1。

TCON 中的低 4 位用于控制外部中断，与定时器/计数器无关。当系统复位时，TCON 的所有位均清 0。

3. 工作方式

通过对 TMOD 寄存器中 M0、M1 位进行设置，可选择下述四种工作方式。

1) 方式 0

方式 0 构成一个 13 位定时器/计数器。图 4-4 是定时器 0 在方式 0 时的逻辑电路结构，定时器 1 的结构和操作与定时器 0 完全相同。

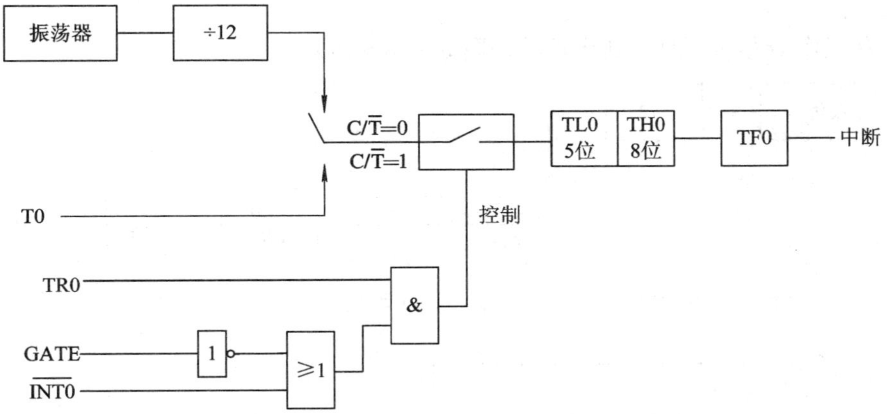

图 4-4　T0(或 T1)方式 0 时的逻辑电路结构图

由图可知：16 位加法计数器(TH0 和 TL0)只用了 13 位。其中，TH0 占高 8 位，TL0 占低 5 位(只用低 5 位，高 3 位未用)。当 TL0 低 5 位溢出时自动向 TH0 进位，而 TH0 溢出时向中断位 TF0 进位(硬件自动置位)，并申请中断。

当 $C/\overline{T}=0$ 时，多路开关连接 12 分频器输出端，T0 对机器周期计数，此时，T0 为定时器。其定时时间为：

$$(M - T0\ 初值) \times 时钟周期 \times 12 = (8192 - T0\ 初值) \times 时钟周期 \times 12$$

上式中，M 为计数最大值。

当 $C/\overline{T}=1$ 时，多路开关与 T0(P3.4)相连，外部计数脉冲由 T0 脚输入，当外部信号电平发生由 0 到 1 的负跳变时，计数器加 1，此时，T0 为计数器。

当 GATE=0 时，或门被封锁，$\overline{\text{INT0}}$ 信号无效。或门输出常 1，打开与门，TR0 直接控制定时器 0 的启动和关闭。TR0 = 1，接通控制开关，定时器 0 从初值开始计数直至溢出。溢出时，16 位加法计数器为 0，TF0 置位，并申请中断。如要循环计数，则定时器 T0 需重置初值。TR0 = 0，则与门被封锁，控制开关被关断，停止计数。

当 GATE = 1 时，与门的输出由 $\overline{\text{INT0}}$ 的输入电平和 TR0 位的状态来确定。若 TR0 = 1 则与门打开，外部信号电平通过 $\overline{\text{INT0}}$ 引脚直接开启或关断定时器 T0，当 $\overline{\text{INT0}}$ 为高电平时，允许计数，否则停止计数；若 TR0 = 0，则与门被封锁，控制开关被关断，停止计数。

【例 4-1】　用定时器 1 方式 0 实现 1 s 的延时。

解　因方式 0 采用 13 位计数器，设系统时钟为 12 MHz，则其最大定时时间为：

$$8192 \times 1\ \mu s = 8.192\ ms$$

可选择定时时间为 5 ms，再循环 200 次。定时时间选定后，可确定计数值为 5000，则定时器 1 的初值为：

$$X = M - 计数值 = 8192 - 5000 = 3192 = 0xC78 = 0110001111000B$$

因 13 位计数器中 TL1 的高 3 位未用，应填写 0，TH1 占高 8 位，所以，X 的实际填写

值应为

$$X = 0110001100011000B = 0x6318$$

即 TH1 = 0x63，TL1 = 0x18，又因采用方式 0 定时，故 TMOD = 0x00。

2) 方式 1

定时器工作于方式 1 时，其逻辑结构图如图 4-5 所示。

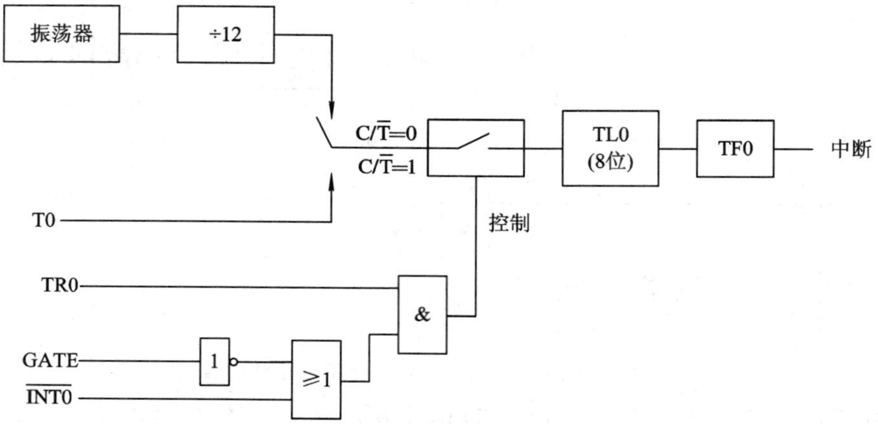

图 4-5　T0(或 T1)方式 1 时的逻辑结构图

由图可知，方式 1 构成一个 16 位定时器/计数器，其结构与操作几乎完全与方式 0 相同，唯一差别是二者的计数位数不同。作定时器用时其定时时间为

$$(M-T0\text{ 初值}) \times \text{时钟周期} \times 12 = (65536 - T0\text{ 初值}) \times \text{时钟周期} \times 12$$

【例 4-2】　用定时器 1 方式 1 实现 1 s 的延时。

解　因方式 1 采用 16 位计数器，设系统时钟为 12 MHz，则其最大定时时间为

$$65536 \times 1\ \mu s = 65.536\ ms$$

可选择定时时间为 50 ms，再循环 20 次。定时时间选定后，可确定计数值为 50000，则定时器 1 的初值为

$$X = M - \text{计数值} = 65536 - 50000 = 15536 = 0x3CB0$$

故，TH1 = 0x3C，TL1 = 0xB0，又因采用方式 1 定时，则 TMOD = 0x10。

3) 方式 2

定时器/计数器工作于方式 2 时，其逻辑结构图如图 4-6 所示。由图可知，方式 2 中 16 位加法计数器的 TH0 和 TL0 具有不同功能，其中，TL0 是 8 位计数器，TH0 是重置初值的 8 位缓冲器。

方式 0 和方式 1 用于循环计数，在每次计满溢出后，计数器清 0，因此要进行新一轮计数还须重置计数初值。这不仅导致编程麻烦，而且影响定时时间精度。方式 2 具有初值自动装入功能，避免了上述缺陷，适合用作较精确的定时脉冲信号发生器。其定时时间为

$$(M - T0\text{ 初值}) \times \text{时钟周期} \times 12 = (256 - T0\text{ 初值}) \times \text{时钟周期} \times 12$$

方式 2 中 16 位加法计数器被分割为两个，TL0 用作 8 位计数器，TH0 用以保持初值。在程序初始化时，TL0 和 TH0 由软件赋予相同的初值。一旦 TL0 计数溢出，TF0 将被置位，同时，TH0 中的初值装入 TL0，从而进入新一轮计数，如此重复循环不止。

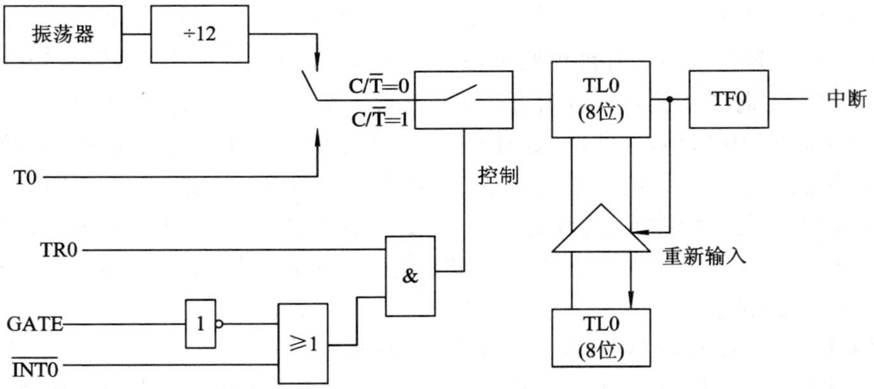

图 4-6　T0(或 T1)方式 2 时的逻辑结构图

【例 4-3】　试用定时器 1 方式 2 实现 1 s 的延时。

解　因方式 2 是 8 位计数器，其最大定时时间为 256 × 1 μs = 256 μs，为实现 1 s 延时，可选择定时时间为 250 μs，再循环 4000 次。

定时时间选定后，可确定计数值为 250，则定时器 1 的初值为：

$$X = M - 计数值 = 256 - 250 = 6$$

采用定时器 1 方式 2 工作，因此，TMOD = 0x20。

4) 方式 3

定时器/计数器工作于方式 3 时，其逻辑结构图如图 4-7 所示。

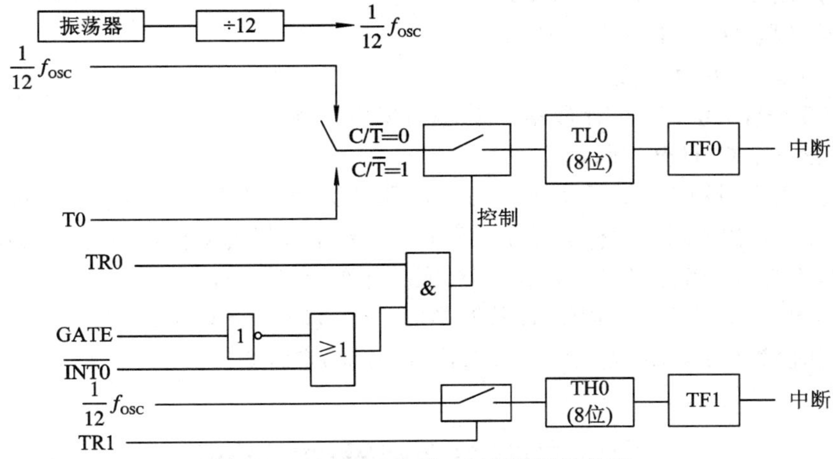

图 4-7　T0(或 T1)方式 3 时的逻辑结构图

由图可知，方式 3 时，定时器 T0 被分解成两个独立的 8 位计数器 TL0 和 TH0。其中，TL0 占用原 T0 的控制位、引脚和中断源，即 C/$\overline{T}$、GATE、TR0、TF0、T0(P3.4)引脚和 $\overline{INT0}$ (P3.2)引脚。在方式 3 中，除计数位数不同于方式 0、方式 1 外，其功能、操作与方式 0、方式 1 完全相同，可定时亦可计数。而 TH0 占用原定时器 T1 的控制位 TF1 和 TR1，同时还占用了 T1 的中断源，其启动和关闭仅受 TR1 置 1 或清 0 控制，TH0 只能对机器周期进行计数，因此，TH0 只能用作简单的内部定时，不能用作对外部脉冲进行计数，是定时器 T0 附加的一个 8 位定时器。二者的定时时间分别为

TL0：(M − TL0 初值) × 时钟周期 × 12 = (256 − TL0 初值) × 时钟周期 × 12

TH0：(M − TH0 初值) × 时钟周期 × 12 = (256 − TH0 初值) × 时钟周期 × 12

方式 3 时，定时器 1 仍可设置为方式 0、方式 1 或方式 2。但由于 TR1、TF1 及 T1 的中断源已被定时器 T0 占用，此时，定时器 T1 仅由控制位 $C/\overline{T}$ 切换其定时或计数功能，当计数器计满溢出时，只能将输出送往串行口。在这种情况下，定时器 1 一般用作串行口波特率发生器或不需要中断的场合。因定时器 T1 的 TR1 被占用，因此其启动和关闭较为特殊，当设置好工作方式时，定时器 1 即自动开始运行，若要停止操作，只需送入一个设置定时器 1 为方式 3 的方式字即可。

【例 4-4】　用定时器 T0 方式 3 实现 1 s 的延时。

解　根据题意，定时器 T0 中的 TH0 只能为定时器，定时时间可设为 250 μs；TL0 设置为计数器，计数值可设为 200。TH0 计满溢出后，用软件复位的方法使 T0(P3.4)引脚产生负跳变，TH0 每溢出一次，T0 引脚便产生一个负跳变，TL0 便计数一次。TL0 计满溢出时，延时时间应为 50 ms，循环 20 次便可得到 1 s 的延时。

由上述分析可知：

TH0 计数初值为 X = (256 − 250) = 6 = 0x06；

TL0 计数初值为 X = (256 − 200) = 56 = 0x38，TMOD = 00000111B = 0x07。

4．定时器应用步骤

使用定时器，首先要对定时器初始化，步骤如下：

(1) 向 TMOD 写工作方式控制字；

(2) 向计数器 TLx、THx 装入初值；

(3) 置 TRx=1，启动计数；

(4) 置 ETx=1，允许定时/计数器中断(也可采用查询方式)；

(5) 置 EA=1，CPU 开中断。

下面再重点说明初值的计算原理。当定时器/计数器工作于定时状态时，对机器周期进行计数，此时装载初值跟单片机的晶振频率有关。设单片机的晶振频率为 f_{osc} Hz，则一个机器周期为 $T=12/f_{osc}$ s。若定时时间为 t，则对应的计数次数 $N = t/T$。

由于 MCS-51 单片机的定时器/计数器是加 1 计数器，计满回零，故对应定时时间 t 应装入的计数初值为：2^n-N(n 为工作方式选择所确定的定时器位数)。

4.3　中断与定时器应用设计

定时器/计数器是单片机应用系统中的重要部件，它有着广泛的应用。通过下面几个实例可以看出，在不增加外围电路的情况下，灵活应用定时器/计数器可设计各种实用的产品。

4.3.1　原理图设计与说明

本章使用的电路原理图如图 4-8 所示。

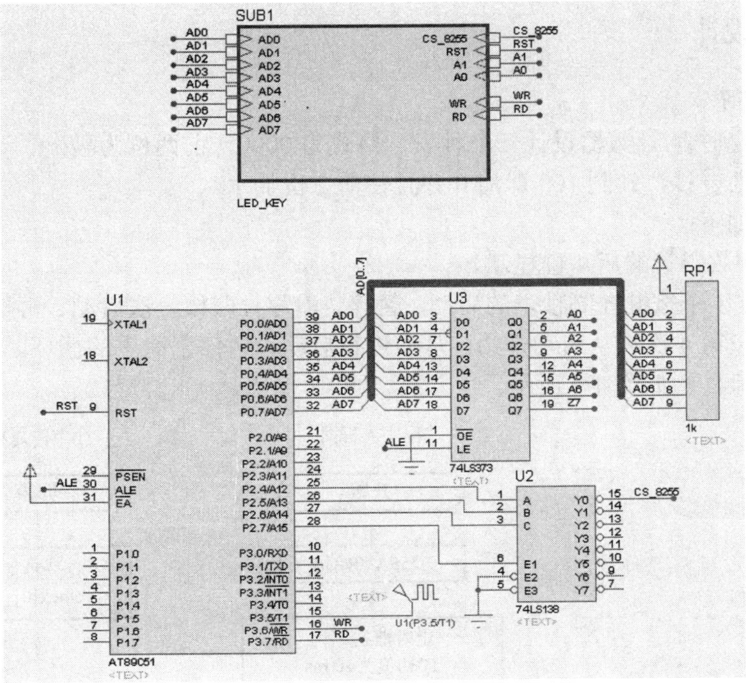

(a) 顶层原理图

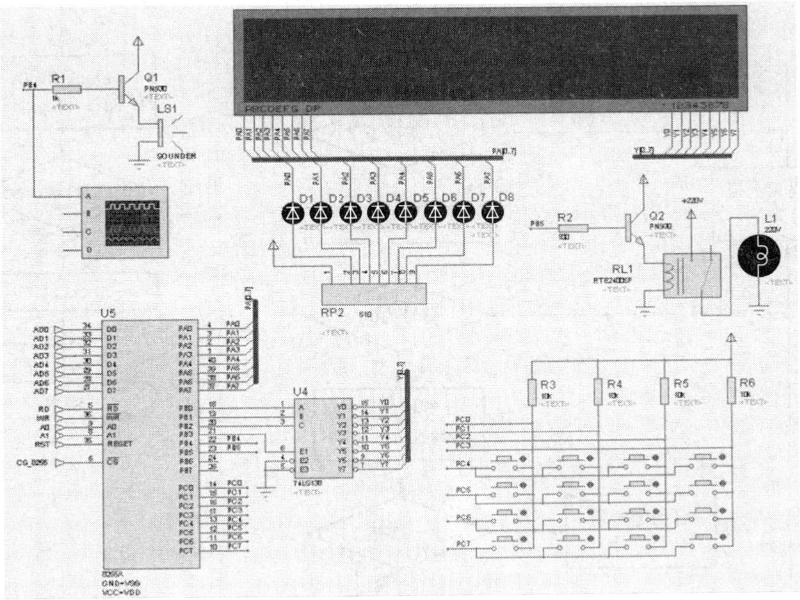

(b) LED_KEY 子图

图 4-8　电路原理图

关于原理图的说明如下：

该原理图同第 3 章的图 3-28 和图 3-29 基本上完全相同，仅仅增加了 2 个用于测试的仪器仪表：一个是信号发生器，接于单片机的 P3.5 口，用于产生固定频率的测试信号；另一个是示波器，接于 8255A 的 PB4 脚，用于测试 PB4 脚的信号频率。

4.3.2 秒表设计

1. 设计要求

用单片机定时器/计数器设计一个秒表，格式为 0000，前两位为秒(s)，计到 60 s 清 0，后两位为百分之一秒，计到 100 即清 0 并且使前 2 位加 1。

具体要求如下：

(1) 结果在数码管的后 4 位显示。

(2) 可通过 1 个按键控制秒表的启动、暂停、清零，即按一次启动、再按一次暂停、按第 3 次清零，按第 4 次再从启动开始，从而进行启动、暂停、清零的循环。

程序设计流程图如图 4-9 所示。

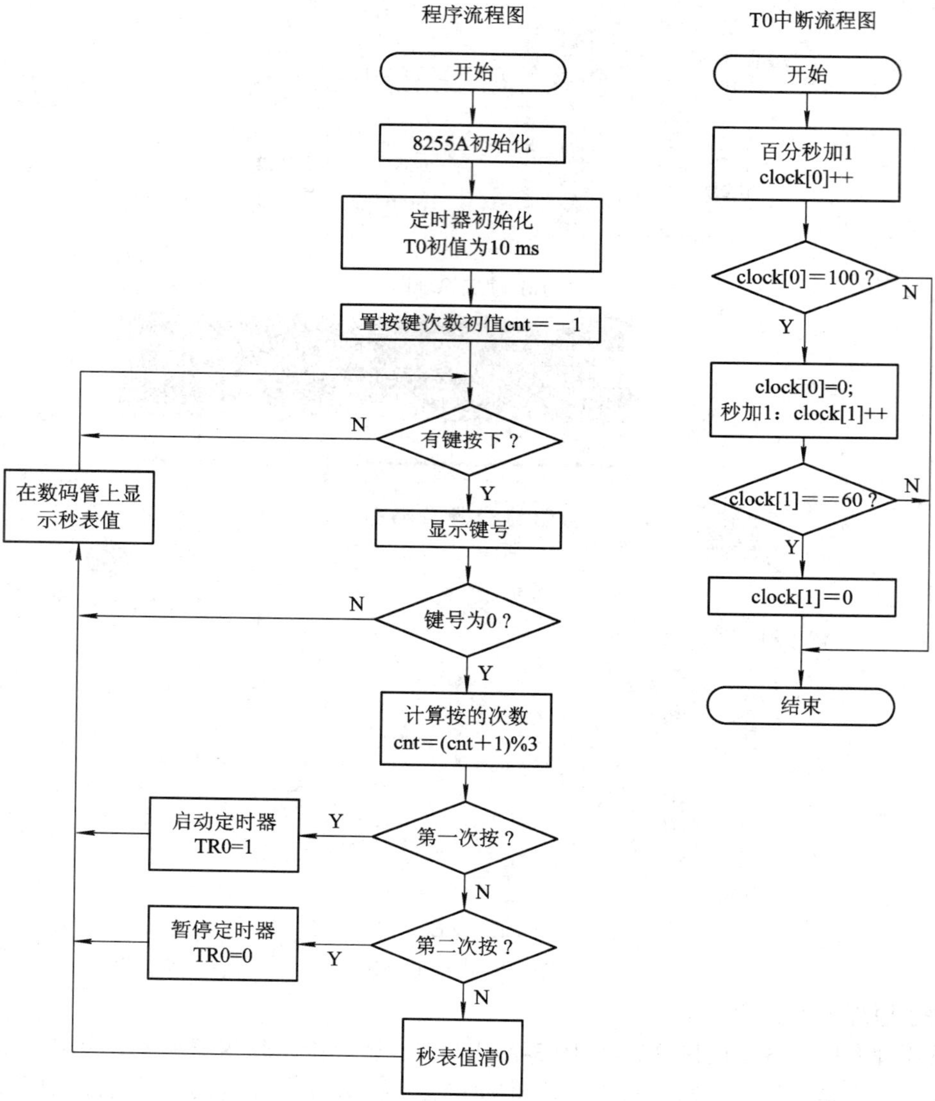

图 4-9 秒表设计程序流程图

2．设计说明

定时器/计数器既可用作定时亦可用作计数，而且其应用方式非常灵活。事实上，软件定时不同于定时器定时(也称硬件定时)。软件定时是对循环体内指令的机器周期数进行计数，定时器定时是采用加法计数器直接对机器周期进行计数，二者工作机理不同，置初值方式也不同，相比之下定时器定时在方便程度和精确程度上都高于软件定时。此外，软件定时在定时期间一直占用 CPU，而定时器定时若采用查询工作方式，则同样占用 CPU，若采用中断工作方式，则在其定时期间 CPU 可处理其它指令，从而可以充分发挥定时器/计数器的功能，从而大大提高 CPU 的效率。因此，在使用定时器/计数器时，如无特殊说明，均采用中断方式。

下面来计算定时器初值。根据题目要求，要每 10 ms 计数器进行加 1 并显示于数码管。对于 12 MHz 晶振，10 ms 需要计数 10000 次。若使用定时器 0 的方式 1，则初值可以设置为 TL0= －10000%256，TH0 = －10000/256。

3．设计源码

秒表设计的完整源程序包括两个文件：main.c 文件和 timer_int.c 文件，如例 4-5 和例 4-6 所示。

【例 4-5】 main.c 文件。

```
#include  <reg51.h>
#define  uchar  unsigned  char
//全局变量声明
extern uchar clock[2];                          //秒表计时值

//以下为函数声明
void led_7s(uchar,uchar);
uchar keyscan(void);
void init_8255(void);
void init_timer(void);

void main(void)
{
      uchar tmp,cnt=-1,disp=0xff;
      init_8255();                              //8255 初始化
      init_timer();                             //定时器初始化
      //按 0 号对秒表进行控制
while(1)
      {
            if((tmp=keyscan())!=0xff) disp=tmp       //如果有按键按下，则保存该键值
            if(disp!=0xff) led_7s(0x08,disp);
            if(tmp==0)
            {
```

```
                cnt=(cnt+1)%3;                    //cnt 取值为 0,1,2
                if(cnt==0)                        //计时
                {
                    TR0=1;
                }
                else  if(cnt==1)                  //暂停
                {
                    TR0=0;                        //定时器 0 初值设定
                }
                else if(cnt==2)                   //清 0
                {
                    clock[0]=0;clock[1]=0;
                }
            }
            led_7s(0xc,clock[1]/10);
            led_7s(0xd,clock[1]%10);
            led_7s(0xe,clock[0]/10);
            led_7s(0xf,clock[0]%10);
        }
    }
```

【例 4-6】 timer_int.c 文件。

```
#include  <reg51.h>
#include  <absacc.h>
#include  <intrins.h>

#define  uchar  unsigned  char
//定义全局变量
uchar clock[2]={0,0};
//以下为函数声明
void delay(uchar x);

//下面地址定义中包含使能 138 芯片的信息
#define   PA8255   XBYTE[0x80fc]      //8255 端口 A 的地址
#define   PB8255   XBYTE[0x80fd]      //8255 端口 B 的地址
#define   PC8255   XBYTE[0x80fe]      //8255 端口 C 的地址
#define   COM8255   XBYTE[0x80ff]     //8255 命令字的地址

/************8255 初始化代码************************/
void init_8255(void)
```

```
{
    COM8255=0x81;  //8255 命令字，PA/PB 均为输出, PC 低 4 位输入,高 4 位输出
}

/************定时器初始化代码************************/
void init_timer(void)
{
    MOD=0x01;                                //T0 为 16 位定时器
    E=0x82;                                  //开中断, T0 中断
    TH0=-10000/256; TL0=-10000%256;          //定时器 0 初值设定
}

/************七段数码管项目代码***********************/
//该函数带 2 个参数, x 为位控, y 为段控
void led_7s(uchar x, uchar y)
{
    uchar led_table[16]={0x3f,0x6,0x5b,0x4f,0x66,0x6d,0x7d,0x7,0x7f,0x6f,
                    0x77,0x7c,0x39,0x5e,0x79,0x71};  //0～F 共 16 个数, 用于段控
    PB8255=(PB8255&0xf0)|x;                  //在驱动位选时不影响 PB 高 4 位的状态
    PA8255=led_table[y];
    delay(1);
}

/********************按键处理函数*******************/
//键盘从左到右从上到下的键值依次为:
//0, 1, 2, 3
//4, 5, 6, 7
//8, 9, 10, 11
//12, 13, 14, 15
uchar keyscan(void)
 {
   uchar scode,rcode,keyvalue,keycode;
   PB8255=PB8255&0xf7;             //关闭所有数码管, 第 4 个管脚控制 138 不使能端
   PC8255=0x0f;                    //使 PC 高 4 位为低电平, 低 4 位为高电平
   keyvalue=0;                        //无键按下时, 键值为 0
   if((PC8255&0x0f)!=0x0f)
   {
     delay(2);                        //延时 2 ms 消抖
     PC8255=0x0f;
```

```
    if((PC8255&0x0f)!=0x0f)
    {
      scode=0xef;
      while((scode&0x01)!=0)              //此 while 语句使 PC 高 4 位依次为低电平
      {
          PC8255=scode;
          if((PC8255&0x0f)!=0x0f)
          {
               rcode=(PC8255&0x0f)|0xf0;
               keyvalue= ~rcode|~scode;    //有键按下时，取得键值
          }
          else
             scode=_crol_(scode,1);         //sccode 左移 1 位
       }
    }
  }
  //下面 swithc 语句对键值进行编码
  switch(keyvalue)
  {
          case 0:   keycode=0xff; break;
          case 0x11:   keycode=0; break;
          case 0x12:   keycode=1; break;
          case 0x14:   keycode=2; break;
          case 0x18:   keycode=3; break;
          case 0x21:   keycode=4; break;
          case 0x22:   keycode=5; break;
          case 0x24:   keycode=6; break;
          case 0x28:   keycode=7; break;
          case 0x41:   keycode=8; break;
          case 0x42:   keycode=9; break;
          case 0x44:   keycode=10; break;
          case 0x48:   keycode=11; break;
          case 0x81:   keycode=12; break;
          case 0x82:   keycode=13; break;
          case 0x84:   keycode=14; break;
          case 0x88:   keycode=15; break;
  }
  //下面这两句作用：等待按键释放
  PC8255=0x0f;                       //使 PC 高 4 位为低电平，低 4 位为高电平
```

```
    while((PC8255&0x0f)!=0x0f);
    return keycode;
}

/***********定时器中断服务程序***************/
//T0：一次定时 0.1 ms
void Timer0_Int(void) interrupt 1 using 1
{
      TH0=-10000/256; TL0=-10000%256;            //定时器 0 初值设定
      clock[0]++;
      if(clock[0]==100)
      {
            clock[0]=0;
            clock[1]++;
            if(clock[1]==60) clock[1]=0;
      }
}

/***************延时 x 毫秒*****************/
void delay(uchar x)                              //设晶体振荡器的频率为 11.0592 MHz
{ uchar k;
   while(x--)                                    //延时大约 x 毫秒
         for(k=0;k<125;k++){}
}
```

4．仿真结果

将例 4-5 和例 4-6 在 Keil 软件中编译生成 .hex 文件，然后下载到单片机中。随后运行仿真，仿真结果如图 4-10 和图 4-11 所示。

图 4-10　按 0 号键 1 次后的计时状态

图 4-11　按 0 号键 3 次后的计时状态

在图 4-10 和图 4-11 中，最左边的数码管显示的是所按键的键值。根据设计要求，每按下第一个键(键值为 0)依次可进行启动、暂停、清零的循环。因此，当我们按下第一个键 1 次时，即开始秒表计数，如图 4-10；当按下第一个键 3 次时，秒表清 0，如图 4-11 所示。根据仿真结果，说明设计实现了秒表的设计要求。

4.3.3 可调频率方波设计

1. 设计要求

用 MCS-51 单片机设计一个可调频率发生器，晶振采用 12 MHz。

具体要求如下：

(1) 可产生 1～6 kHz 的方波信号，占空比为 50%。

(2) 频率可调，可调步进为 1 kHz。通过一个按键实现，每按一次键频率增加 1 kHz，当增加到最大频率后，再返回从最小频率开始。

(3) 通过喇叭播放相应频率的声音。

图 4-12 所示为可调频率方波的程序流程图。

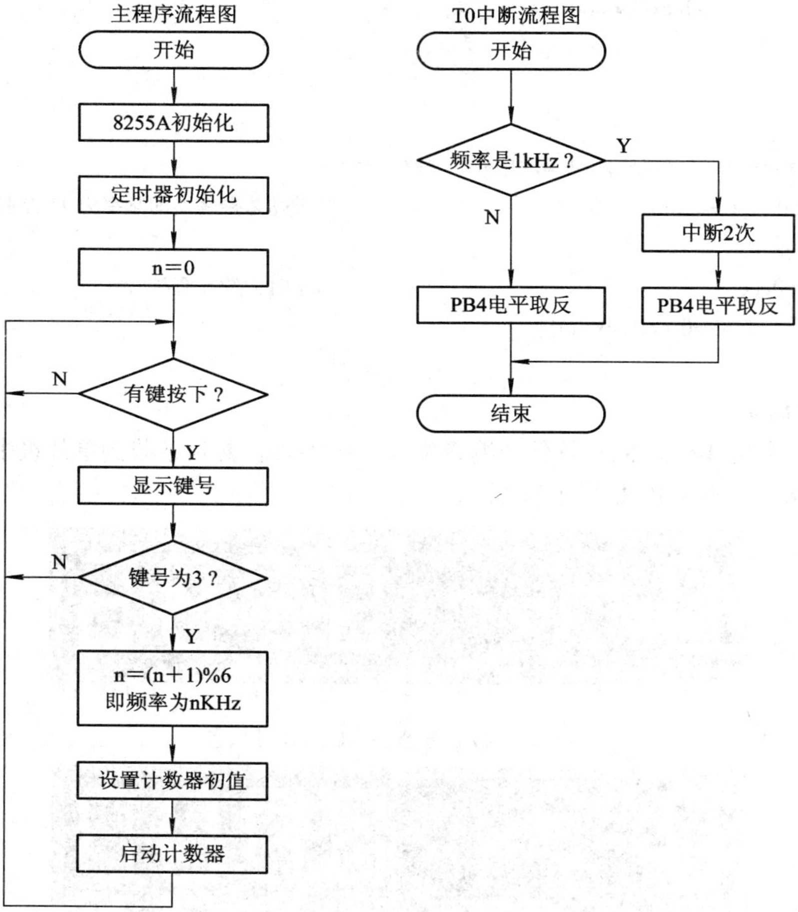

图 4-12 可调频率方波程序流程图

2．设计说明

首先根据题目要求，计算 1 kHz、2 kHz、3 kHz、4 kHz、5 kHz、6 kHz 等各种频率所需的定时初值。假定 MCS-51 单片机的晶振频率为 12 MHz，使用定时器 0 方式 2。若产生占空比为 50%的 1 kHz 的方波信号，则需要每 500 μs 变化一次输出电平，即定时器需要产生 500 μs 的定时，则初值可以设置为 TL0=TH0=−250，这样定时器 0 中断 1 次所需时间为 250 μs，中断 2 次即可产生 500 μs；若产生 2 kHz 的方波信号，则可以设置初值为 TL0=TH0=−250；若产生 3 kHz 的方波信号，则可以设置初值 TL0=TH0=−250 × 2/3；…；依次类推，若产生 nkHz 的方波信号，则可以设置初值为 TL0=TH0=−250 × 2/n。

使用 8255A 的 PB4 口输出方波信号，一方面可用示波器观察输出波形，另一方面还可以通过喇叭的声音来了解频率的变化。

3．设计源码

产生可调频率方波的源程序包括两个文件：main.c 文件和 timer_int.c 文件，如例 4-7 和例 4-8 所示。其中 main.c 文件中调用了 led_7s 函数、keyscan 函数以及 delay 函数，这些函数的源码见例 4-6。

【例 4-7】　main.c 文件。

```
#include  <reg51.h>
#define  uchar  unsigned  char
//全局变量声明
uchar cnt=-1;                                    //用于调整定时参数

//以下为函数声明
void led_7s(uchar,uchar);
uchar keyscan(void);
void delay(uchar x);
void init_8255(void);
void init_timer(void);

void main(void)
{
    uchar tmp,disp=0xff;
    init_8255( );   //8255 初始化
    init_timer( );  //定时器初始化
    //按 3 号键控制产生相应频率的方波
    while(1)
    {
        if((tmp=keyscan())!=0xff) disp=tmp;      //如果有按键按下，则保存该键值
        if(disp!=0xff) led_7s(0x08,disp);
        if(tmp==3)
        {
```

```
                    cnt=(cnt+1)%6;                      //cnt 取值为 0,1,2,3,4,5
                    if(cnt==0)
                    {
                        TH0=-250; TL0=-250;             //定时器 0 初值设定
                    }
                    else
                    {
                        TH0=-250*2/(cnt+1); TL0=-250*2/(cnt+1);    //定时器 0 初值设定
                    }
                    TR0=1;
                }
            }
        }
```

【例 4-8】 timer_int.c 文件。

```
#include  <reg51.h>
#include  <absacc.h>
#include  <intrins.h>

#define  uchar  unsigned  char
//定义全局变量
extern uchar cnt;
//以下为函数声明
void delay(uchar x);

//下面地址定义中包含使能 138 芯片的信息
#define   PA8255   XBYTE[0x80fc]        //8255  端口 A 的地址
#define   PB8255   XBYTE[0x80fd]        //8255  端口 B 的地址
#define   PC8255   XBYTE[0x80fe]        //8255  端口 C 的地址
#define   COM8255   XBYTE[0x80ff]       //8255  命令字的地址

/************8255 初始化代码************************/
void init_8255(void)
{
    COM8255=0x81;       //8255 命令字, PA/PB 均为输出, PC 低 4 位输入, 高 4 位输出
}
/************定时器初始化代码************************/
void init_timer(void)
{
    TMOD=0x02;          //T0 为可预置初值的 8 位定时器
    IE=0x82;            //开中断, T0 中断
```

```
    }

    /************T0 中断服务例程***********************/
    //T0：一次定时 0.5 ms，2 次为 1 ms
    void Timer0_Int(void) interrupt 1 using 1
    {
        static uchar cnt1=0;
        if(cnt==0)
        {
            if(++cnt1==2)
            {
                cnt1=0;    PB8255=PB8255^0x10;     //产生方波
            }
        }
        else
            PB8255=PB8255^0x10;                    //产生方波
    }
```

将上述源码编译生成 .hex 文件，然后下载到单片机中。

4. 仿真结果

启动仿真，仿真结果如图 4-13 所示。

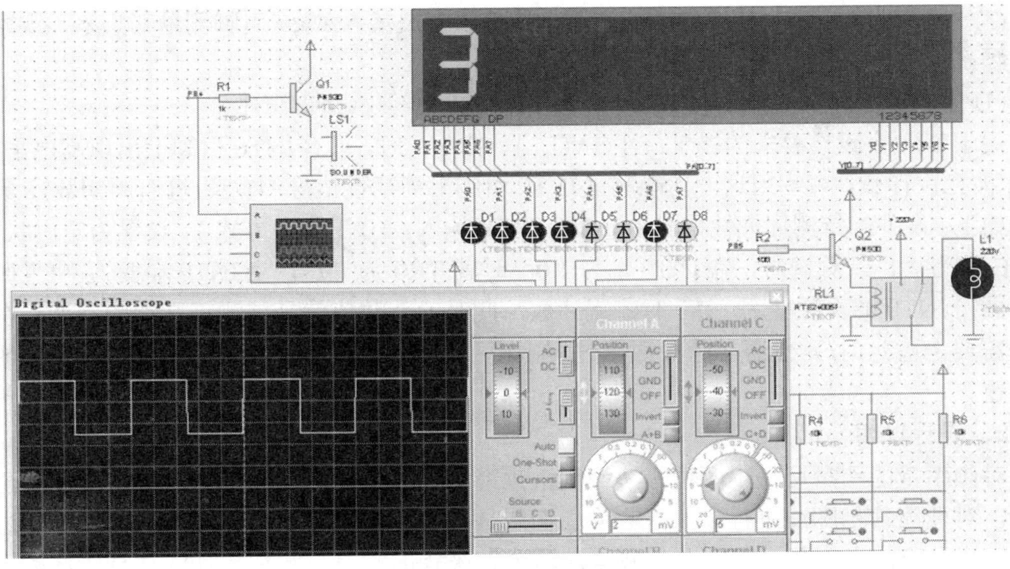

图 4-13　可调频率方波设计仿真波形

仿真表明，随着 3 号键被按次数的改变，从示波器可以观察到，频率也跟着改变。每多按一次，频率就增加 1 kHz。图 4-13 是第 2 次按了 3 号键后示波器的显示结果。

对示波器得到的波形进行测量，测量图形如图 4-14 所示。从图 4-14 可以看出，此方波周期为 500 μs，因此此方波频率为 2 kHz，跟设计要求一致。

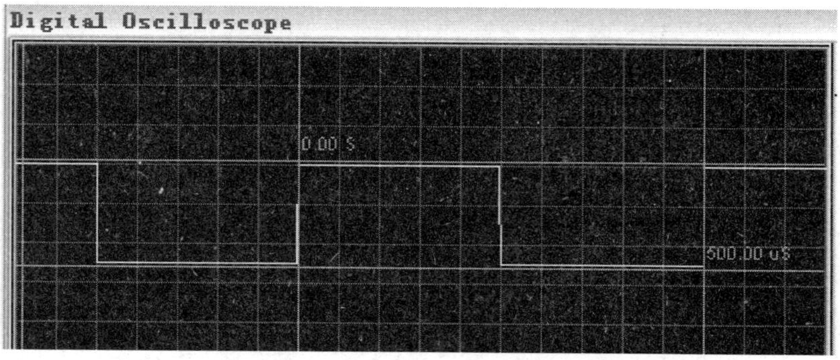

图 4-14　方波周期(频率)的测量

同时，随着 3 号键被按的次数的改变，我们也可以听到喇叭的声音在变化。

4.3.4　频率计设计

1．设计要求

用 MCS-51 单片机设计一频率计，晶振采用 12 MHz。具体要求如下：

(1) 可以测量任何信号的频率，信号通过 P3.5 引脚引入。由 2 号按键控制开始测量时刻，1 s 后显示测量得到的频率值。

(2) 不需要按键控制，动态测量输入的频率值。例如，每 2 分钟测量显示 1 次频率，第 1 s 内测量频率，第 2 s 时间显示测得的频率值，然后再测量再显示，循环往复。

(3) 由定时器 0 产生特定频率的方波，并将该方波接入 P3.5 引脚测量其频率，观察产生的频率与测得的频率是否一致。

(4) 测周期性信号的正脉冲宽度，进一步结合频率值求出占空比。

关于第(4)个设计要求的提示：当 GATE=1、TR0=1 时，只有 $\overline{\text{INT0}}$ 引脚上出现高电平时，T0 才被允许计数，可利用这一功能测试 $\overline{\text{INT0}}$ 引脚上周期性信号的宽度(机器周期数)。具体过程如下：设外部待测周期性信号由 $\overline{\text{INT0}}$ (P3.2)输入，T0 工作在方式 1，设置为定时状态，GATE 置为“1”，测试时，在 $\overline{\text{INT0}}$ 端为“0”时置 TR0 为“1”，当 $\overline{\text{INT0}}$ 端变为“1”时启动计数；$\overline{\text{INT0}}$ 端再次变为“0”时停止计数，此时的计数值就是被测正脉冲的宽度。在设计时需要考虑定时/计数器在脉冲测量过程中由于脉冲周期过大而引起的定时/计数器的溢出问题。

2．设计说明

对频率量的测量可采用两种方法：测量频率法和测量周期法。测量频率法是在单位时间内，对被测信号脉冲进行计数；测量周期法是在被测信号周期内，对某一基准脉冲进行计数。两种方法各有优缺点，测量频率法适合较高频的测量，测量周期法适合较低频率的测量。

本节仅完成设计要求(1)，其他要求由读者自行设计完成。本节采用频率测量法，在 1 s 时间内对被测信号脉冲进行计数，计数值即为频率。

图 4-15 为频率计程序流程图。

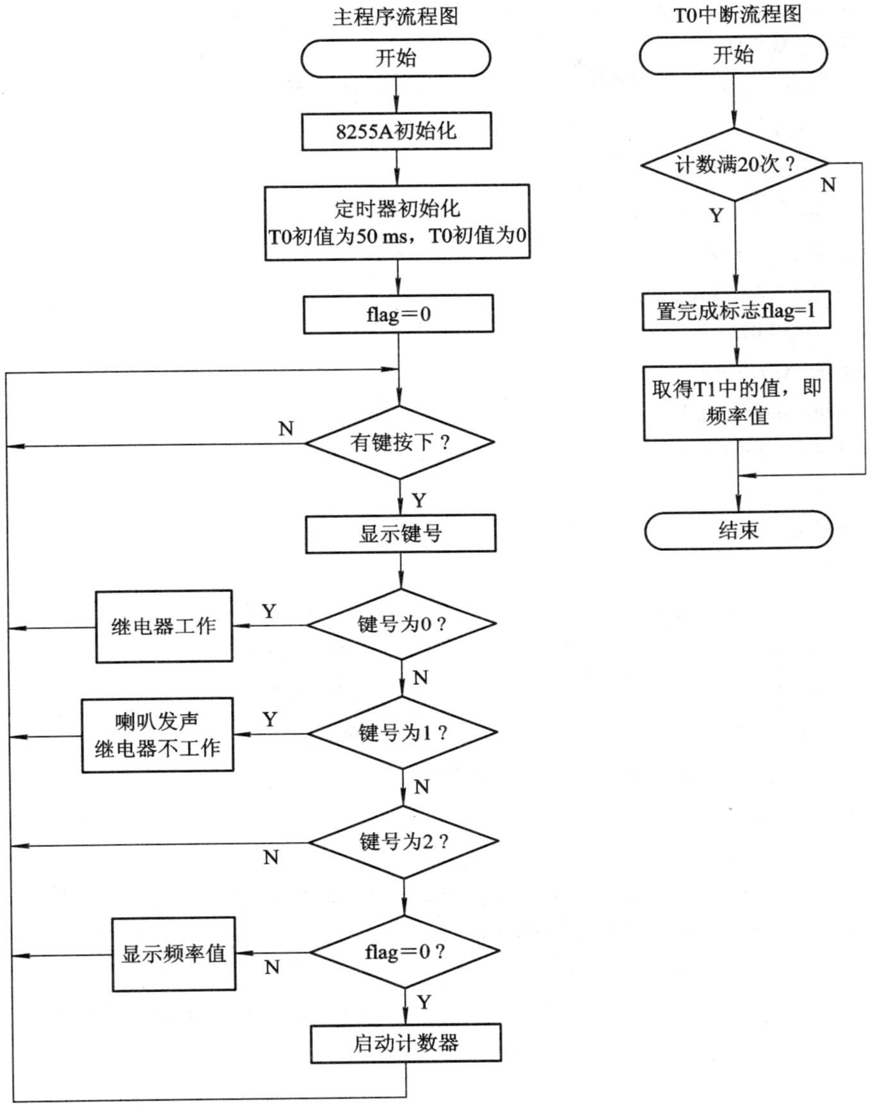

图 4-15　频率计程序流程图

特别指出，频率计设计中没考虑定时/计数器在脉冲计数时，由于计数值过大过大而引起的定时/计数器的溢出问题，这个问题留给读者思考。

3. 设计源码

设计源码包括两个文件：main.c 文件和 timer_int.c 文件，如例 4-9 和例 4-10 所示。此设计源码中包含了继电器控制和声音控制，是在以前代码的基础上修改而成。其中，main.c 文件中调用了 led_7s 函数、keyscan 函数以及 delay 函数，这些函数的源码见例 4-6。

【例 4-9】　main.c 文件。

```
#include  <reg51.h>
#define  uchar  unsigned  char
```

```
#define  uint  unsigned  int
//全局变量声明
extern uint freq;                          //频率值
extern bit flag;                           //标志
//以下为函数声明
void led_7s(uchar,uchar);
uchar keyscan(void);
void speaker(void);
void relay(bit);
void delay(uchar x);
void init_8255(void);
void init_timer(void);

void main(void)
{
    uchar tmp,disp=0xff;
    init_8255();                           //8255 初始化
    init_timer();                          //定时器初始化
    speaker();                             //喇叭工作
    //按 2 号键开始测频，测量完后显示频率
    while(1)
    {
        if((tmp=keyscan())!=0xff) disp=tmp;   //如果有按键按下,则保存该键值
        if(disp!=0xff) led_7s(0x08,disp);
        if(disp==0)
        {                                  //第 1 个按键控制继电器工作
            relay(1);
        }
        else if(disp==1)                   //第 2 个按键控制喇叭发声，按后发声
        {
            speaker();
            relay(0);
        }
        else if((disp==2)&&(flag==0))
        {                                  //第 3 个按键频率量测量
            TR0=1;TR1=1;
        }
        else if((disp==2)&&(flag==1))
        {
```

```
                led_7s(0x0b,freq/10000);
                led_7s(0x0c,freq/1000%10);
                led_7s(0x0d,freq/100%10);
                led_7s(0x0e,freq/10%10);
                led_7s(0x0f,freq%10);
            }
        }
    }
```

【例 4-10】 timer_int.c 文件。

```
#include  <reg51.h>
#include  <absacc.h>
#include  <intrins.h>

#define  uchar  unsigned  char
#define  uint  unsigned  int

//定义全局变量
uint freq;
bit flag=0; //频率测量完成标志

//以下为函数声明
void speaker(void);
void relay(bit);
void delay(uchar x);

//下面地址定义中包含使能 138 芯片的信息
#define   PA8255   XBYTE[0x80fc]       //8255 端口 A 的地址
#define   PB8255   XBYTE[0x80fd]       //8255 端口 B 的地址
#define   PC8255   XBYTE[0x80fe]       //8255 端口 C 的地址
#define   COM8255  XBYTE[0x80ff]       //8255 命令字的地址

/************8255 初始化代码************************/
void init_8255(void)
{
    COM8255=0x81;  //8255 命令字，PA/PB 均为输出，PC 低 4 位输入，高 4 位输出
}

/************定时器初始化代码************************/
void init_timer(void)
```

```
{
    TMOD=0x51;                          //T0 为 16 位定时器; T1 为 16 位计数器
    TH0=-50000/256; TL0=-50000/256;     //12 MHz 晶振, 50 ms
    TH1=0;TL1=0;                        //从 0 开始计数
    IE=0x8a;                            //开中断, T0 中断, T1 中断
}

/************喇叭发声代码************************/
void speaker(void)
{
    uchar cnt;
    for(cnt=0;cnt<=100;cnt++)
    {
        PB8255=PB8255^0x10;             //产生方波
        delay(2);                       //此延时用于产生不同频率的声音
    }
}

/************继电器工作代码************************/
//继电器由键盘控制，在本函数中，继电器的工作状态由输入参数决定
void relay(bit ctrl)
{
    if(ctrl)    PB8255=PB8255|0x20;     //PB5 为 1，继电器工作
    else PB8255=PB8255&0xdf;            //PB5 为 0，继电器不工作
}

/************T0 中断服务例程************************/
//T0：一次定时 50 ms，20 次为 1 s，相应的 T1 计的数即为频率值
void Timer0_Int(void) interrupt 1 using 1
{
    static uchar cnt=0;
    TH0=-50000/256; TL0=-50000%256;     //定时器初值重新装载
    if(++cnt==20)
    {
        flag=1;                         //频率测量完成标志
        TR0=0;TR1=0;
        freq=TH1*256+TL1;
    }
}
```

4．仿真结果

仿真结果如图 4-16 所示。

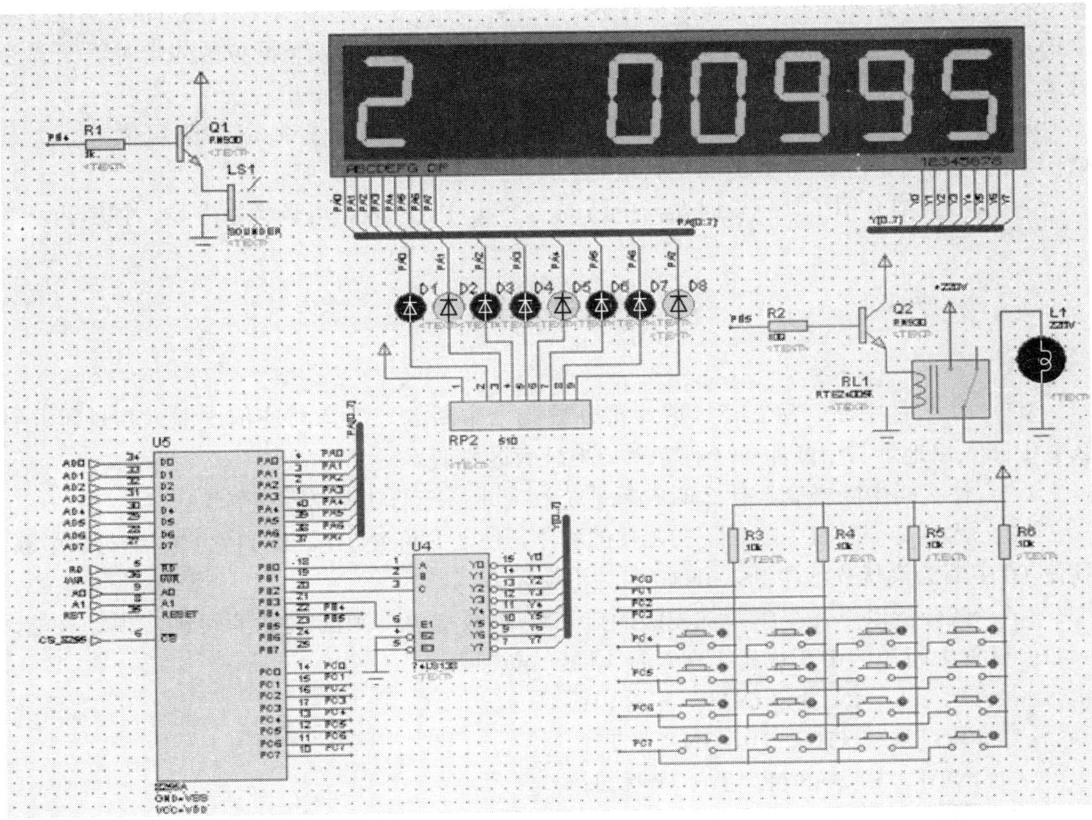

图 4-16　频率计的仿真波形

通过 P3.5 脚输入的是频率为 1 kHz 的方波，按下 2 号按键约 1 s 后，数码管即显示测得的频率。图中左边一位数码管显示的是键号，右侧 5 位显示的是测量得到的频率值，从测量结果可以看出，频率测量误差为 0.5%。

4.4　小　　结

在本章中，我们讨论了以下几个知识点：

➢ 中断是单片机中的一个重要概念。中断是指当机器正在执行程序的过程中，一旦遇到某些异常情况或特殊请求时，暂停正在执行的程序，转入必要的处理(中断服务子程序)，处理完毕后，再返回到原来被停止程序的间断处(断点)继续执行。

➢ 引起中断的事情称为中断源，MCS-51 单片机提供了 5 个中断源：$\overline{INT0}$、$\overline{INT1}$、TF0、TF1 和串行中断请求。中断请求的优先级由用户编程和内部优先级共同确定，中断编程包括中断入口地址设置、中断源优先级设置、中断开放或关闭、中断服务子程序等。

➢ MCS-51 单片机内部有两个可编程定时器/计数器 T0 和 T1，每个定时器/计数器有四种工作方式：方式 0～方式 3。方式 0 是 13 位的定时器/计数器；方式 1 是 16 位的定时器/计数器；方式 2 是初值重载的 8 位定时器/计数器；方式 3 只适用于 T0，将 T0 分为两个独立的定时器/计数器，同时 T1 可以作为串行接口波特率发生器。不同位数的定时器/计数器其最大计数值也不同。

➢ 对于定时器/计数器的编程包括设置方式寄存器、初值及控制寄存器(可位寻址)。初值由定时时间及定时器/计数器的位数决定。

➢ 本节详细介绍了使用定时器与中断的三个项目：秒表、可调频率方波、频率计。

习　题

4-1　什么是中断？MCS-51 单片机有哪几个中断源？各自对应的中断入口地址是什么？中断入口地址与中断服务子程序入口地址有区别吗？

4-2　什么叫中断嵌套？什么叫中断系统？中断系统的功能是什么？

4-3　试编写一段对中断系统初始化的程序，使之允许 $\overline{INT0}$、$\overline{INT1}$、T0、串行口中断，且使 T0 中断为高优先级中断，$\overline{INT0}$ 为边沿触发方式。

4-4　试分析以下几个中断优先级的排列顺序(级别由高到低)是否有可能实现？若能，应如何设置中断源的中断优先级别？若不能，试述理由。

T0、T1、$\overline{INT0}$、$\overline{INT1}$、串行口；
串行口、$\overline{INT0}$、T0、$\overline{INT1}$、T1；
$\overline{INT0}$、T1、$\overline{INT1}$、T0、串行口；
$\overline{INT0}$、$\overline{INT1}$、串行口、T0、T1；
串行口、T0、$\overline{INT0}$、$\overline{INT1}$、T1；
$\overline{INT0}$、$\overline{INT1}$、T0、串行口、T1；
$\overline{INT0}$、T1、T0、$\overline{INT1}$、串行口。

4-5　已知负跳边脉冲从 51 单片机 P3.3 引脚输入，且该脉冲数少于 65 535 个，试利用 $\overline{INT1}$ 中断，统计输入脉冲个数。

4-6　测量 $\overline{INT1}$ 引脚(P3.3)输入的正脉冲宽度，假设正脉冲宽度不超过定时器的值。

4-7　有 5 台外围设备，分别为 EX1～EX5，均需要中断。现要求 EX1 与 EX2 的优先级为高，其他的优先级为低，请用 51 单片机实现，要求画出电路图并编写程序(假设中断信号为低电平)，要求执行相应的中断服务子程序 WORK1～WORK5。

4-8　8051 单片机内部有几个定时/计数器？它们由哪些专用寄存器组成？

4-9　8051 单片机的定时/计数器有哪几种工作方式？各有什么特点？

4-10　定时/计数器作定时用时，其定时时间与哪些因素有关？作计数用时，对输入信号频率有何限制？

4-11　对于 8051 单片机，当 f_{osc}＝6 MHz 和 f_{osc}＝12 MHz 时，最大定时各为多少？

4-12　若 f_{osc} = 6 MHz，要求 T1 定时 10 ms，选择方式 0，装入时间初值后 T1 计数器自

启动。计算时间初值 X，并填入 TMOD、TCON 和 TH1、TL1 的值。

4-13　要求 T0 工作在计数器方式(方式 0)，计满 1000 个数申请中断。计算计数初值 X 及填写 TMOD、TCON 和 TH0、TL0。

4-14　已知 51 单片机，f_{osc}=6 MHz，试编写程序，利用 T0 和 P1.7 产生如下图所示的连续矩形脉冲。

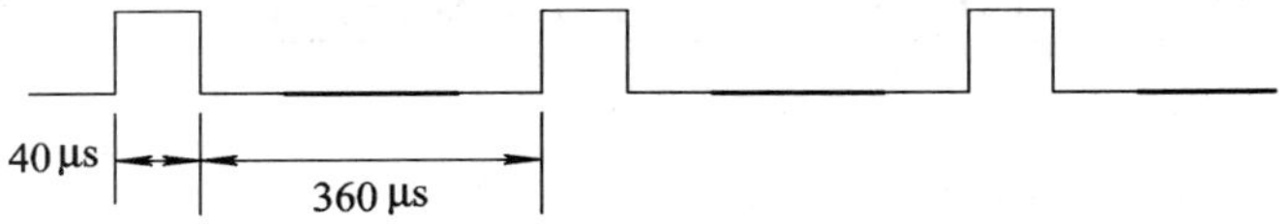

题 4-14 图

4-15　试编写程序，使 T0 每计满 500 个外部输入脉冲后，由 T1 定时，在 P1.0 输出一个脉宽 10 ms 的正脉冲(假设在 10 ms 内外部输入脉冲少于 500 个)，已知 f_{osc}=12 MHz。

4-16　编程，利用定时器 T0(工作方式 1)产生一个 50 Hz 的方波，由 P1.0 输出，晶振频率为 12 MHz。

4-17　在 8051 单片机中，已知晶振频率为 12 MH，试编程使 P1.0 和 P1.1 分别输出周期为 2 ms 和 500 ms 的方波。

4-18　设晶振频率为 6 MHz，试用 T0 作为外部计数器，编程实现每当计到 1000 个脉冲，使 T1 开始 2 ms 定时，定时时间到后，T0 又开始计数，这样反复循环下去。

4-19　根据 4.3.4 节中频率计的所有设计要求，完成频率计的设计。

第 5 章 MCS-51 单片机串行口应用

MCS-51 串行口具有两条独立的数据线：发送端 TXD 和接收端 RXD，它允许数据同时往两个相反的方向传输。一般通信时发送数据由 TXD 端输出，接收数据由 RXD 端输入。

单片机的串行口主要用于与通用微机的通信、双单片机间通信、多单片机间通信。

5.1 串行口工作原理

8051 有一个全双工的可编程串行 I/O 端口。这个串行 I/O 端口既可以在程序控制下将 CPU 的八位并行数据变成串行数据一位一位地从发送数据线 TXD 发送出去，也可以把串行接收到的数据变成八位并行数据发送给 CPU，而且这种串行发送和串行接收可以单独进行，也可以同时进行。

8051 串行发送和串行接收利用了 P3 端口的第二功能，即利用 P3.1 引脚作为串行数据的发送线 TXD 以及 P3.0 引脚作为串行数据的接收线 RXD。串行 I/O 端口的电路结构还包括串行口控制器 SCON，电源及波特率选择寄存器 PCON 和串行数据缓冲器 SBUF 等，它们都属于特殊功能寄存器 SFR。其中，PCON 和 SCON 用于设置串行口工作方式和确定数据的发送和接收波特率，SBUF 实际上由两个八位寄存器组成，一个用于存放欲发送的数据，另一个用于存放接收到的数据，起着数据缓冲的作用。

5.1.1 串行口的专用寄存器

MCS-51 单片机串行口由移位寄存器、缓冲器 SBUF、串行口控制寄存器 SCON、电源控制寄存器 PCON 及波特率发生器 T1 组成。

1. 串行口控制寄存器 SCON

串行口控制寄存器是串行口控制和状态寄存器。SCON 包含：串行口工作方式选择位、接收发送控制位以及串行口状态标志位，其位格式如下：

D7	D6	D5	D4	D3	D2	D1	D0
SM0	SM1	SM2	REN	TB8	RB8	TI	RI

➢ SM0、SM1(SCON.7、SCON.6)：串行口的工作方式选择位，其编码见表 5-1，其中 f_{osc} 为振荡频率。

表 5-1　串行口的工作方式

SM0 SM1	工作方式	说　明	波特率
0　0	方式 0	同步移位寄存器	$f_{osc}/12$
0　1	方式 1	10 位异步收发	由定时器控制
1　0	方式 2	11 位异步收发	$f_{osc}/32$ 或 $f_{osc}/64$
1　1	方式 3	11 位异步收发	由定时器控制

➢ SM2(SCON.5)：多机通信控制位，主要用于方式 2 和方式 3。若置 SM2=1，则允许多机通信。多机通信协议规定，若第 9 位数据(D8)为 1，说明本帧为地址帧；若第 9 位数据为 0，则本帧为数据帧。当一个 8051 主机与多个 8051 从机通信时，所有从机的 SM2 都置 1。主机先发送的一帧为地址，即某从机的机号，其中第 9 位为 1，所有的从机接收到数据后，将其中的第 9 位装入 RB8 中。各个从机根据收到的 RB8 的值来决定从机能否再接收主机的信息，若 RB8=0，说明是数据帧，则使接收中断标志位 RI=0，信息丢失；若 RB8=1，说明是地址帧，则数据装入 SBUF 并置 RI=1，中断所有从机。被寻址的目标从机清除 SM2 以接收主机随后发来的数据帧，其他从机仍保持 SM2=1。若 SM2=0，则不属于多机通信的情况，接收一帧数据后，不管第 9 位数据是 0 还是 1，都置 RI=1，接收到的数据装入 SBUF 中。在方式 1 时，如 SM2＝1，则只有收到有效的停止位时才会使 RI 置位。在方式 0 时，SM2 必须为 0。

➢ REN(SCON.4)：串行口接收允许位，由软件置位以允许接收，由软件清 0 来禁止接收。在串行通信接收控制程序中，如满足 RI=0，REN=1 的条件，则启动一次接收过程，一帧数据就装入接收缓冲器 SBUF 中。

➢ TB8(SCON.3)：在方式 2 和方式 3 中为发送的第 9 位数据。在多机通信中，常以该位的状态来表示主机发送的是地址还是数据。通常协议规定：TB8 为“0”表示主机发送的是数据，为“1”表示发送的是地址。在方式 0 和方式 1 中该位未使用。

➢ RB8(SCON.2)：在方式 2 和方式 3 中为接收到的第 9 位数据。它和 SM2、TB8 一起用于通信控制。当 SM2=1 时，若 RB8=1，说明接收到的数据为地址帧；当 SM2=0 时，RB8 可以是约定的奇偶校验位，也可以是由程序中使用的标志位。在方式 1 中，若 SM2=0，RB8 中存放的是已接收到的停止位。方式 0 中该位未使用。

➢ TI(SCON.1)：发送中断标志。在方式 0 串行发送第 8 位结束时置位，或在其他方式串行发送停止位的开始时由硬件置位，可由软件查询，同时也可申请中断。若采用中断方式，则串行口发送中断被响应后，TI 不会自动清 0，必须由软件清 0。

➢ RI(SCON.0)：接收中断标志。在方式 0 串行接收到第 8 位结束时置位，或在其他方式串行接收到停止位时由硬件置位，可由软件查询，同时也可申请中断。若采用中断方式，串行口接收中断被响应后，RI 不会自动清 0，必须由软件清 0。

2. 串行口数据缓冲器 SBUF

MCS-51 单片机内的串行接口部分，具有两个物理上独立的缓冲器：发送缓冲器和接收缓冲器，以便能以全双工的方式进行通信。串行口的接收由移位寄存器和接收缓冲器构成双缓冲结构，能避免在接收数据过程中出现帧重叠。发送时因为 CPU 是主动的，不会发生帧重叠错误，所以发送结构是单缓冲结构。

在逻辑上，串行口的缓冲器只有一个，它既表示接收缓冲器，也表示发送缓冲器。两者共用一个寄存器名 SBUF，共用一个地址 99H。

缓冲器的使用过程是：在完成串行口初始化后，发送数据时，将要发送的数据输入 SBUF，则 CPU 自动启动和完成串行数据的输出；接收数据时，串行口的 SBUF 自动接收数据，然后 CPU 再从 SBUF 中将其读出。

3. 电源控制寄存器 PCON

电源控制寄存器 PCON 的第 7 位是与串行口的波特率设置有关的选择位。其位格式如下：

D7	D6	D5	D4	D3	D2	D1	D0
SMOD				GF1	GF0	PD	IDL

➢ SMOD(PCON.7)：串行口波特率倍增位。SMOD 为 1 时，串行口工作方式 1、方式 2 及方式 3 的波特率加倍。波特率计算公式具体见下一节串行口的工作方式。

➢ GF1(PCON.3)、GF0(PCON.2)：两个通用标志位，由程序使用。

➢ PD(PCON.1)、IDL(PCON.0)：CHMOS 器件的低功耗控制位。

5.1.2 串行口的工作方式

1. 方式 0

方式 0 为同步移位寄存器输入输出方式。其工作方法是：串行数据通过 RXD 端输入/输出，TXD 则用于输出移位时钟脉冲。在方式 0 时，收发的数据为 8 位，低位在前，高位在后。波特率固定为 $f_{osc}/12$，其中 f_{osc} 为单片机的晶振频率。

利用此工作方式，可以在串行口外接移位寄存器以扩展 I/O 接口，也可以外接串行同步输入输出的设备。图 5-1(a)为串行口外接一片串入并出移位寄存器 74LS164 的输出接口电路，该电路用于扩展并行输出口；图 5-1(b)为串行口外接一片并入串出移位寄存器 74LS165 的输入接口电路，该电路用于扩展并行输入口。

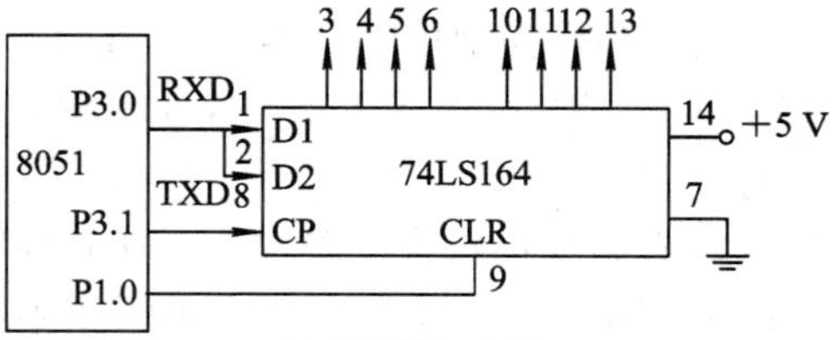

(a) 发送接口电路

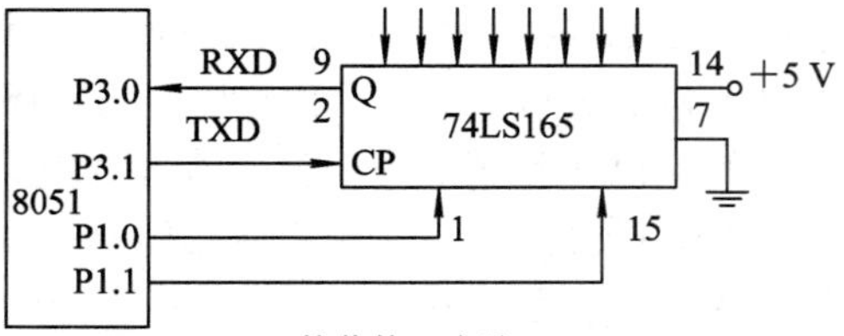

(b) 接收接口电路

图 5-1 方式 0 发送、接收电路

在图 5-1(a)所示串行口输出电路中，数据的发送是以写 SBUF 寄存器指令开始的，8 位数据由低位至高位按顺序由 RXD 端输出，同时由 TXD 端输出移位脉冲，且每个脉冲输出一位数据。8 位数据输出结束时 TI 被置位。图 5-1(b)是串行口在方式 0 下利用并入串出芯片 74LS165 来完成数据的接收的。接收是在 REN=1 和 RI=0 同时满足时开始的，在移位时钟同步下，将数据字节的低位至高位一位一位地接收并装入 SBUF 中，结束时 RI 置位。

2. 方式 1

串行接口工作于方式 1 时，被定义为 10 位的异步通信接口，即传送一帧信息需要 10 位。1 位起始位“0”，8 位数据位(从低位到高位)，1 位停止位“1”。其中起始位和停止位是在发送时自动插入的。

串行接口以方式 1 发送时，数据由 TXD 端输出。CPU 执行一条数据写入发送缓冲器 SBUF 的指令，将数据字节写入 SBUF 后，便启动串行口发送，发送完一帧信息，发送中断标志 TI 置“1”。

3．方式 2 和方式 3

串行接口工作于方式 2 和方式 3 时，被定义为 11 位的异步通信接口，即传送一帧信息需要 11 位。1 位起始位“0”，8 位数据位(从低位至高位)、1 位附加的第 9 位数据(可程控为 1 或 0)，1 位停止位“1”。其中起始位和停止位是在发送时自动插入的。

在方式 2 或方式 3 下发送时，数据由 TXD 端输出，发送一帧信息需要 11 位，附加的第 9 位数据就是 SCON 中的 TB8，CPU 每执行一条数据写入发送缓冲器 SBUF 的指令，就启动串行口发送，发送完一帧信息后，发送中断标志 TI 置位。

方式 2 和方式 3 的操作过程是一样的，所不同的是它们的波特率。

5.1.3　波特率的设置

MCS-51 单片机串行口通信的波特率取决于串行口的工作方式。四种工作方式的波特率计算公式分别如下：

- 方式 0：$\text{波特率}=\dfrac{f_{\text{osc}}}{12}$
- 方式 1：$\text{波特率}=\dfrac{2^{\text{SMOD}}\times(\text{T/C1溢出率})}{32}$
- 方式 2：$\text{波特率}=\dfrac{2^{\text{SMOD}}\times f_{\text{osc}}}{64}$
- 方式 3：$\text{波特率}=\dfrac{2^{\text{SMOD}}\times(\text{T/C1溢出率})}{32}$

其中，SMOD 是 PCON 寄存器的最高位，通过软件可设置 SMOD 为 0 或 1；定时器 T/C1 的溢出率，取决于计数速率和定时器的预置值。

下面说明 T/C1 溢出率的计算和波特率的设置方法。

1．T/C1 溢出率的计算

在串行通信方式 1 和方式 3 下，使用定时器 T/C1 作为波特率发生器。T/C1 可以工作于方式 0、方式 1 和方式 2，其中方式 2 为自动装入时间常数的 8 位定时器，使用时只需进行初始化，不需要安排中断服务程序重装时间常数，因而在用 T/C1 作波特率发生器时，常使其工作于方式 2。

前面我们介绍过定时器定时时间的计算方法，同样，我们设 X 为时间常数即定时器的初值；f_{osc} 为晶振频率，当定时器 T/C1 工作于方式 2 时，则有

$$\text{溢出周期}=(2^8-X)\times\frac{12}{f_{\text{osc}}}$$

$$\text{T/C1 溢出率}=\frac{1}{\text{溢出周期}}=\frac{f_{\text{osc}}}{12(2^8-X)}$$

2．波特率的设置

由上述可得，当串行口工作于方式 1 或方式 3、定时器 T/C1 工作于方式 2 时有

$$\text{波特率}=\frac{2^{\text{SMOD}}\times(\text{定时器T/C1溢出率})}{32}=\frac{2^{\text{SMOD}}\times f_{\text{osc}}}{32\times12(2^8-X)}$$

由上式可以看出，当 X=255 时，波特率为最高。如 f_{osc} = 12 MHz、SMOD=0，则波特率为 31.25 kb/s；若 SMOD=1，则波特率为 62.5 kb/s，这是 f_{osc}=12 MHz 时波特率的上限。若要求更高的波特率，则需要提高主振频率 f_{osc}。在实际应用中，一般是先按照所要求的通信波特率设定 SMOD，然后再算出 T/C1 的时间常数，即

$$X=2^8-\frac{2^{\text{SMOD}}\times f_{\text{osc}}}{384\times\text{波特率}}$$

例如，某 8051 单片机控制系统，主振频率为 11.0592 MHz，要求串行口发送数据为 8 位、波特率为 1200 b/s，编写串行口的初始化程序。

我们设 SMOD = 1，则 T/C1 的时间常数 X 的值为

$$X=2^8-\frac{2^{\text{SMOD}}\times f_{\text{osc}}}{384\times\text{波特率}}=256-\frac{2\times11.0592\times10^6}{384\times1200}=208=\text{D0H}$$

需要指出的是，在波特率的设置中，SMOD 和 f_{osc} 的选择直接影响着波特率的精确度。以上例所用数据来说明，f_{osc} = 6 MHz 或 12 MHz 时，X 得不到整数值，因此会产生误差，在这种情况下，SMOD 取值为 1 或 0 时，又会对所产生的波特率误差起到不同的放大作用。因此在使用串口通信时，对 SMOD 和 f_{osc} 的选取需要予以考虑。

表 5-2 列出了常用波特率与其他参数的关系。系统振荡频率 f_{osc} 选为 11.0592 MHz 是为了使定时器初值为整数，从而产生精确的波特率。

表 5-2　常用波特率与其他参数的关系

工作方式	波特率 b/s	f_{osc} = 6 MHz		f_{osc} =12 MHz		f_{osc} =11.0596 MHz	
		SMOD	TH1	SMOD	TH1	SMOD	TH1
方式 1 或 方式 3	19 200					1	FDH
	9600					0	FDH
	4800			1	F3H	0	FAH
	2400	1	F3H	0	F3H	0	F4H
	1200	1	E6H	0	E6H	0	E8H

注：方式 0 时，BAUD=f_{osc}/12；方式 2 时，BAUD = $2^{\text{SMOD}}\times f_{\text{osc}}/64$。

5.2　串行口协议设计

所谓通信协议是指通信双方的一种约定，包括对数据格式、同步方式、传输速度、传输步骤、检纠错方式以及控制字符定义等问题做出统一规定，通信双方必须共同遵守。因

此，通信协议也叫做通信控制规程，或称传输控制规程。

5.2.1 串行通信接口的基本任务

串行通信接口的基本任务包括：

(1) 实现数据格式化。因为来自 CPU 的是普通的并行数据，所以，接口电路应具有实现不同串行通信方式下的数据格式化的任务。在异步通信方式下，接口自动生成起止式的帧数据格式。

(2) 进行串并转换。串行传送时，数据是一位一位串行传送的，而计算机处理的数据是并行数据，所以计算机发送数据时，要经过并串转换。计算机接收数据时，要经过串并转换，因此串并转换是串行接口电路的重要任务。

(3) 控制数据传输速率。串行通信接口电路应具有对数据传输速率——波特率进行选择和控制的能力。

(4) 进行错误检测。在发送时接口电路对传送的字符数据自动生成奇偶校验位或其他校验码。在接收时，接口电路检查字符的奇偶校验位或其他校验码，确定是否发生了传送错误。

(5) 进行 TTL 与 EIA 电平转换。CPU 和终端均采用 TTL 电平及正逻辑，它们与 EIA 采用的电平及负逻辑不兼容，需在接口电路中进行转换。

5.2.2 串行通信协议

单片机串口称为“通用异步收发器”(UART，Universal Asynchronous Receiver and Transmitter)。方式 0 采用同步协议，由于它不常用，在此不再展开论述。方式 1、方式 2 和方式 3 均采用异步通信协议，下面予以介绍。

1. 特点与格式

串行通信异步协议的特点是一个字符一个字符地传输，并且传送一个字符总是以起始位开始，以停止位结束的，字符之间没有固定的时间间隔要求。其格式如图 5-2 所示。每一个字符的前面都有一位起始位(低电平，逻辑值为 0)，字符本身由 8 位数据位组成，接着字符后面是一位校验位(也可以没有校验位或此位作其他用途)，最后是一位停止位，停止位后面是不定长度的空闲位。停止位和空闲位都规定为高电平(逻辑值为 1)，这样就保证了起始位开始处一定有一个下跳沿。

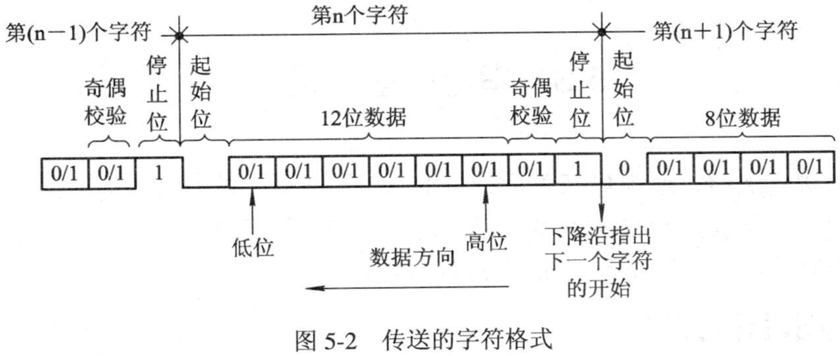

图 5-2 传送的字符格式

从图中可以看出，这种格式是以起始位和停止位来实现字符的界定或同步的。另外，在传送时，数据的低位在前，高位在后。图 5-3 表示了传送一个字符 E 的 ASCAII 码的波形，当把它的最低有效位写到右边时，就是 E 的 ASCII 码 1000101=45H。

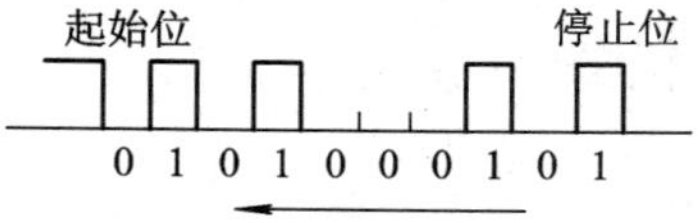

图 5-3　传送字符 E 的 ASCII 码的波形

2．起始/停止位的作用

起始位实际上是作为联络信号附加进来的，当它变为低电平时，则告诉收方传送开始。它的到来，表示数据位将接着出现，要准备接收。而停止位标志一个字符的结束，它的出现，表示一个字符传送完毕。这样就为通信双方提供了何时开始收发，何时结束传送的标志。传送开始前，发收双方把所采用的起止格式(包括字符的数据位长度、停止位位数等)和数据传输速率做统一规定。传送开始后，接收设备不断地检测传输线，看是否有起始位到来。当收到一系列的“1”(停止位或空闲位)之后，检测到一个下跳沿，说明起始位出现，起始位经确认后，就开始接收所规定的数据位和奇偶校验位以及停止位。经过处理将停止位去掉，把数据位拼装成一个并行字节，并且经校验后，无奇偶错误才算正确地接收了一个字符。一个字符接收完毕，接收设备又继续测试传输线，监视“0”电平的到来和下一个字符的开始，直到全部数据传送完毕。

由上述工作过程可看到，异步通信是按字符传输的，每传输一个字符，就用起始位来通知收方，以此来重新核对收发双方同步。即使接收设备和发送设备两者的时钟频率略有偏差，也不会因偏差的累积而导致错位，加之字符之间的空闲位也为这种偏差提供了一种缓冲，所以异步串行通信的可靠性高。但由于要在每个字符的前后加上起始位和停止位这样的附加位，因此使得传输效率变低，只有约 80%。

5.2.3　协议的设计

使用串口进行通信，通常包括单片机与主机间的通信、单片机间的通信以及多单片机间的通信三种。

对每一种串口通信，要根据实际的设计要求，制定通信协议。通信协议具体包括对数据格式、同步方式、传输速度、传输步骤、检纠错方式以及控制字符定义等问题做出统一规定，一旦协议确定后，通信双方必须共同遵守。

5.3　串行口应用设计

使用串口进行通信，通常包括单片机与主机间的通信、单片机间的通信以及多单片机间的通信三种。下面首先给出各种串口通信的原理图，然后再对各种串口通信提出详细的设计要求，在此基础上制定完善的通信协议，从而可以实现设计要求。

5.3.1　原理图设计与说明

本章使用的电路原理图如图 5-4～图 5-7 所示。

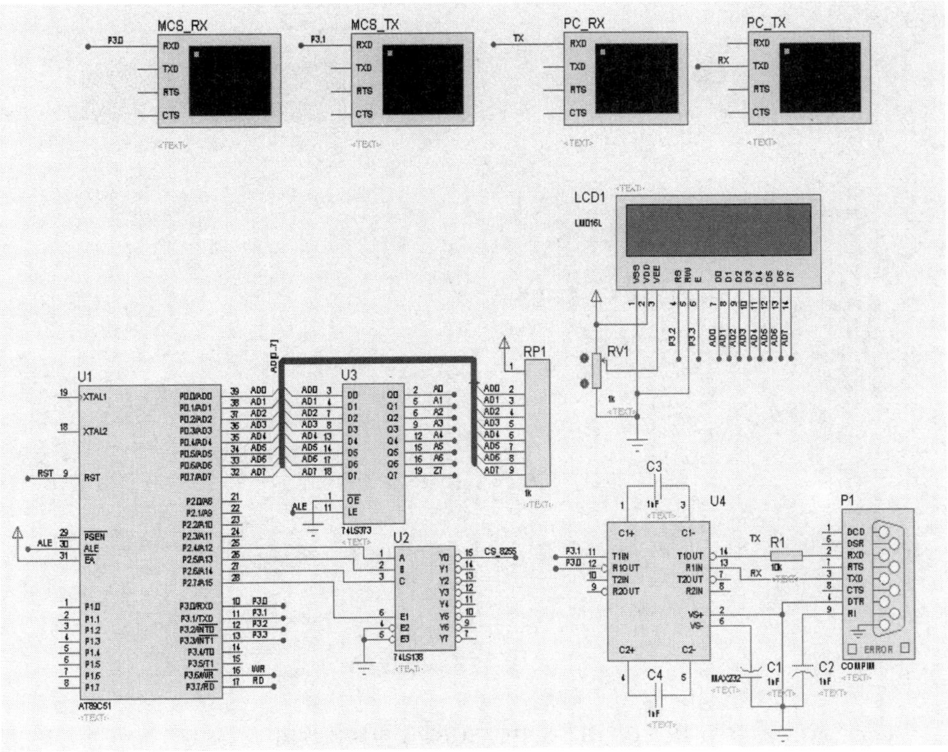

图 5-4　单片机与微机通信原理图

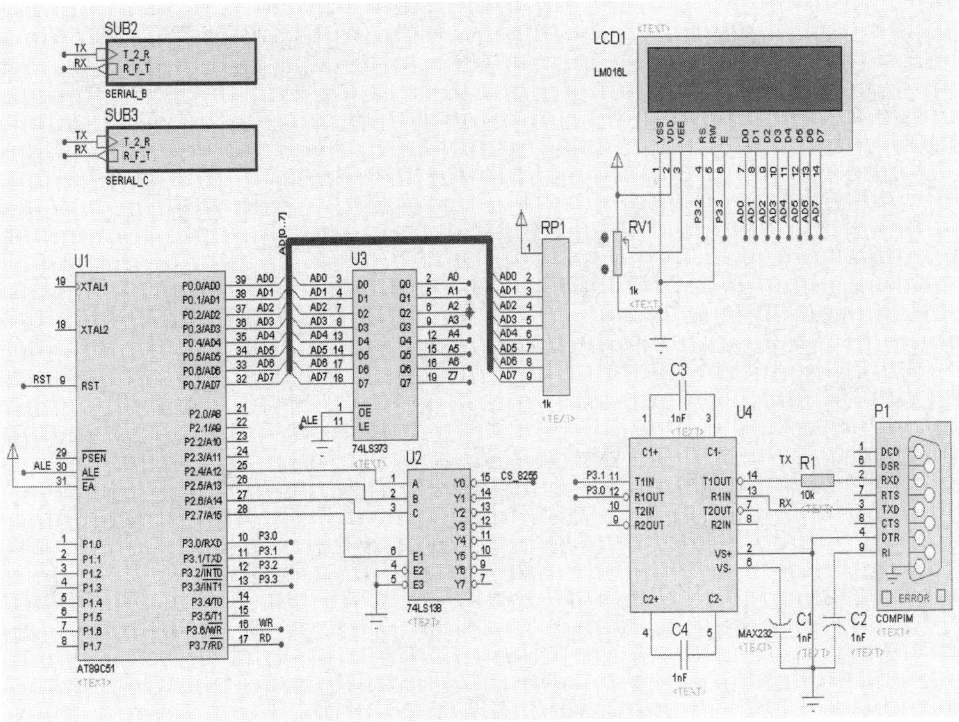

图 5-5　多单片机间通信顶层电路图

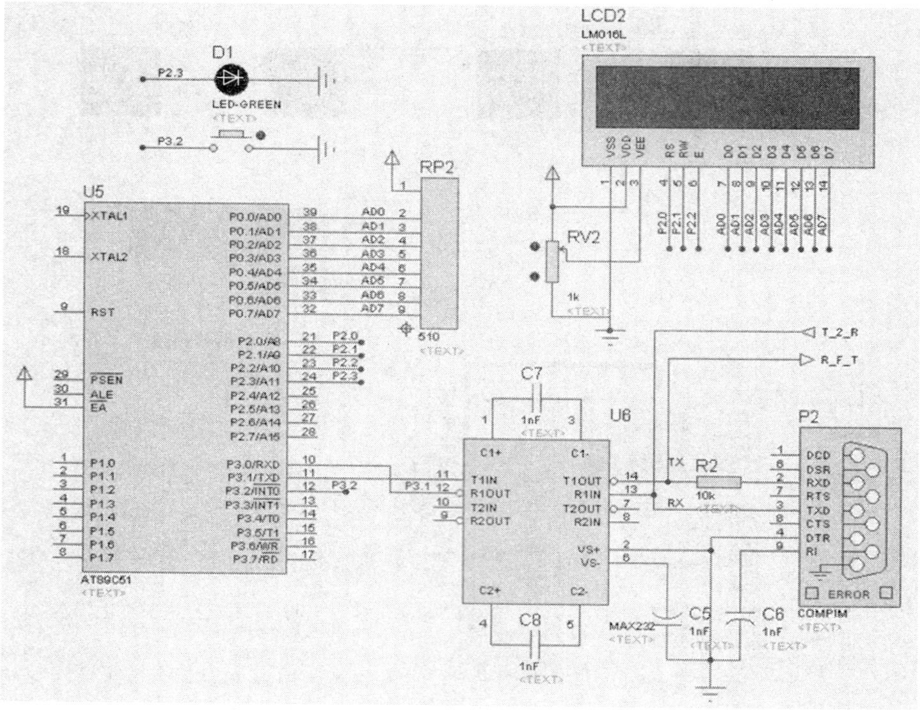

图 5-6　图 5-5 中的 SUB2 子电路原理图

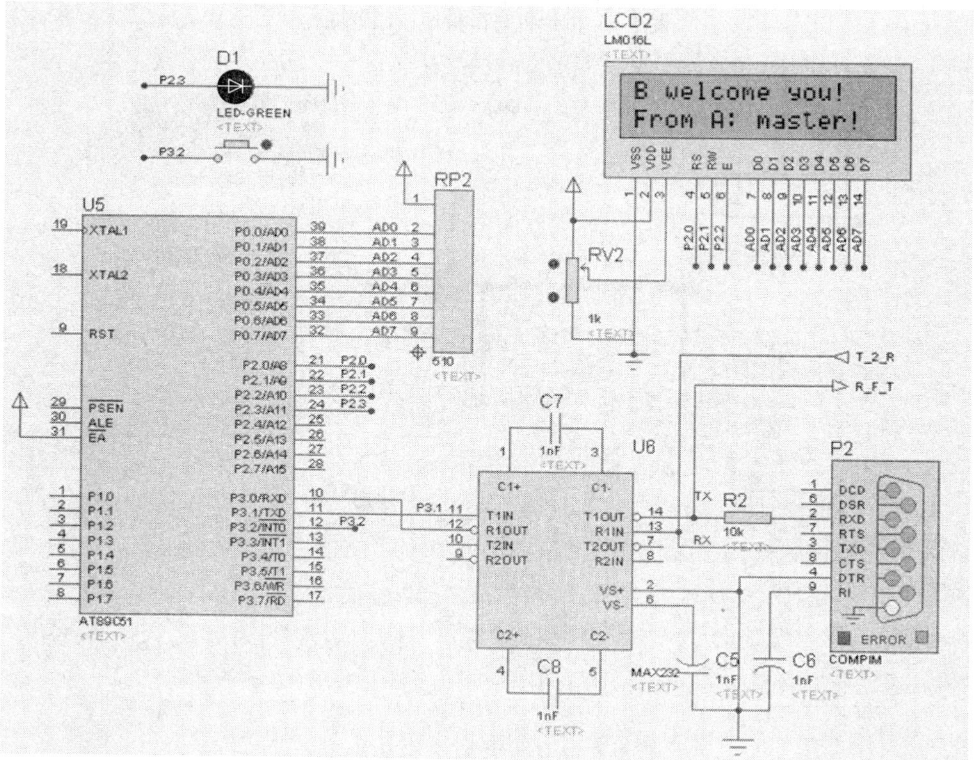

图 5-7　图 5-5 中的 SUB3 子电路原理图

关于图 5-4～图 5-7 原理图的说明如下：

(1) 图 5-4 是单片机与微机通信原理图；图 5-5 和图 5-6 组合在一起是双机通信原理图；图 5-5、图 5-6 和图 5-7 组合在一起是多机通信原理图。

(2) 图 5-4 中使用了四台虚拟终端。这种仪器用于观察单片机与微机间通信，其中虚拟终端 PC_TR 用于模拟微机发送数据。在做多机通信设计时，也可以使用虚拟终端观察单片机间的通信信息。

(3) 串口模型器件应选用 COMPIM。在 Proteus ISIS 元件库的“Connectors”类的“D-Type”子类中，也有一个串口模型器件 CONN-D9F，因该器件在使用时没有仿真模型，将会导致仿真失败，所以要避免选用。

(4) COMPIM 器件使用前要进行设置，本章使用的设置结果如图 5-8 所示。

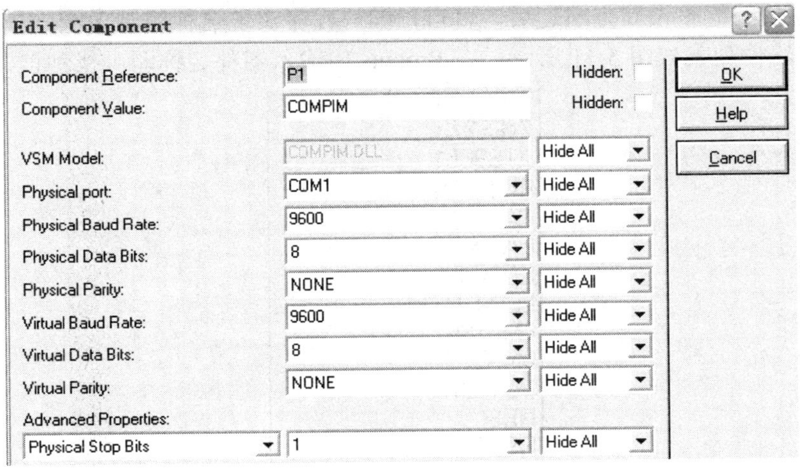

图 5-8　COMPIM 器件使用前的设置

(5) 四个虚拟终端也要进行相应的设置。PC_TX 代表计算机发送数据，PC_RX 用来监视 PC 接收到的数据，它们的属性设置完全一样，如图 5-9 所示。MCS_TX 和 MCS_RX 分别是单片机的数据发送和接收终端，用来监视单片机发送和接收的数据，它们的属性设置完全一样，如图 5-10 所示。要注意 PC 机虚拟终端与单片机虚拟终端在 RX/TX Polarity 属性上的设置是相反的，因为信号在经过器件 MAX232 时要反相。

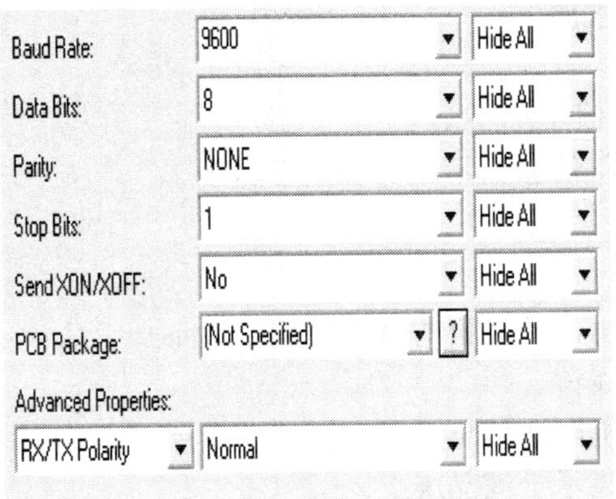

图 5-9　MCS_TX 和 MCS_RX 的设置结果图

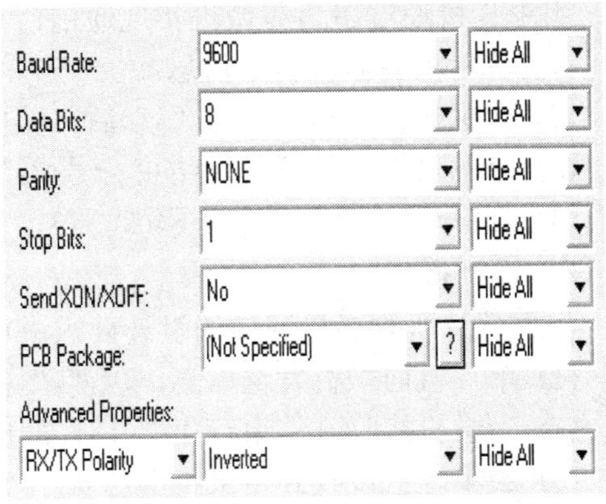

图 5-10　PC_TX 和 PC_RX 的设置结果

需要说明的是，关于 COMPIM 器件和虚拟终端的设置是与本章串口与微机通信的实例相对应的。不同的应用程序，其串口的设置可能不同，要根据不同的应用程序对这些器件进行相应的设置。

(6) 使用时，原理图中的电阻 R1 不能少，否则虚拟终端 PC_RX 将收不到信息。在 Proteus 仿真中，单片机和 COMPIM 之间也可以不用加 MAX232 器件。

(7) 图 5-5、图 5-6 和图 5-7 是单片机间通信原理图。每张原理图均是一个独立的单片机系统，用于单片机间的通信设计。特别需要说明的是，在双机通信时，仅用图 5-5 和图 5-6 组合即可。

(8) 图 5-6 和图 5-7 中均有一个按键和一个 LED 灯，可用于机间通信控制，例如，用 SUB2 中的按键控制 SUB3 中的 LED 灯的亮灭等。这种控制非常简单，读者学习完本章，掌握了多机通信的程序设计方法之后，可自行编写程序实现这种控制功能。

(9) 使用器件列表如图 5-11 所示，在 Proteus 中输入器件名称即可找到该器件。

74LS138
74LS373
AT89C51
BUTTON
CAP
CAP-POL
COMPIM
LED-GREEN
LM016L
MAX232
POT-LIN
RES
RESPACK-8

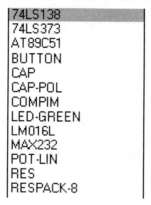

图 5-11　元器件列表清单

图 5-11 所列的元器件清单为图 5-5、图 5-6 和图 5-7 中所用到的所有元器件。

5.3.2　单片机与微机通信

1．设计要求

用单片机通过串口与微机实现通信，具体要求如下：

(1) 单片机向微机发送信息。

(2) 微机接收到结束符号“-”后，即向单片机回送信息。

(3) 单片机接收到信息的结束符号“-”后，将信息显示于液晶显示器上。

(4) 延时 0.5 s 后，重复步骤(1)～(3)。

2．设计说明

根据单片机与微机通信的设计要求。可以看出，单片机与微机采用了以下握手协议：

(1) 单片机向微机发送信息，以“-”作为结束符。

(2) 当微机接收到结束符“-”后，即向单片机回送信息，并以“-”作为结束符。

(3) 当单片机接收到结束符“-”后，将信息显示于液晶屏上。

程序设计流程图如图 5-12 所示。

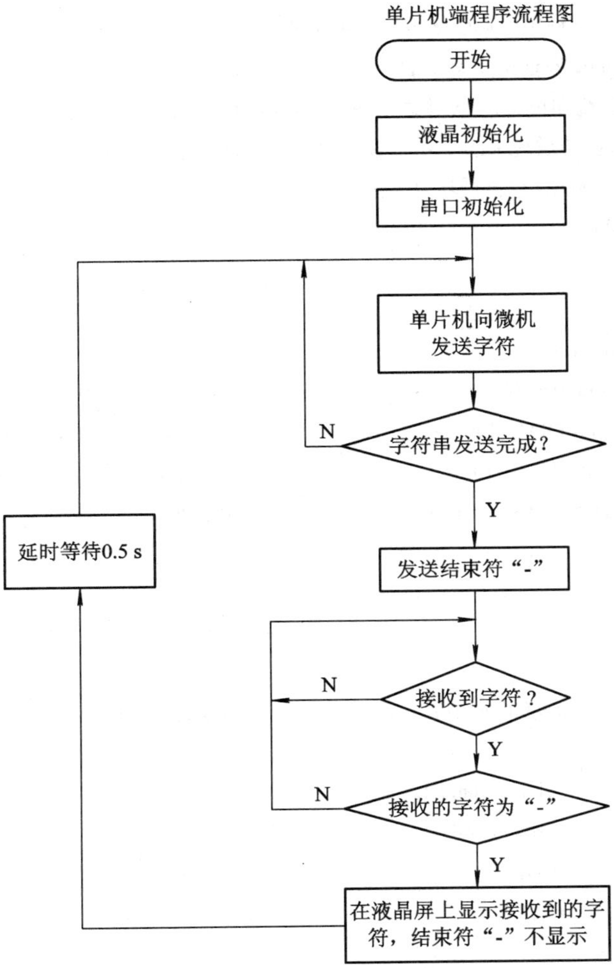

图 5-12　单片机与微机通信时的单片机程序流程图

3. 设计源码

单片机与微机通信的源程序见例 5-1。在例 5-1 中引用的 Lcd_initialize 函数和 Lcd_display 函数是液晶屏显示函数，delay 是延时函数可参见前面相关章节。

【例 5-1】 单片机与微机通信的源程序。

```
#include  <reg51.h>
#define  uchar  unsigned  char
//定义一个长度为 16 的空串，用于存放接收字符显示
uchar recdata[16]=" ";
uchar trdata[16]="From A:master! ";
void Lcd_initialize(void);
void Lcd_display(uchar addr, uchar *str );
void delay(uchar x);
```

```
//   *************串口通信函数——单机通信****************//
//本单片机(机 A)发送一字符串:"From A: master!";
//微机(用虚拟终端模拟)接收并显示"From A: master!", 然后回送"abc-"
//当接收到微机传送过来的"abc"后在液晶屏中显示出来。
//然后, 间隔 200 ms 后再循环以上过程
void main(void)
{
    uchar i;
    Lcd_initialize();
    Lcd_display(0x00,"MCS51<---->PC:");        //第 1 行显示值
    TMOD=TMOD|0x20;                            //设置波特率为 9600 的定时器 1 方式和初值
    TL1=0xfd; TH1=0xfd;                        //此值对应单片机晶振频率为 11.0592 MHz
    SCON=0x50; PCON=0x00;                      //设置串行口方式
    TR1=1;
    while(1)
    {
        i=0;
        while(trdata[i]!='\0')                 //发送字符串
        {
            SBUF=trdata[i];
            while(TI==0);
            TI=0;
            i++;
        }
        SBUF='-';                              //发送结束字符
        while(TI==0);
        TI=0;

        i=0;                                   //i 清 0, 为接收作准备
        while(RI==0);                          //接收应答
        RI=0;
        recdata[i]=SBUF;
        while(recdata[i]!='-')                 //传完后, 应答 A 机并显示收到的字符串
        {
            i++;
            while(RI==0);                      //接收应答
            RI=0;
            recdata[i]=SBUF;
        }
```

```
            recdata[i]='\0';
            Lcd_display(0x40,recdata);  //第 2 行显示
            delay(200); delay(200);     //延时 200 ms 后，继续以上 A 机和 B 机的握手过程
        }
    }
```

4．仿真结果

运行仿真，结果如图 5-13 所示。

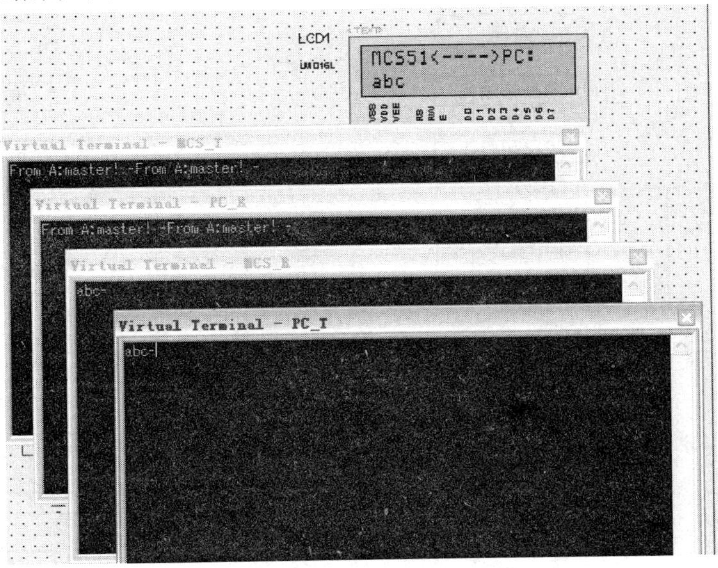

图 5-13　单片机与主机的发送/接收监视情况

从图 5-13 中可看出，默认情况下，在 PC_T 中输入字符后并不会显示出来，为了让输入的字符显示出来，则需要在 PC_T 界面中单击鼠标右键选中“Echo Typed Characters”，如图 5-14 所示。

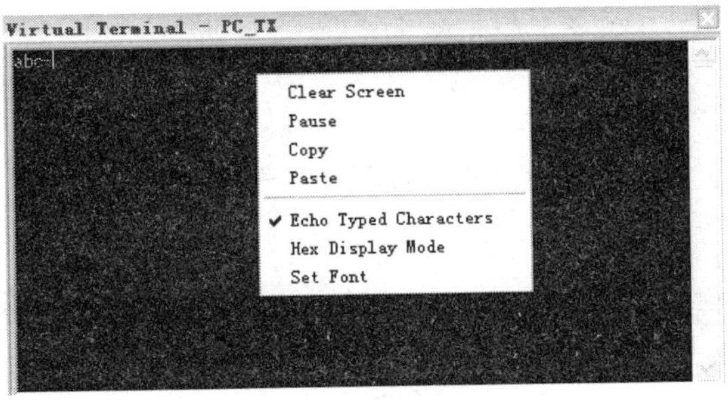

图 5-14　虚拟终端回显字符的设置

仿真结果表明，设计实现了单片机与主机通信的功能。

5.3.3　双机通信设计

1．设计要求

用两个 MCS-51 单片机进行双机通信设计。具体要求如下：

(1) A 机向 B 机发送字符串。

(2) B 机接收到字符串后，向 A 机发送另一个字符串，循环进行。

(3) B 机接收完成点亮 LED 灯，B 机发送完成熄灭 LED 灯。

2. 设计说明

双机通信类似于单片机与主机间的通信。根据设计要求，可得出如图 5-15 所示的双机程序流程图。

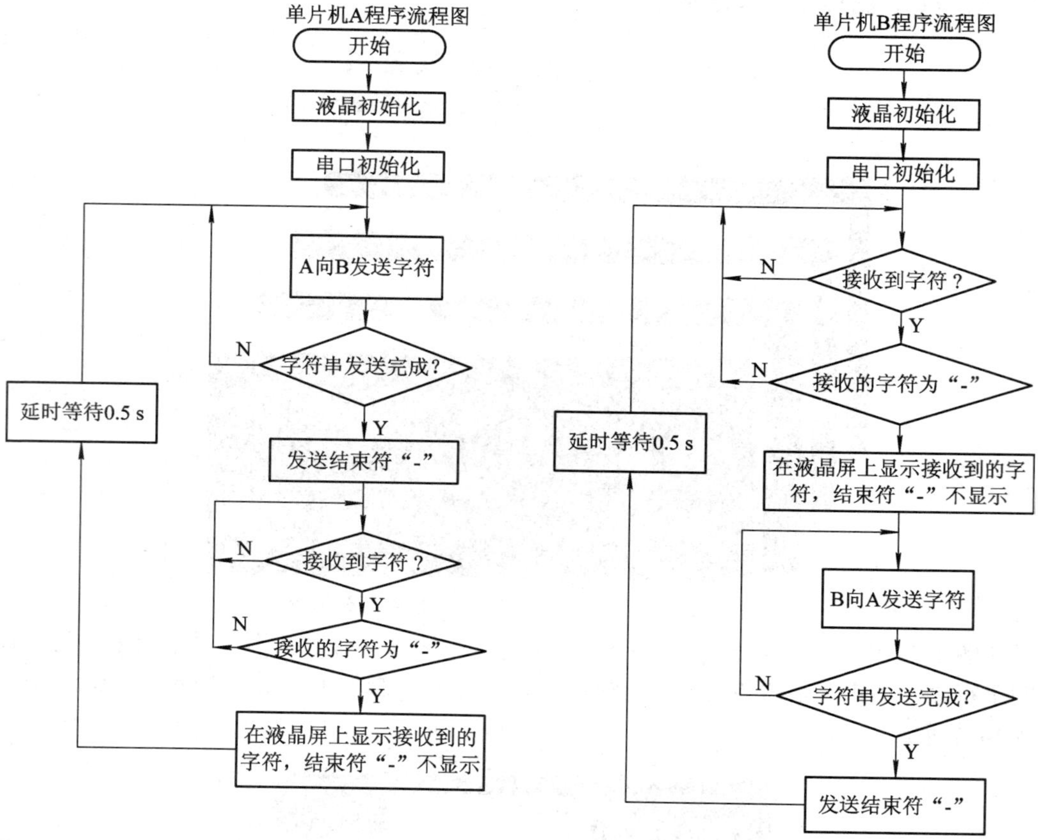

图 5-15　双机通信程序流程图

3. 设计源码

双机通信源程序包括主机 A 的源程序和从机 B 的源程序，分别如例 5-2 和例 5-3 所示。

【例 5-2】　主机 A 的源程序。

```
#include  <reg51.h>
#define  uchar  unsigned  char
//定义一个长度为 16 的空串，用于存放接收字符显示
uchar recdata[16]=" ";
uchar trdata[16]="From A: master! ";
void Lcd_display(uchar addr, uchar *str );   //LCD 显示函数，该 LCD 与单片机在同一图中
```

```
void Lcd_initialize(void);
void delay(uchar x);
//   *************串口通信函数——双机通信****************//
//本单片机(A 机)发送一字符串: "From A: hjk!";
//另一单片机(B 机)接收，接收完成后回送" From B: slave_1"，并在液晶屏中显示"From A: hjk!"
//当接收到 B 机传送过来的" From B: slave_1"后在液晶屏中显示出来。
//然后，间隔 200 ms 后再循环以上过程
void serial(void)
{
    uchar i;
    TMOD=0x20;
    TL1=0xfd; TH1=0xfd;
    SCON=0xd8; PCON=0x00;            //设置串行口方式
    TR1=1;
    while(1)
    {
        i=0;
        while(trdata[i]!='\0')         //发送字符串
        {
            SBUF=trdata[i];
            while(TI==0);
            TI=0;
            i++;
        }
        SBUF='-';                      //发送结束字符
        while(TI==0);
        TI=0;
        i=0;                           //i 清 0，为接收作准备
        while(RI==0);                  //接收应答
        RI=0;
        recdata[i]=SBUF;
        while(recdata[i]!='-')         //传完后，应答 A 机并显示收到的字符串
        {
            i++;
            while(RI==0);              //接收应答
            RI=0;
            recdata[i]=SBUF;
        }
```

```
            recdata[i]='\0';
            Lcd_display(0x40,recdata);          //第 2 行显示

            delay(200);                         //延时 200 ms 后，继续以上 A 机和 B 机的握手过程
        }
    }

    //  *************主函数*****************//
    void main(void)
    {
        Lcd_initialize();
        Lcd_display(0x00,"A welcome you!");   //第 1 行显示欢迎字符
        serial();
    }
```

【例 5-3】 从机 B 的源程序。

```
#include  <reg51.h>
#define  uchar  unsigned  char
sbit led=P2^3;                          //定义 LED 引脚，用于串口通讯指示
uchar recdata[16]="";                   //定义一个长度为 16 的空串，用于存放接收字符显示
uchar trdata[16]="From B:slave_1! ";
void Lcd_initialize(void);
void Lcd_display(uchar addr, uchar *str );      //LCD 显示函数

//  *************串口通信函数*****************//
//单片机(A 机)发送一字符串: "From A: hjk!";
//本单片机(B 机)接收，接收完成后在液晶屏中显示"From A: hjk!"，并回送"From B: slave_1!",
//同时用 LED 灯来摆示传送时间(灭灯时间即回送时间)
//当接收到 B 机传送过来的"slave_1!"后在液晶屏中显示出来。
//然后，间隔 200 ms 后再循环以上过程
void serial(void)
{
    uchar i=0;
    TMOD=0x20;                          //设置波特率为 9600 的定时器 1 方式和初值
    TL1=0xfd; TH1=0xfd;
    SCON=0xd8; PCON=0x00;               //设置串行口方式 3，允许接收，TB8 置 1
    TR1=1;
    while(1)
```

```
        {
            while(RI==0);
            RI=0;
            recdata[i]=SBUF;
            if(recdata[i]=='-')              //传完后，应答 A 机并显示收到的字符串
            {
                led=0;                       //以 LED 指示 A 机传送完毕
                recdata[i]='\0';
                Lcd_display(0x40,recdata);   //第 2 行显示
                i=0;                         //此处 i 清 0，为应答作准备
                while(trdata[i]!='\0')
                {
                    SBUF=trdata[i];
                    while(TI==0);
                    TI=0;
                    i++;
                }
                SBUF='-';                    //发送结束字符
                while(TI==0);
                TI=0;
                led=1;                       //以 LED 指示 B 机应答完毕
                i=0;                         //此处 i 清 0，为下一次接收作准备
            }
            else  i++;
        }
    }

    void main()
    {
        Lcd_initialize( );
        Lcd_display(0x00,"B welcome you!");  //第 1 行显示欢迎字符
        serial();                            //串口接收并显示函数
    }
```

将上述源码编译生成 .hex 文件，然后下载到单片机中。

4．仿真结果

启动仿真，仿真结果如图 5-16 和图 5-17 所示。

从仿真结果可以看出，设计实现了双机通信的功能。

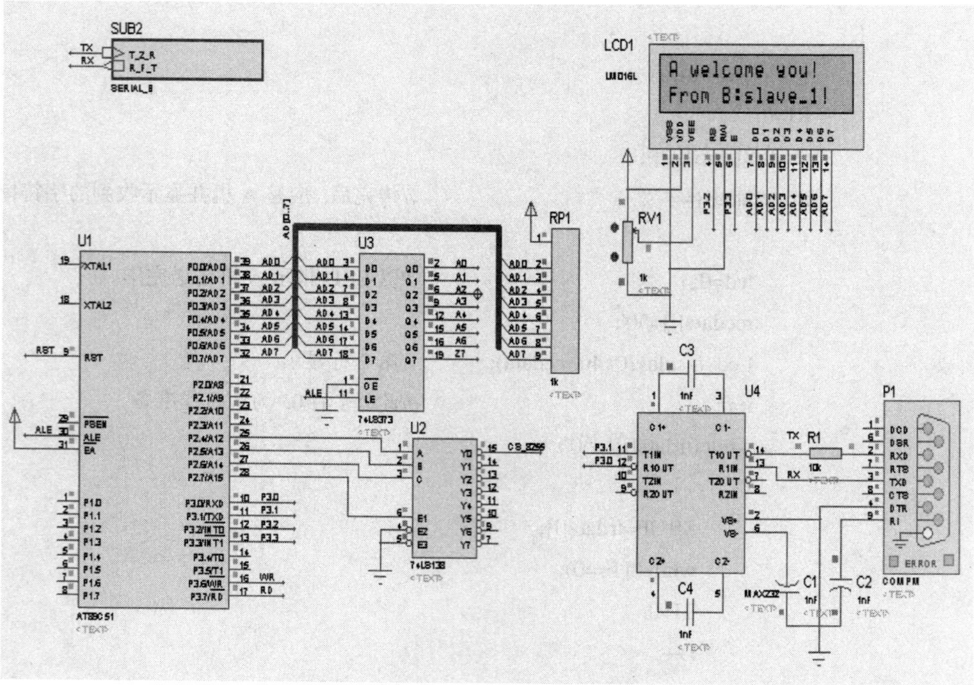

图 5-16　A 机仿真结果

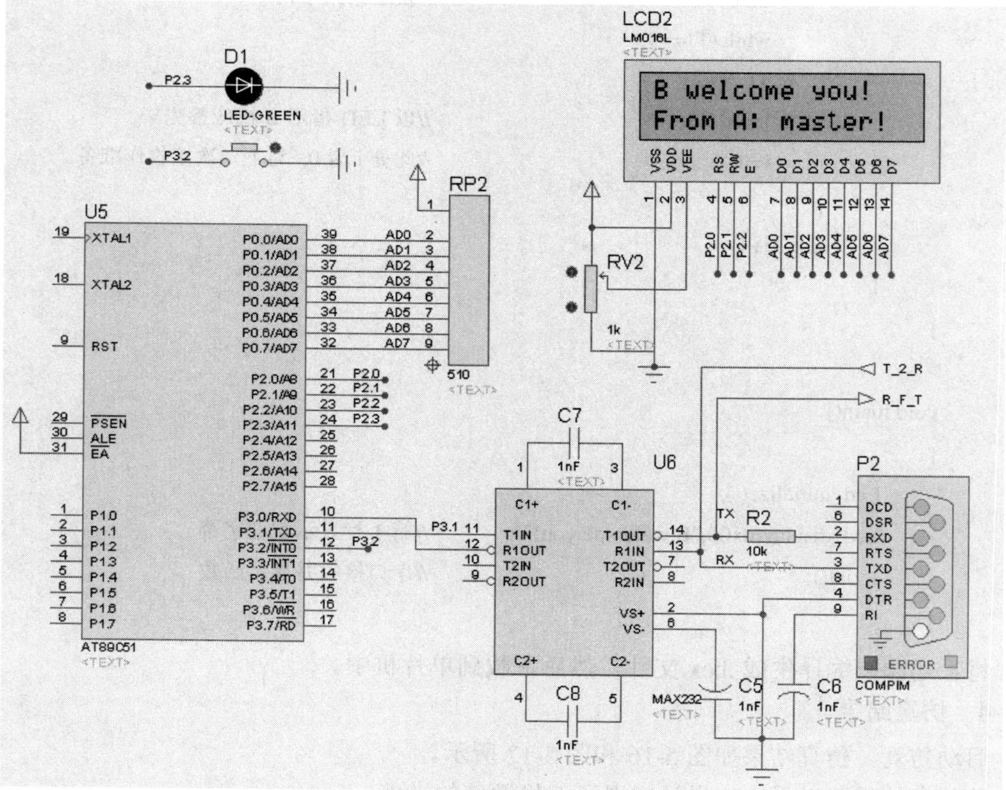

图 5-17　B 机仿真结果

5.3.4　多机通信设计

1．设计要求

用三个 MCS-51 单片机进行多机通信设计。具体要求如下：

(1) 一个主机 Master A，两个从机：Slave_1 B 和 Slave_2 C。多机间的通信由主机 A 发起和控制，它控制与哪一个从机通信，以及执行发送信息还是接收信息。

(2) 主机与从机的通信过程按以下四个步骤进行：

Step1：主机通知从机 1 接收信息，然后发送信息“From A: master!”；

Step2：主机通知从机 1 发送信息，从机 1 收到通知后即发送信息“From B:slave_1!”；

Step3：主机通知从机 2 接收信息，然后发送信息“From A: master!”；

Step4：主机通知从机 2 发送信息，从机 2 收到通知后即发送信息“From C:slave_2!”；这四个步骤间的延时设定为 0.5 s。

(3) 在多机通信前，主机和从机均显示欢迎信息。主机 A 显示“C welcome you!”，从机 B 显示“B welcome you!”，从机 C 显示“C welcome you!”。

2．设计说明

由主机控制的多机通信可按照以下协议进行：

(1) 首先使所有从机的 SM2 位置 1，即使所有从机处于只接收地址帧的状态。

(2) 主机先发送一个地址帧，其中 8 位为地址，第 9 位为地址/数据帧的标志位，该位置为 1 表示该帧为地址帧。

(3) 从机接收到地址帧后，各自将其接收到的地址与本从机的地址比较。若地址相同，则使该从机的 SM2 位清 0，以接收主机随后发来的所有信息；若地址不同，则仍保持 SM2=1，对主机随后发来的数据不响应，直至接收到新的地址帧。

(4) 主机发送完地址帧后，就可以发送数据帧，即将发送帧的第 9 位置为 0。该数据帧可以包含命令信息，比如指示从机向主机发送信息，或者告诉从机准备好接收主机发来的信息。

(5) 在第(3)步中与地址帧有相同地址的从机，由于其 SM2=0，所以可以接收主机发送的数据帧，并根据数据帧的指示完成相应的操作。其他从机由于其 SM2=1，则无法收到数据帧。

(6) 从机按照主机的指示，完成相应的操作后，则重新回到监听地址状态。

(7) 主机在第(4)步发送完数据后，在从机的配合下，主机完成相应的功能操作。这样主机控制的一次多机通信即告完成。之后，主机复位重新发送地址帧，重复步骤(1)～(7)，这样多机通信就可以不断进行下去。

根据设计要求，结合以上说明，可以得到多机通信的程序流程图，它包括：主机程序流程图及从机程序流程图，如图 5-18 所示。

图 5-18 中仅列出了从机 B 的程序流程图，事实上，其他从机的程序流程图可与从机 B 的完全一致，各从机之间的区别是每个从机向主机发送的信息可能不同，接收到主机的信息后对数据的处理过程也可能不同。

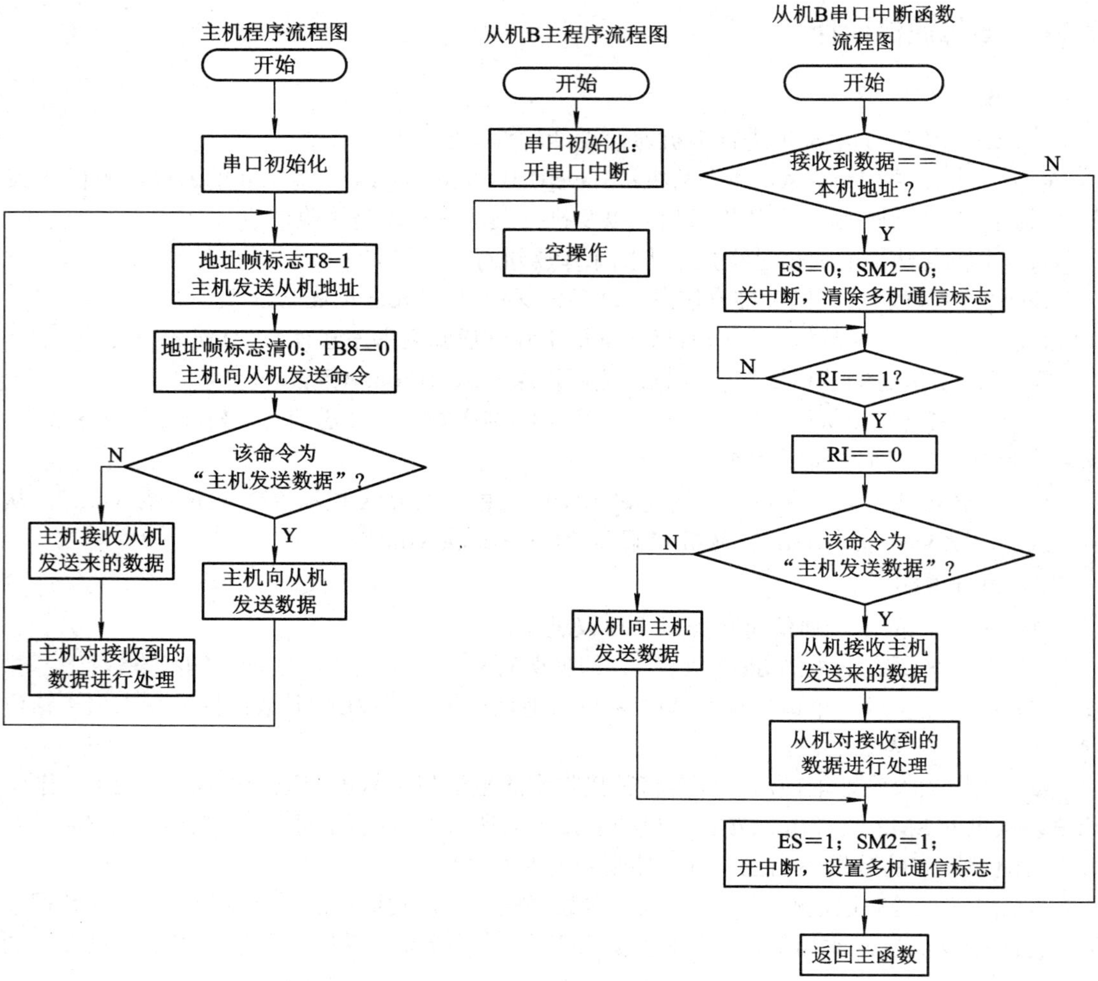

图 5-18　多机通信程序流程图

3．设计源码

主机 A、两个从机 B 和 C 均单独编写程序文件，源程序分别见例 5-4、例 5-5 和例 5-6。

【例 5-4】　主机 A 的源程序。

```
#include   <reg51.h>
#define   uchar   unsigned   char
#define   uint   unsigned   int
#define slave 2

//定义一个长度为 16 的空串，用于存放接收字符显示
uchar recdata[16]=" ";
uchar trdata[16]="From A: master! ";
```

```
void Lcd_initialize(void);
void Lcd_display(uchar addr, uchar *str );
void master(uchar slave_addr, uchar com);
void delay(uchar x);

//   *************串口初始化函数*****************//
void serial_init(void)
{
    TMOD=0x20;                   //T/C1 定义为方式 2
    TL1=0xfd;TH1=0xfd;           //设置波特率为 9600 的定时器 1 方式和初值
    PCON=0x00;
    TR1=1;                       //T/C1 运行，产生串口波特率
    SCON=0xf8;                   //设置串行口方式 3，多机通讯方式，允许接收，TB8=1
}

//*************串口通信函数——多机通信*****************//
void master(uchar slave_addr, uchar com)
{
    #define BN 16
    uchar i=0,p=0;

    TB8=1;
    SBUF=slave_addr;                 //发送从机地址
    while(TI==0); TI=0;
    TB8=0;                           //地址标志清 0
    SBUF=com;                        //发送命令：1 为发送，2 为接收
    while(TI==0); TI=0;
    if(com==0x01)                    //主机发送
    {
            p=0;                     //清校验和
            for(i=0; i<BN; i++)
            {
                SBUF=trdata[i];      //发送一数据
                p+=trdata[i];        //求校验和
                while(TI==0); TI=0;
            }
            SBUF=p;                  //发送校验和
            while(TI==0); TI=0;
```

```
    }
    else                                    //主机接收
    {
    p=0;
        for(i=0;i<BN;i++)                   //接收数据并求校验和
        {
            while(RI==0); RI=0;
            recdata[i]=SBUF;
            p+=recdata[i];
        }
        while(RI==0); RI=0;                 //接收校验字
        if(p==SBUF)                         //校验和正确时显示数据，否则显示接收错误
        {
            Lcd_display(0x40, recdata ); //显示接收到的数据
        }
        else    Lcd_display(0x40,"Error!" );

    }
}

//**************调用函数，实现多机通信******************//
void serial_M(void)
{
//下面几行可证明多机通信功能正常
    master(1,0x01);   delay(250);
    master(2,0x01);  delay(250);
    master(1,0x02);
    delay(250);       delay(250);
    master(2,0x02);
    delay(250);       delay(250);
}

//**************主函数******************//
void main(void)
{
    Lcd_initialize( );
    Lcd_display(0x00,"A welcome you!");        //第 1 行显示欢迎信息
    serial_init();
```

```
        serial_M( );
    }
```

【例 5-5】　从机 B 实现多机通信的源程序。

```
#include   <reg51.h>
#define   uchar   unsigned   char
#define slave_addr 1
#define BN 16

sbit led=P2^3;                          //定义 LED 引脚，用于串口通信指示
uchar recdata[16]="";                   //定义一个长度为 16 的空串，用于存放接收字符显示
uchar trdata[16]="From B:slave_1! ";
void Lcd_initialize(void);
void Lcd_display(uchar addr, uchar *str );      //LCD 显示函数
void serial_M(void);

//   *************串口通信函数——多机通信*****************//
void serial_M(void)
{
    TMOD=0x20;                          //T/C1 定义为方式 2
    TL1=0xfd;TH1=0xfd;                  //设置波特率为 9600 的定时器 1 方式和初值
    SCON=0xf8; PCON=0x00;               //设置串行口方式 3，多机通信方式，允许接收，
                                        //TB8 置 1(为发送作准备)
    TR1=1;                              //T/C1 运行，产生串口波特率
    EA=1; ES=1;                         //开串口中断
    while(1) { }
}


//**********中断处理函数*****************//
//仅用一次串口中断，然后使用查询方式完成串口通信
void Serial_Int(void)   interrupt 4 using 1
{
    static uchar p=0,i=0;

        RI=0; ES=0;                     //关中断
    if(RB8==1)
    {
```

```
        if(SBUF==slave_addr)
        {
            SM2=0;
    }
        Else
        {  ES=1; return; }                        //非本机地址继续监听
    }
    while(RI==0); RI=0;
    if(SBUF==0x01)                                //主机发送，从机接收
    {
        p=0;
        for(i=0;i<BN;i++)                         //接收数据并求校验和
        {
            while(RI==0); RI=0;
            recdata[i]=SBUF;
            p+=recdata[i];
        }
        while(RI==0); RI=0;                       //接收校验字
        if(p==SBUF)                               //校验和正确时显示数据，否则显示接收错误
        {
            Lcd_display(0x40, recdata );          //显示接收到的数据
        }
        else    Lcd_display(0x40,"Error!" );
    }
    else
    {
            p=0;                                  //清校验和
            for(i=0;i<BN;i++)
            {
                SBUF=trdata[i];                   //发送一个数据
                p+=trdata[i];                     //求校验和
                while(TI==0); TI=0;
            }
            SBUF=p;                               //发送校验和
            while(TI==0); TI=0;
    }
    SM2=1; ES=1;                                  //开中断
}
```

```
void main(void)
{
        Lcd_initialize( );
        Lcd_display(0x00,"B welcome you!");  //第 1 行显示欢迎字符
        serial_M();                          //多机通信
}
```

【例 5-6】　从机 C 实现多机通信的源程序。

```
#include   <reg51.h>
#define   uchar   unsigned   char
#define slave_addr 2
#define BN 16

sbit led=P2^3;                         //定义 LED 引脚，用于串口通信指示
uchar recdata[16]=" ";                 //定义一个长度为 16 的空串，用于存放接收字符显示
uchar trdata[16]="From C:slave_2! ";
void Lcd_initialize(void);
void Lcd_display(uchar addr, uchar *str );   //LCD 显示函数
void serial_M(void);

//*************串口通信函数——多机通信*****************//
void serial_M(void)
{
        TMOD=0x20;                     //T/C1 定义为方式 2
        TL1=0xfd;TH1=0xfd;             //设置波特率为 9600 的定时器 1 方式和初值
//      SCON=0xf0;    PCON=0x00;       //设置串行口方式 3，多机通信方式，允许接收
        SCON=0xf8; PCON=0x00;          //设置串行口方式 3，多机通信方式，允许接收，
                                       //TB8 置 1(为发送作准备)
        TR1=1;                         //T/C1 运行，产生串口波特率

        EA=1; ES=1;                    //开串口中断
        while(1) {   }
}

//**********中断处理函数*****************//
//仅用一次串口中断，然后使用查询方式完成串口通信
void Serial_Int(void)   interrupt 4 using 1
{
```

```
static uchar p=0,i=0;
RI=0; ES=0;                              //关中断
if(RB8==1)
{
    if(SBUF==slave_addr)
    {
        SM2=0;
    }
    else
    {  ES=1; return; }                   //非本机地址继续监听
}
while(RI==0); RI=0;
if(SBUF==0x01)                           //主机发送，从机接收
{
    p=0;
    for(i=0;i<BN;i++)                    //接收数据并求校验和
    {
        while(RI==0); RI=0;
        recdata[i]=SBUF;
        p+=recdata[i];
    }
    while(RI==0); RI=0;                  //接收校验字
    if(p==SBUF)                          //校验和正确时显示数据，否则显示接收错误
    {
        Lcd_display(0x40, recdata );     //显示接收到的数据
    }
    else   Lcd_display(0x40,"Error!" );
}
else
{
        p=0;                             //清校验和
        for(i=0;i<BN;i++)
        {
            SBUF=trdata[i];              //发送一个数据
            p+=trdata[i];                //求校验和
            while(TI==0); TI=0;
        }
        SBUF=p;                          //发送校验和
```

```
            while(TI==0); TI=0;
        }
        SM2=1;     ES=1;                    //开中断
    }

//**********主函数*****************//
void main(void)
{
        Lcd_initialize();
        Lcd_display(0x00,"C welcome you!");  //第 1 行显示欢迎字符
        serial_M();                          //多机通信
}
```

从例 5-5 和例 5-6 可以看出，从机 C 实现多机通信的源程序与从机 B 的实现代码基本一致，这是因为主机与所有从机间设定的协议是一致的。当然也可以根据实际情况，单独设计主机与每一个从机的通信协议，感兴趣的读者可参阅相关书籍自行设计。

4．仿真结果

仿真结果如图 5-19、图 5-20 和图 5-21 所示。

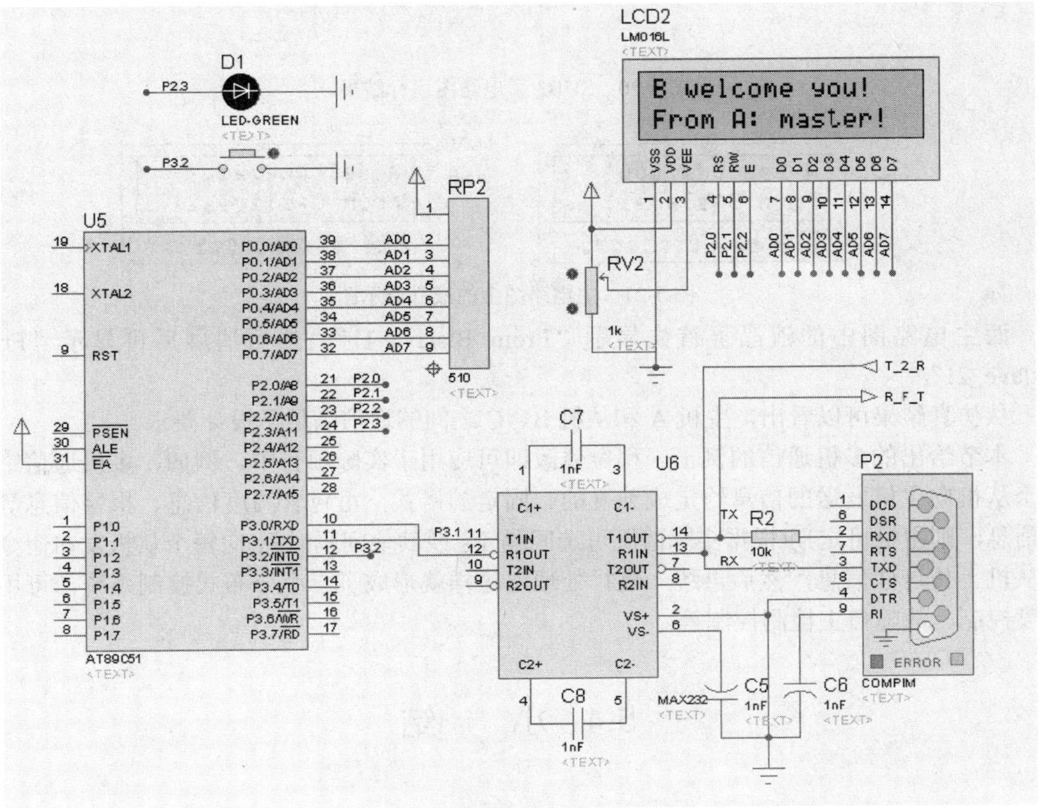

图 5-19　SUB2 子电路图运行结果

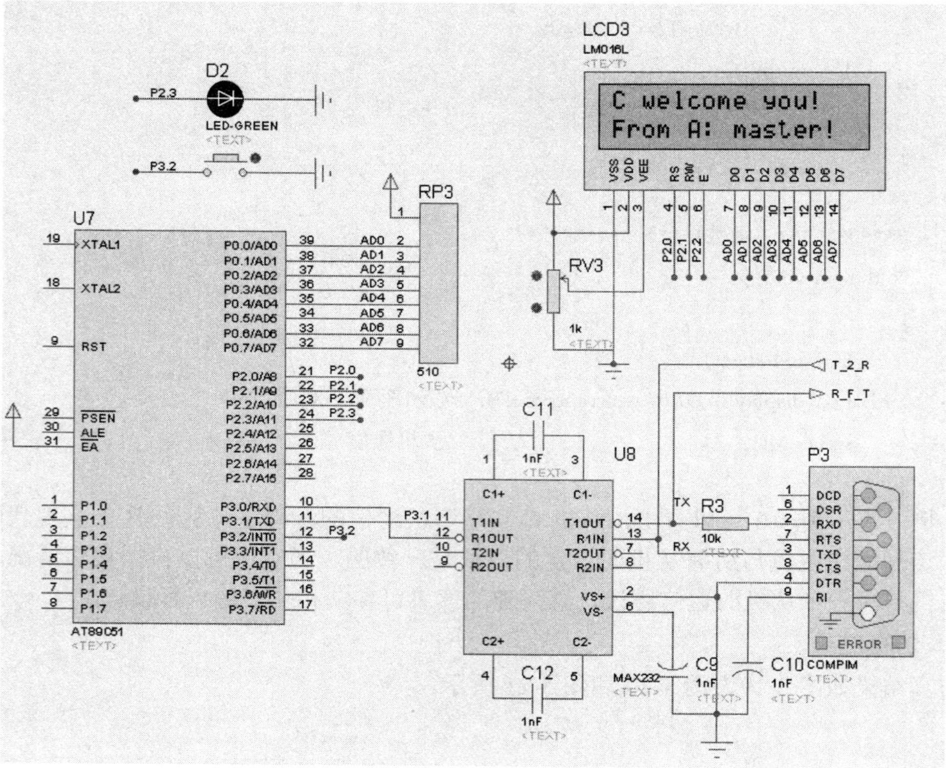

图 5-20　SUB3 子电路图运行结果

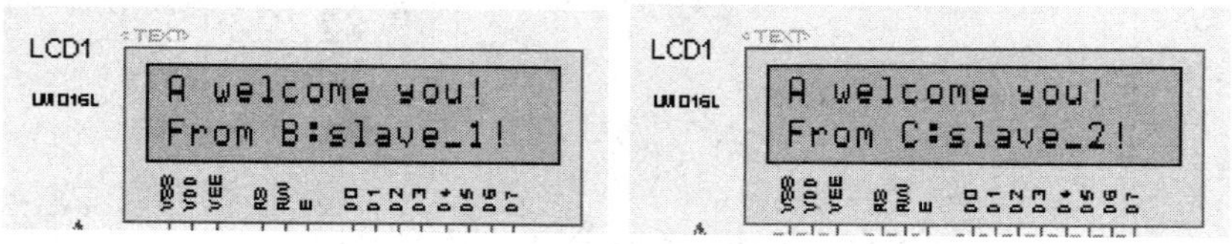

图 5-21　主电路图上的液晶显示图

而主电路图中的液晶屏首先显示“From B:slave_1!”，然后清屏后再显示“From C:slave_2!”。

从仿真结果可以看出，主机 A 和从机 B、C 之间的通信满足了设计要求。

本节给出的多机通信的例子，稍做修改即可应用于实际项目中。例如，多机通信中若每个从机向主机发送的信息约定成独立的、固定的格式，可包含温度信息、报警信息等有用信息，则主机可定期(根据实际情况可选间隔 1 s 或其他间隔时间)向每个从机发布命令，令从机上传这些信息，然后再统一进行处理，这样就形成了一个分布式控制系统，可用于温度控制、故障自主检测控制等。

5.4　小　　结

在本章中，我们讨论了以下几个知识点：

➢ MCS-51 串行口具有两条独立的数据线：发送端 TXD 和接收端 RXD，允许数据同时向两个相反的方向传输。一般通信时发送数据由 TXD 端输出，接收数据由 RXD 端输入。

➢ 单片机的串行口主要用于与通用微机的通信、双单片机间的通信、多单片机间的通信。本章详细介绍了应用串口的三个项目：单片机与计算机的通信、双单片机间通信、多单片机间通信。

➢ 本章介绍的应用串口的三个项目，只要稍做修改即可应用于实际项目中。例如，多机通信中若每个从机向主机发送的信息约定成独立的、固定的格式，可包含温度信息、报警信息等有用信息，则主机可定期(根据实际情况可选间隔 1 s 或其他间隔时间)向每个从机发出命令，令从机上传这些信息，然后再统一进行处理，这样就形成了一个分布式控制系统，可用于温度控制、故障自主检测控制等。

习　题

5-1　MCS-51 单片机串行口有几种工作方式？如何选择？简述其特点。

5-2　设 f_{osc} = 11.0592 MHz，SMOD=0，串口波特率为 9600 b/s，定时器 T1 工作于方式 2，试计算定时器初值。

5-3　设 f_{osc} = 12 MHz，串口波特率为 9600 b/s，定时器 T1 工作于方式 2，试根据 SMOD 的取值，计算定时器初值，并比较 SMOD 取不同值时，波特率的误差情况。

5-4　设计并编程，完成单片机的双机通信程序。

5-5　简述 MCS-51 单片机多机通信的方法和步骤。

第 6 章　MCS-51 单片机 A/D 和 D/A 原理及应用

单片机应用的重要领域是自动控制。在自动控制的应用中，除数字量之外还会遇到另一种物理量，即模拟量。例如，温度、速度、电压、电流、压力等，它们都是连续变化的物理量。由于计算机只能处理数字量，因此计算机系统中凡遇到有模拟量的地方，就要进行模拟量向数字量、数字量向模拟量的转换，也就出现了单片机的数/模(D/A)和模/数(A/D)转换的接口问题。

本章介绍模/数转换芯片 ADC0809 和数/模转换芯片 DAC0832 的工作原理及其应用。

6.1　A/D 和 D/A 器件工作原理

下面简单介绍 A/D 器件 ADC0809 和 D/A 器件 DAC0832 的工作原理。

6.1.1　ADC0809 的结构和工作原理

ADC0809 是 8 位逐次逼近式单片 A/D 转换芯片，可对 8 路 0～5 V 的输入模拟电压信号分时进行转换。ADC0809 的分辨率为 8 位，转换时间约 100 μs，含锁存控制的 8 路多路开关，输出有三态缓冲器控制，单 5 V 电源供电。

1．ADC0809 的引脚和内部结构

ADC0809 的引脚和内部结构如图 6-1 所示。

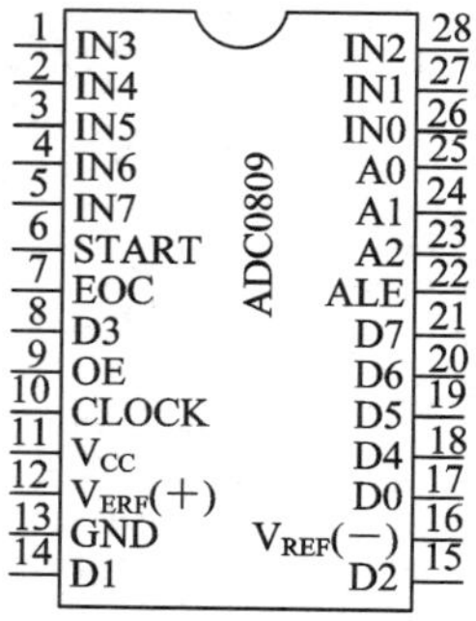

(a) 引脚图

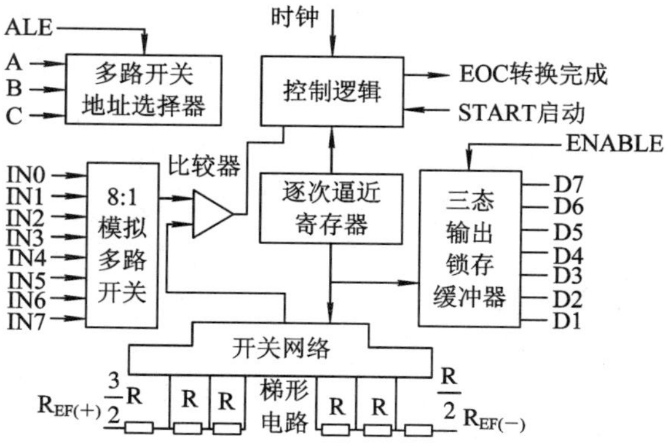

(b) 内部结构图

图 6-1　ADC0809 的引脚图和内部结构图

ADC0809 由两大部分组成：一部分为输入通道，包括 8 位模拟开关，3 条地址线的锁存器和译码器，可以实现 8 路模拟输入通道的选择；另一部分为一个逐次逼近型 A/D 转换器。

ADC0809 芯片有 28 条引脚，采用双列直插式封装，其引脚分布如下：

(1) 电源线(4 条)。

➢ $V_{REF}(+)$、$V_{REF}(-)$：基准电压。

➢ V_{CC}：电源，单一＋5 V。

➢ GND：地。

(2) 输入线(11 条)。

➢ IN0～IN7：8 路模拟量输入端。

➢ ADDA、ADDB、ADDC：3 位地址输入线，用于选通 8 路模拟输入中的一路，在 ALE 有效时被锁存。选通 8 路模拟输入的真值表如表 6-1 所示。

表 6-1　ADDA、ADDB、ADDC 真值表

地址码			选通模拟通道
ADDC	ADDB	ADDA	
0	0	0	IN0
0	0	1	IN1
0	1	0	IN2
0	1	1	IN3
1	0	0	IN4
1	0	1	IN5
1	1	0	IN6
1	1	1	IN7

(3) 输出线(8 条)。

➢ D7～D0：8 位数字量输出端。

(4) 控制线(5 条)。

➢ ALE：地址锁存允许信号，输入，高电平有效。

➢ START：A/D 转换启动信号，输入，高电平有效。

➢ EOC：A/D 转换结束信号，输出，当 A/D 转换结束时，此端输出一个高电平(转换期间一直为低电平)。

➢ OE：数据输出允许信号，输入，高电平有效。当 A/D 转换结束时，此端输入一个高电平，才能打开输出三态门，输出数字量。

➢ CLK：时钟脉冲输入端。要求时钟频率不高于 640 kHz。

2．ADC0809 的工作原理

ADC0809 的工作过程是：首先输入 3 位地址，并使 ALE=1，将地址存入地址锁存器中。此地址经译码选通 8 路模拟输入之一到比较器。START 的上升沿将逐次逼近寄存器复位，其下降沿启动 A/D 转换，之后 EOC 输出信号变低，指示转换正在进行。直到 A/D 转换完成，EOC 变为高电平的，指示 A/D 转换结束，结果数据已存入锁存器，这个信号即可用作中断申请。当 OE 输入高电平时，输出三态门打开，转换结果的数字量输出到数据总线上。

主要控制信号说明如图 6-2 所示。START 是转换启动信号，高电平有效；ALE 是 3 位通道选择地址(ADDC、ADDB、ADDA)信号的锁存信号；模拟量进入哪一个输入端(如 IN1 或 IN2 等)，由 3 位地址信号选择；EOC 是转换情况状态信号，当启动转换约 100 μs 后，EOC 产生一个负脉冲，以示转换结束；在 EOC 的上升沿，若使输出使能信号 OE 为高电平，则控制打开三态缓冲器，把转换好的 8 位数据结果输至数据总线。至此 ADC0809 的一次转换就完成了。

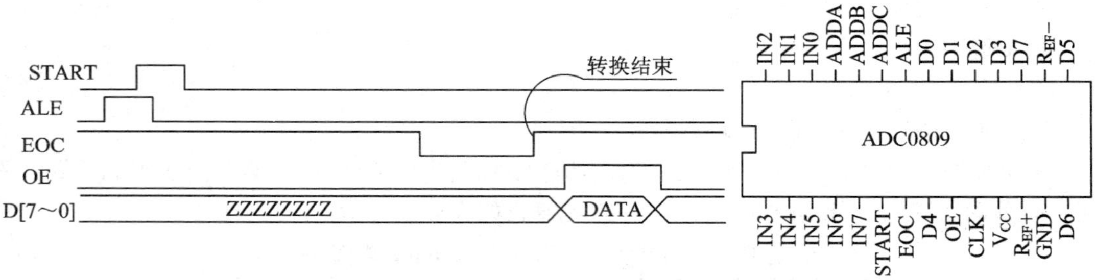

图 6-2　ADC0809 控制信号

6.1.2　DAC0832 的结构和工作原理

DAC0832 是 8 位双缓冲器 A/D 转换芯片，可对 8 路 0～5 V 的输入模拟电压信号分时进行转换。单电源供电，从+5～+15 V 均可正常工作。基准电压的范围为−10～+10 V；电流建立时间为 1 μs；CMOS 工艺，低功耗 20 mW。

1. DAC0832 的引脚和内部结构

DAC0832 的引脚和内部结构如图 6-3 所示。

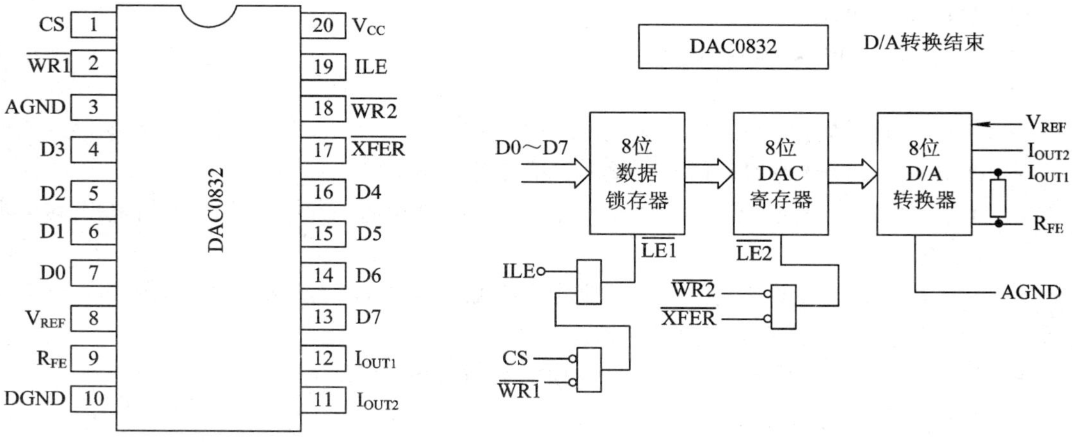

(a) 引脚图　　　　(b) 内部结构图

图 6-3　DAC0832 的引脚图和内部结构图

由图 6-3 可以看出，DAC0832 内部包括：8 位数据锁存器、8 位 DAC 寄存器、采用 T 型电阻网络的 8 位 D/A 转换器以及输入控制电路。其中，8 位数据锁存器和 8 位 DAC 寄存

器是否工作取决于控制信号，控制信号分别为

$$\overline{LE1}=\overline{WR1}\cdot\overline{CS}\cdot ILE$$

$$\overline{LE2}=\overline{WR2}\cdot\overline{XFER}$$

DAC0832 芯片为 20 引脚，双列直插式封装。其引脚分布如下：

(1) 电源线(4 条)。

➢ V_{REF}：基准电压，其电压可正可负，范围为−10～+10 V。

➢ V_{CC}：芯片供电电压。

➢ DGND：数字地。

➢ AGND：模拟地。

(2) 数字量输入线(8 条)。

➢ D7～D0：转换数据输入。

(3) 控制线(5 条)。

➢ $\overline{CS}$：片选信号(输入)，低电平有效。

➢ ILE：数据锁存允许信号(输入)，高电平有效。

➢ $\overline{WR1}$：第 1 写信号(输入)，低电平有效。

上述两个信号控制输入寄存器是数据直通方式还是数据锁存方式，当 ILE=1、$\overline{WR1}$=0 时，为输入寄存器直通方式；当 ILE=1 和 $\overline{WR1}$=1 时，为输入寄存器锁存方式。

➢ $\overline{WR2}$：第 2 写信号(输入)，低电平有效。

➢ $\overline{XFER}$：数据传送控制信号(输入)，低电平有效。

上述两个信号控制 DAC 寄存器是数据直通方式还是数据锁存方式，当 $\overline{WR2}$=0、$\overline{XFER}$=0 时，为 DAC 寄存器直通方式；当 $\overline{WR2}$=1、$\overline{XFER}$=0 时，为 DAC 寄存器锁存方式。

(4) 输出线(3 条)。

➢ I_{OUT1}：电流输出 1。

➢ I_{OUT2}：电流输出 2。

➢ R_{FE}：反馈电阻端。

DAC0832 的输出方式为电流输出：$I_{OUT1}+I_{OUT2}=$常数。

DAC0832 是电流输出，为了取得电压输出，需在电流输出端接运算放大器，R_{FE} 即为运算放大器的反馈电阻端。运算放大器的接法如图 6-4 所示。

DAC0832 输出电压值为$-D\times V_{REF}/255$。其中，D 为待转换的 8 位输入数据。

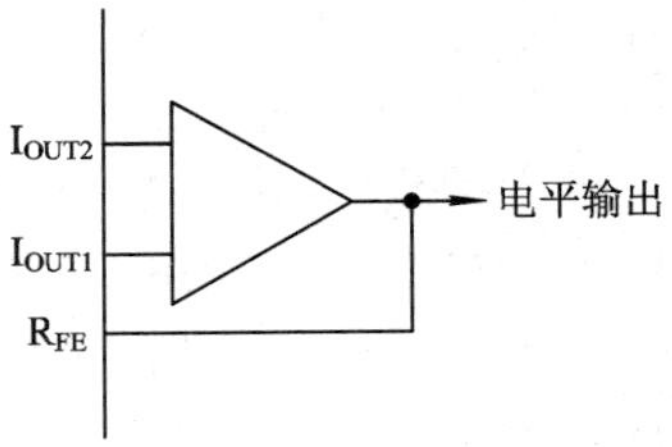

图 6-4　运算放大器接法

2. DAC0832 与 8051 的接口电路

DAC0832 的与 CPU 的连接可采用三种方式：直通方式、单缓冲方式和双缓冲方式。

1) 直通方式

直通方式是指 D7～D0 上一出现数字量，DAC 即可将它们转换成模拟量，见图 6-5。

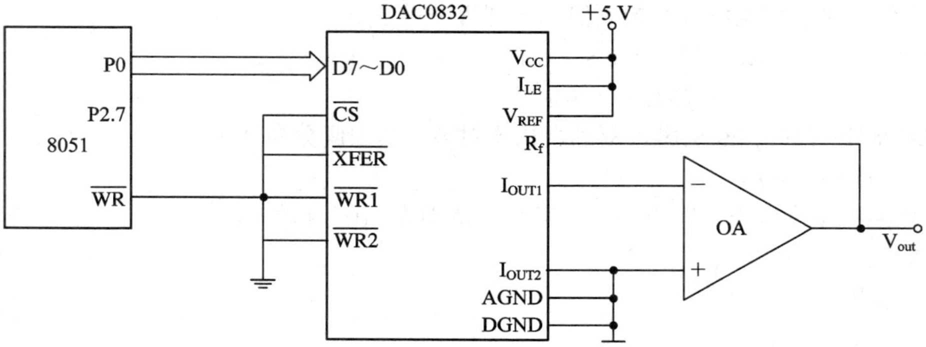

图 6-5　直通方式

2) *单缓冲方式*

所谓单缓冲方式就是使 0832 的两个输入寄存器中有一个处于直通方式，而另一个处于受控的锁存方式，或者说两个输入寄存器同时受控的方式。在实际应用中，如果只有一路模拟量输出，或虽有几路模拟量但并不要求同步输出的情况，就可采用单缓冲方式。单缓冲方式的电路有多种形式，其中一种接线如图 6-6 所示。

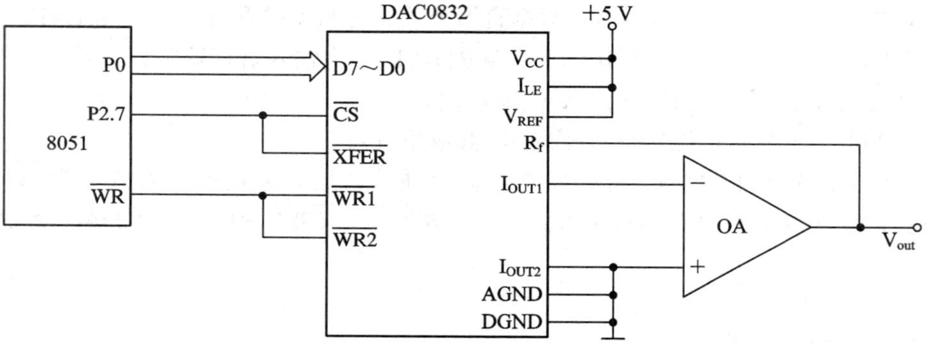

图 6-6　单缓冲方式

图 6-6 中为两个输入寄存器同时受控的连接方法，$\overline{WR1}$ 和 $\overline{WR2}$ 一起接 8051 的 $\overline{WR}$，$\overline{CS}$ 和 $\overline{XFER}$ 共同连接在 P2.7 端，因此两个输入寄存器的地址相同。

3) *双缓冲方式*

所谓双缓冲方式，就是把 DAC0832 的两个锁存器都接成受控锁存方式。双缓冲 DAC0832 的连接如图 6-7 所示。

为了实现寄存器的可控，应当给寄存器分配一个地址，以便能按地址进行操作。图 6-7 所示的连接方式是采用地址译码输出分别接 $\overline{CS}$ 和 $\overline{XFER}$ 而实现，然后再给 $\overline{WR1}$ 和 $\overline{WR2}$ 提供写选通信号。这样就完成了两个锁存器都可控的双缓冲接口方式。

由于两个锁存器分别占据两个地址，因此在程序中需要使用两条传送指令，才能完成一个数字量的模拟转换。完成一次数/模转换的过程如下：

(1) 将数字量装入 8 位数据锁存器；

(2) 打开 8 位数据锁存器，使数据通过数据锁存器进入 DAC 寄存器；

(3) 打开 DAC 寄存器，使数据通过 DAC 寄存器进入 D/A 转换器，进行 D/A 转换。

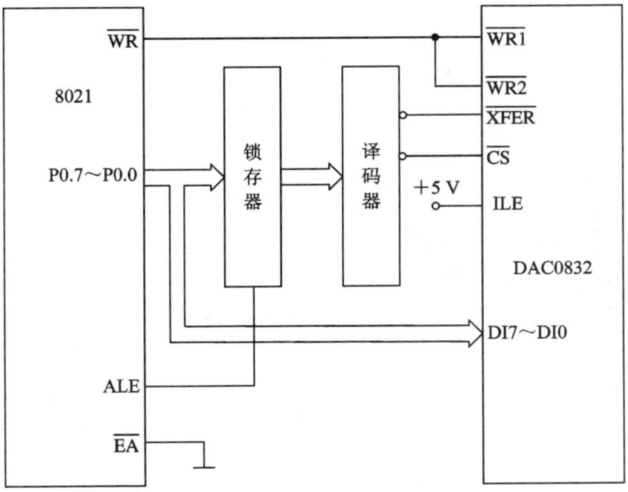

图 6-7　DAC0832 的双缓冲方式连接

6.1.3　单片机与 DAC0832 和 ADC0809 的接口设计

1．原理图设计

单片机与 DAC0832 和 ADC0809 的接口原理图如图 6-8 和图 6-9 所示。

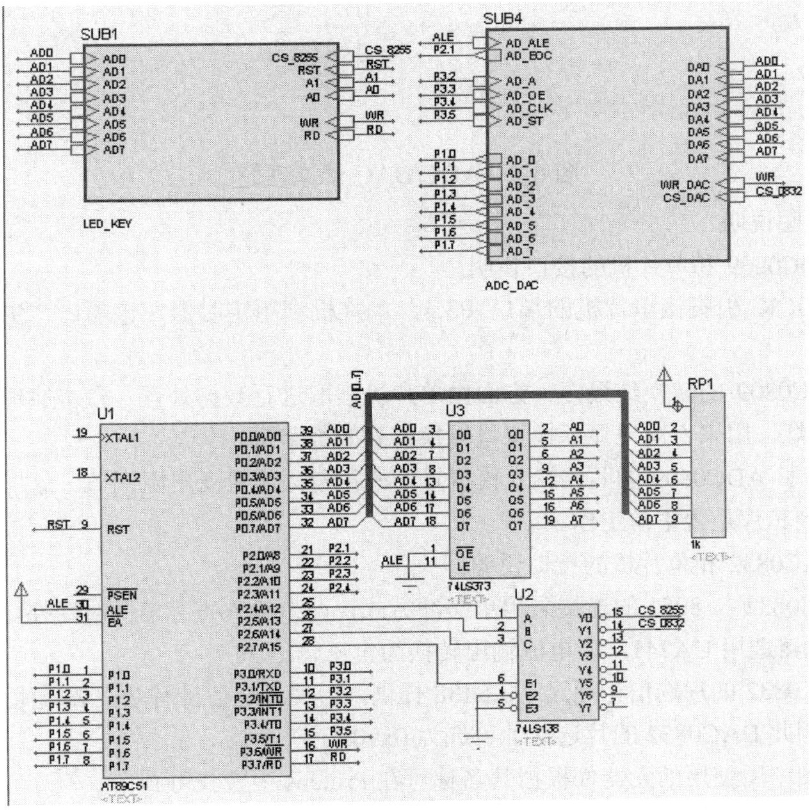

图 6-8　顶层原理图

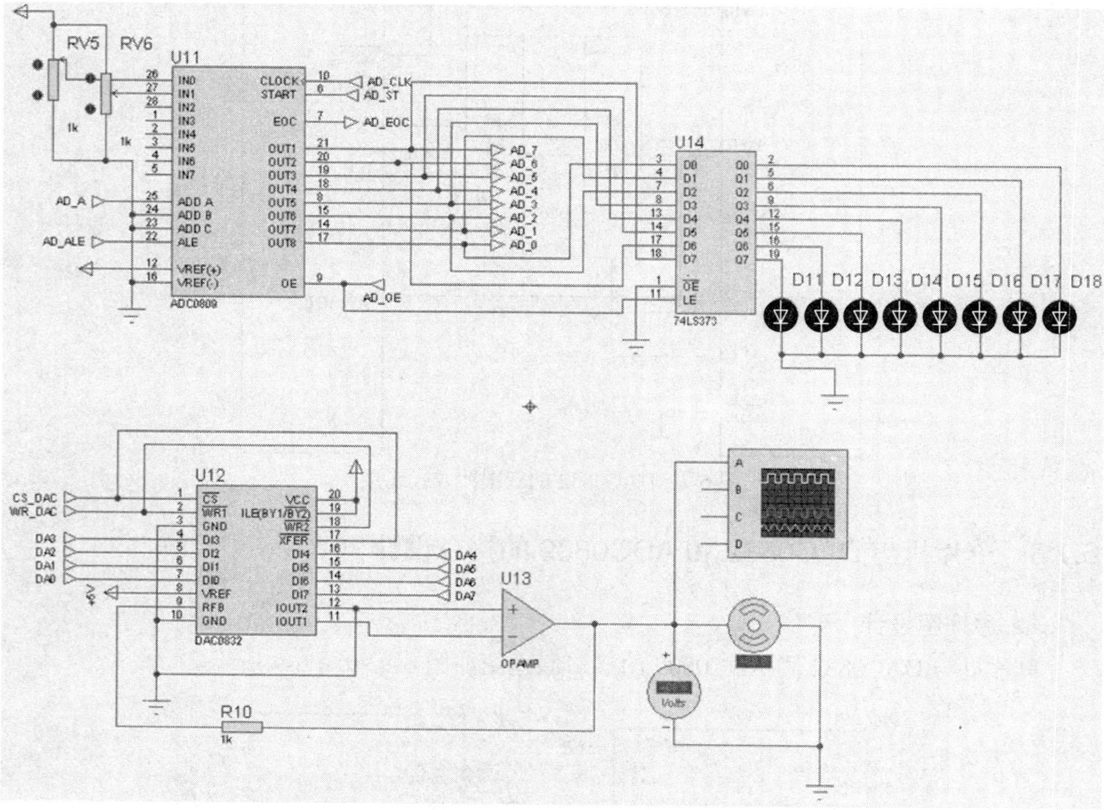

图 6-9　ADC/DAC 子原理图

2．原理图说明

对于 ADC0809 和单片机的接口说明：

(1) CLOCK 引脚接单片机的端口 P3.4，单片机利用定时器在该端口产生固定频率的方波。

(2) ADC0809 的转换结果，一方面由单片机读取进行数据处理。在本原理图中，增加了 8 个 LED 灯，用来直观地显示模拟量转换得到的数字量。

(3) 使用了 ADC0809 的两路输入模拟量，模拟量采用可变电阻调节。这样在仿真时，可以直观看到芯片是否正常工作。

对于 DAC0832 和单片机的接口说明：

(1) DAC0832 与 8051 的连接采用单缓冲方式，两个输入寄存器同时受控。

(2) 放大器选用 UA741，将电流输出转换为电压输出。

(3) DAC0832 的片选信号通过 74LS138 提供，为使片选信号有效，必须使 P2.7 和 P2.4 为高电平。因此 DAC0832 的片选地址可选为 0x90ff。

此原理图中所使用的元器件根据其名称可在 Proteus 中查找得到。

6.2　ADC0809 数据采集

单片机进行自动控制时，通常都是对模拟量进行控制的，因此将模拟量转换为数字量就是实施单片机控制的一个重要步骤，它是后续进行控制的基础。

6.2.1　设计要求

将模拟量转换为数字量，具体要求如下：

(1) 共有两路模拟信号，信号电压范围为 0～5 V，轮流采集。

(2) 将两路模拟信号的转换结果，用 LED 灯显示，并送数码管显示。

(3) 报警功能。分别设定每一路的上限值和下限值，当超过设定界限值时，通过指示灯闪烁或喇叭发声，表示报警。

(4) 将采集的数据存入内存。

(5) 分别采用查询方式和中断方式实现。

6.2.2　设计说明

本设计仅完成功能(1)和功能(2)，并采用查询方式实现。

ADC0809 的工作过程参见图 6-2，下面再作简单说明：首先输入 3 位地址，并使 ALE=1，将地址存入地址锁存器中，此地址经译码选通 8 路模拟输入之一到比较器。在 START 的上升沿将逐次逼近寄存器复位，下降沿启动 A/D 转换，之后 EOC 输出信号变低，指示转换正在进行。直到 A/D 转换完成，EOC 变为高电平，指示 A/D 转换结束，结果数据已存入锁存器，这个信号可用于查询或用作中断申请。当 OE 输入高电平时，输出三态门打开，转换结果的数字量输出到数据总线上。

因此，根据是查询方式还是中断方式，可以将 0809 的 EOC 接到单片机的任一端口引脚或外部中断引脚上。本设计采用查询方式实现，因此将 EOC 连接到了 P2.1 引脚，若使用中断方式，可以将 EOC 连接到外部中断引脚 P3.2 或 P3.3 上。

根据 ADC0809 的 datasheet，采样时钟 CLOCK 的典型值为 640 kHz，最小值为 10 kHz，最大值为 1280 kHz。本设计取 20 kHz，使用定时器来实现该时钟。若单片机系统时钟为 12 MHz，采用定时器 0 工作方式 2，可以设初值为 TH0=TL0=6，采取中断方式，每次中断使引脚 P2.1 翻转一次，因此可实现周期为 500 μs(即频率为 20 kHz)的方波信号。

根据以上说明，可以画出程序流程图，如图 6-10 所示。

6.2.3　设计源码

根据程序流程图，可以写出 ADC0809 采集数据的源程序，如例 6-1。

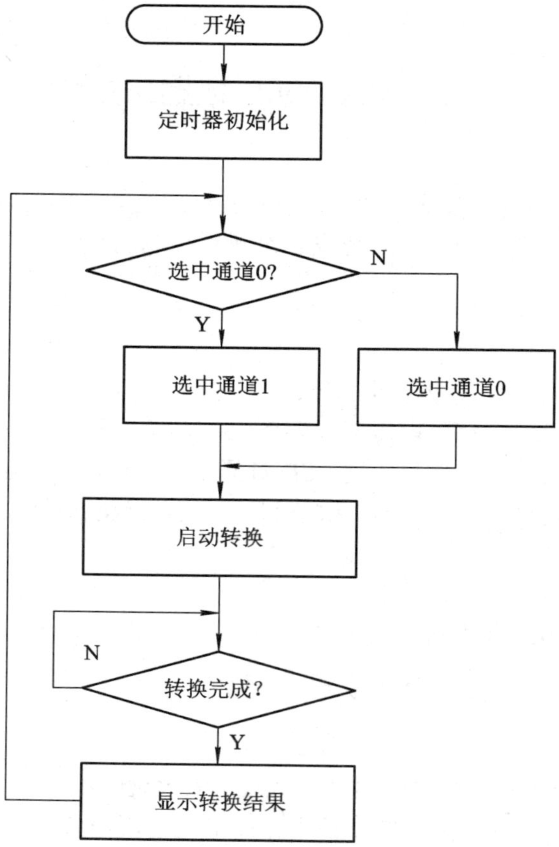

图 6-10 程序流程图

【例 6-1】 ADC0809 采集源码。

```
#include  <reg51.h>
#include  <absacc.h>
#define  uchar  unsigned  char
//下面地址定义中包含使能 138 芯片的信息
#define    PA8255    XBYTE[0x80fc]          //8255 端口 A 的地址
#define    PB8255    XBYTE[0x80fd]          //8255 端口 B 的地址
#define    PC8255    XBYTE[0x80fe]          //8255 端口 C 的地址
#define    COM8255    XBYTE[0x80ff]         //8255 命令字的地址

//ADC0809 引脚定义
sbit AD_EOC=P2^1;
sbit AD_selA=P3^2;                          //只使用 2 路模拟信号输入
sbit AD_OE=P3^3;
sbit AD_CLK=P3^4;
sbit AD_ST=P3^5;
void delay(uchar x);
```

```
void init_8255(void);
/*************采集数据函数：使用 AD 器件采集数据*****************/
//使用 ADC0809 采样通道 0/1 输入模拟信号，转换后进行显示
void adc_0809(void)
{
    uchar led_table[16]={0x3f,0x6,0x5b,0x4f,0x66,0x6d,0x7d,
                         0x7,0x7f,0x6f,0x77,0x7c,0x39,0x5e,0x79,0x71};
                                                    //0～F 共 16 个数，用于段控
    static uchar cnt=0;                             //用于交替选择通道 0 和通道 1
    uchar tmp=0;
    if(((cnt++)%2)==0)
    {
        AD_selA=0; //选择通道 0
    }
    else
    {
        AD_selA=1;     //选择通道 1
    }
    AD_ST=0;  AD_ST=1;  AD_ST=0;                    //启动转换
    while(AD_EOC==0);                               //等待转换结束
    AD_OE=1;                                        //允许输出
    delay(2);
        //下面几行代码将 AD 转换输出到数码管上
        for(tmp=0;tmp<100;tmp++)                    //显示结果延时一段时间
        {
            PB8255=0x0f;
            PA8255=led_table[(P1&0x0f)];            //读取低 4 位并显示在一个数码管上
            delay(5);
            PB8255=0x0e;
            PA8255=led_table[((P1>>4)&0x0f)];       //读取高 4 位并显示在一个数码管上
            delay(5);
        }
    AD_OE=0;                                        //关闭输出
}

/*************中断处理函数：使用 AD 器件采集数据*****************/
//T0 定时器中断提供时钟信号，一次定时 10/36 ms，作为 AD 采样时钟：约 20 kHz
void Timer0_Int(void) interrupt 1 using 1
```

```
{
    AD_CLK=!AD_CLK;                         //ADC0809 采样时钟信号，约 20 kHz
}

/*************定时器初始化函数*****************/
void Time_init(void)
{
    TMOD=0x02; TH0=0x6; TL0=0x6;       //定时器模式与初值设定
    IE=0x82;                           //开中断
    TR0=1;                             //启动定时器 0
}

/*************main 函数：循环采集并显示数据*****************/
void main(void)
{
    init_8255();               //8255 命令字, PA/PB 均为输出, PC 低 4 位输入，高 4 位输出
    Time_init();               //定时器初始化，为 DA 转化提供时钟
    while(1)
    {
        adc_0809();
    }
}
```

6.2.4　仿真结果

将例 6-1 编译下载后进行仿真，仿真结果如图 6-11 和图 6-12 所示。

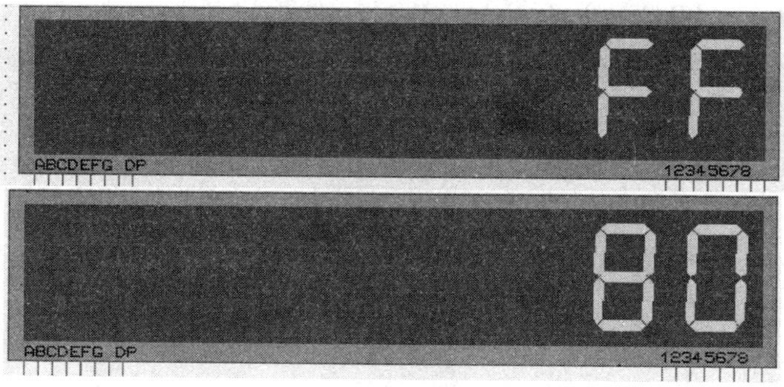

图 6-11　数码管上显示的仿真结果

从图 6-11 可以看出，数码管上交替显示 FF 和 80，这是输入的两路模拟量经模数转换器转换后得到的数字量。该数字量也可以由子图中的 LED 灯表示出来，如图 6-12 所示，根据图中 LED 灯的亮灭情况可知，前者代表数值 0x80，后者代表数值 0xff。

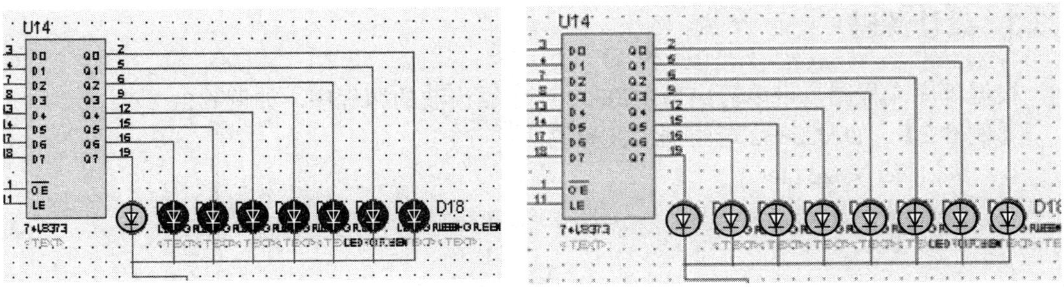

图 6-12　LED 灯显示的模数转换结果

当然，可以通过调节可变电阻进而调节两路模拟输入量的大小，这样在数码管上和 LED 灯上显示的数值也会跟着做相应的改变。

6.3　用 DAC0832 产生任意波形

6.3.1　设计要求

设计并输出模拟信号，具体要求如下：

(1) 模拟信号为锯齿波，周期为 1 s。

(2) 模拟信号为正弦波，周期为 1 s。

(3) 模拟信号为三角波，周期为 1 s。

(4) 交替产生上述三种波，周期为 3 s。

6.3.2　设计说明

本设计仅完成设计要求(1)，产生锯齿波，周期为 1 s。其他设计要求，在理解设计要求(1)的基础上，由读者自行完成。

图 6-13 为产生锯齿波的流程图。

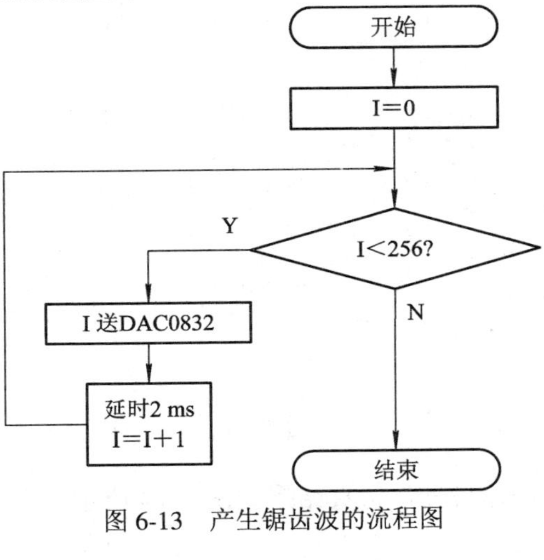

图 6-13　产生锯齿波的流程图

6.3.3 设计源码

根据程序流程图，可以写出 DAC0832 产生锯齿波的源程序，如例 6-2。

【例 6-2】 DAC0832 产生锯齿波源码。

```
#include  <reg51.h>
#include  <absacc.h>

#define  uchar  unsigned  char
//下面地址定义中包含使能 138 芯片的信息
#define   DAC0832   XBYTE[0x90ff]              //DAC0832 的地址
//函数声明
void delay(uchar x);

/*************使用 DA 器件生成锯齿波****************/
//向 DAC0832 反复递增输出 0～255 的数字量, 经模数转换及电流到电压的转换后输出锯齿波
//输出电压值为：−I/255*VREF
void dac_0832(void)
{
        uchar I=0;
        for(I=0;I<255;I++)
        {
                DAC0832=I;
                delay(2);
        }
}

// 主函数
void main(void)
{
        while(1)
        {
        //数模转换 DAC
                dac_0832();
        }
}
```

6.3.4 仿真结果

将源程序编译下载后进行仿真，仿真结果如图 6-14 所示。

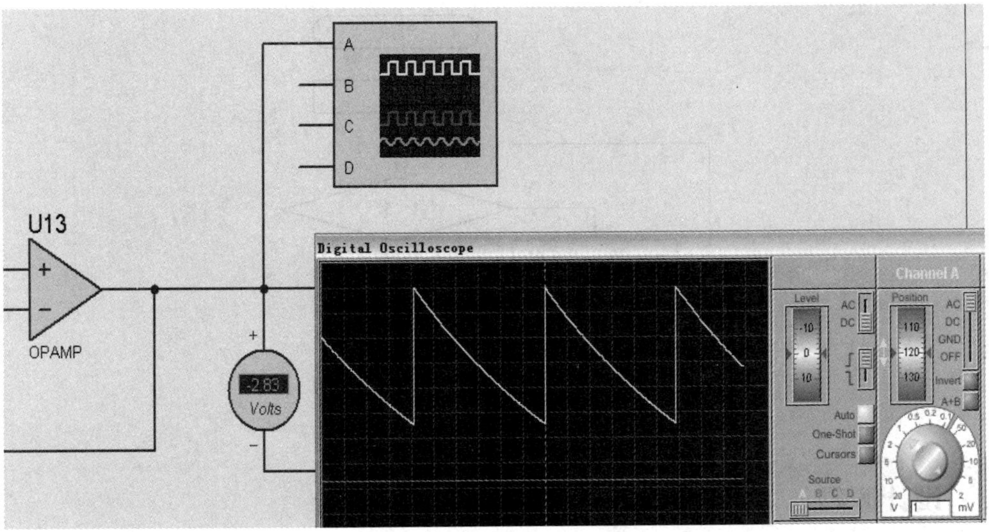

图 6-14　数字示波器显示的由数拟转换得出的锯齿波

我们可以用数字电压表和示波器来观察仿真结果。数字电压表显示的是任一时刻的电压值，而示波器可以显示一段时间的电压值，从示波器上可以看出，我们实现的是锯齿波。

6.4　用 DAC0832 控制直流电机转速

6.4.1　设计要求

控制直流电机的转速为 5 挡，5 挡的输入电压分别为：+1 V、+2 V、+3 V、+4 V 和+5 V。具体设计要求如下：

(1) 5 挡转速自动轮换运行，每挡转速运行的时间均为 2 min。

(2) 使用 5 个按键来控制 5 挡转速，每个按键对应着 1 挡转速，这样当按下某个按键时，则直流电机就以相应的转速运转。

(3) 使用一个按键来控制 5 挡转速，系统运行后直流电机首先以 1 挡转速运行。当按 1 次按键后，直流电机以 2 挡转速运行；按第 2 次，电机以 3 挡转速运行；按第 3 次，电机以 4 挡转速运行；按第 4 次，电机以 5 挡转速运行；按第 5 次，电机又开始以 1 挡转速运行，依次类推。

6.4.2　设计说明

直流电机的转速跟驱动电压值呈线性关系，驱动电压值越大，直流电机的转速也就越高。

本设计仅完成设计要求(1)，5 挡转速自动轮换运行，每档转速运行的时间均为 2 min。设计要求(2)和设计要求(3)则在掌握设计要求(1)和矩阵键盘原理的基础上，很容易实现，这部分由读者自行完成。

设计流程图如图 6-15 所示。

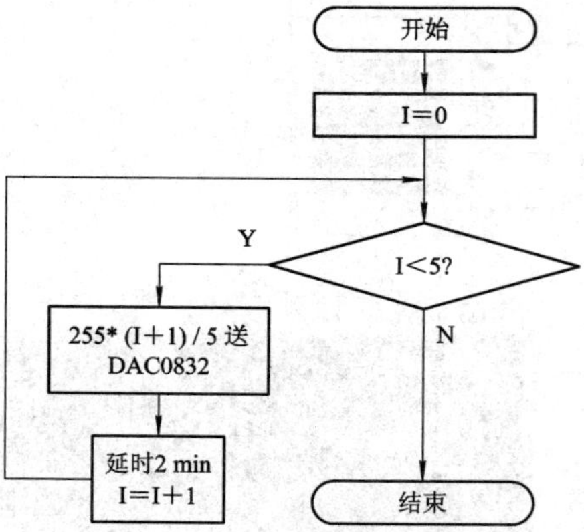

图 6-15 软件流程图

6.4.3 设计源码

根据程序流程图，可以写出 DAC0832 控制直流电机转速的源程序，如例 6-3。

【例 6-3】 DAC0832 控制直流电机转速源码。

```
void dac_0832_dc(void)
{
    uchar I=0;
    for(I=0; I<5; I++)
    {
        DAC0832=255*(I+1)/5;
        delay_min(2);                    //延时 2 min
    }
}
```

6.4.4 仿真结果

将源程序编译下载后进行仿真，仿真结果如图 6-16 所示。

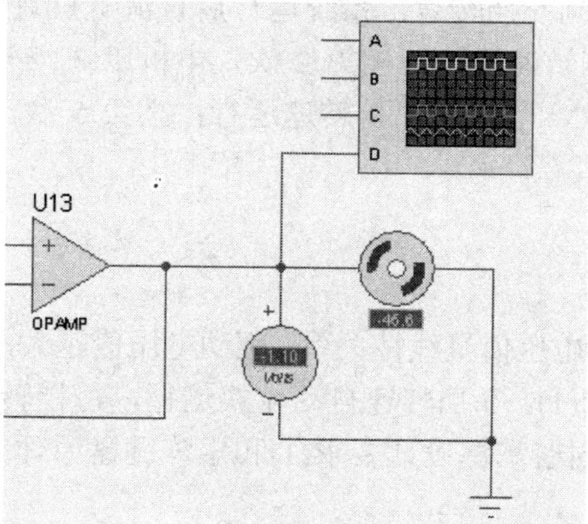

图 6-16 DAC0832 控制直流电机转速仿真结果

将仿真过程中数字电压表和转速表的读数记录在表 6-2 中。

表 6-2　数字电压表和转速表的对应关系

DAC 输入数据	输出模拟电压	直流电机转速
0xff	−5.47	−228
0xcc	−4.37	−182
0x99	−3.28	−137
0x66	−2.19	−91.2
0x33	−1.10	−45.6

从表 6-2 可以看出，直流电机转速跟控制电压呈正比关系。直流电机在实际工作中，启动时可能需要逐步加速至工作速度，停机时可能需要逐步减速至停止，或者还有其他实际需求，我们可以利用转速与电压的这种线性关系来对电机的转速进行实时控制。

6.5　小　　结

在本章中，我们讨论了以下几个知识点：

- A/D 器件 ADC0809 的工作原理以及在数据采集中的应用。
- D/A 器件 DAC0832 的工作原理以及在产生模拟任意波中的应用。
- D/A 器件 DAC0832 在直流电机调速中的应用。

习　　题

6-1　试分别使用液晶、LED 矩阵、数码管来显示当前 ADC0809 转换的结果。

6-2　试设计一个单片机应用系统，包括硬件和软件。模拟量由外部输入，模数转换由单片机 A 控制完成，对于数模转换的结果，由单片机 A 通过串口远程传送给单片机 B，然后单片机 B 将结果显示于 LED 矩阵(或液晶、数码管)中。

6-3　试使用 Proteus 软件测量 ADC0809 和 DAC0832 转换的时间。

6-4　对数据采集后，下一步需要对数据进行处理。试设计原理图并编写一段程序完成以下功能：由 ADC0809 的通道 7 连续采集 10 个数据并存放在数组中，去除最大值和最小值后求平均值，若平均值超过 0x80，则报警。(提示：报警功能的硬件可在 P1.0 口接扬声器实现)

6-5　完整实现 DAC0832 产生任意波形项目的设计要求。

6-6　完整实现 DAC0832 控制直流电机转速项目的设计要求。

第 7 章 MCS-51 单片机 I^2C 总线和单总线

随着电子技术的应用领域不断扩大，各种数据传输方式已成为应用设计中的一个重要问题。目前常用的微机系统与外设之间进行数据传输的串行总线主要有 I^2C、SPI、SCI 和单总线，这些总线至少需要一条或一条以上的信号线。本章重点介绍 I^2C 总线和单总线，I^2C 需要两根信号线传输控制信号和数据，单总线仅需要用一根信号线传输控制信号和数据。

7.1 I^2C 总线协议原理与器件

7.1.1 I^2C 总线概述

I^2C(Inter-IC)总线是 Philips 公司推出的芯片间的串行传输总线，它采用两线制，由串行时钟线 SCL 和串行数据线 SDA 构成。I^2C 总线为同步传输总线，总线上的信号与时钟同步，只需要两根信号线就能实现总线上各器件的全双工同步数据传送，可以极为方便地构成多机系统和外围器件扩展的系统。

I^2C 总线采用器件地址的硬件设置方法，使硬件系统的扩展变得简单、灵活。在主从通信中，可以有多个 I^2C 总线器件同时接到 I^2C 总线上，所有与 I^2C 兼容的器件都有标准的接口，通过地址来识别通信对象，使它们可以经由 I^2C 总线互相直接通信。此总线设计对系统设计及仪器制造都有利，因为这样可增加硬件的效率并简化电路，同时可提高仪器设备的可靠性，以及可以解决很多在设计控制电路上所遇到的接口问题。

I^2C 总线通信具有以下约定：

(1) I^2C 总线采用主/从方式进行双向通信。器件发送数据到总线上，定义为发送器；器件从总线上接收数据，定义为接收器。主器件和从器件均可作为发送器和接收器。总线必须由主器件控制，主器件产生串行时钟(SCL)，控制总线的传送方向，并产生开始和停止条件。

(2) I^2C 总线的数据线 SDA 和时钟 SCL 都是双向传输线。总线备用时，SDA 和 SCL 都必须保持高电平状态。I^2C 总线数据传送时，在时钟线高电平期间，数据线上必须保持有稳定的逻辑电平状态，高电平为数据 1，低电平为数据 0。

(3) 在时钟线保持为高电平期间，数据线出现由高电平向低电平的变化时，作为起始信号 S，启动 I^2C 总线工作。在时钟线保持为高电平期间，数据线出现由低电平向高电平的变化时，作为停止信号 P，终止 I^2C 总线工作。

(4) I²C 总线传送的数据格式为：开始位以后，主器件发出 8 位的控制字节，以选择从器件并控制总线传送方向，其后传送数据。I²C 总线传送的每一个数据均为 8 位，传送数据的字节数没有限制。但每传送一个字节后，接收器都必须发一位应答信号 ACK(低电平为应答信号)，发送器应答后，再发下一数据。每一数据都是先发高位，再发低位，在全部数据传送结束后主器件发送终止信号 P。

(5) 在标准 I²C 总线模式下，数据传输速率可达 100 kb/s，高速模式下可达 400 kb/s。

I²C 总线具有接口线少，控制方式简单，器件封装形式小，通信速率较高等优点。随着 I²C 总线技术的推出，Philips 及其他一些电子、电气厂家相继推出了许多带 I²C 接口的器件。这些器件可广泛用于单片机应用系统之中，如 RAM、E²PROM、I/O 接口、LED/LCD 驱动控制、A/D、D/A 以及日历时钟等。表 7-1 给出了常用的通用 I²C 接口器件的种类、型号及寻址字节等。

表 7-1　常用的 I²C 接口通用器件的种类、型号及寻址字节

种　类	型　号	器件地址及寻址字节	备　注
256×8/128×8 静态 RAM 256×8 静态 RAM	PCF8570/71 PCF8570C	1010　A2 A1 A0 R/W 1011　A2 A1 A0 R/W	三位数字引脚地址 A2、A1、A0 三位数字引脚地址 A2、A1、A0
256 B E²PROM 512 B E²PROM 1024 B E²PROM 2048 B E²PROM	AT24C02 AT24C04 AT24C08 AT24C16	1010　A2 A1 A0 R/W 1010　A2 A1 P0 R/W 1010　A2 P1 P0 R/W 1010　P2 P1 P0 R/W	三位数字引脚地址 A2、A1、A0 二位数字引脚地址 A2、A1 一位数字引脚地址 A2 无引脚地址，A2、A1、A0 悬空处理
4 位 LED 驱动控制器	SAA1064	0111　0　A1 A0 R/W	二位模拟引脚地址 A1、A0
点阵式 LCD 驱动控制器	PCF8578/79	0111　1　0　A0 R/W	一位数字引脚地址 A0
4 通道 8 位 A/D、1 路 D/A 转换器	PCF8591	1001　A2 A1 A0 R/W	三位数字引脚地址 A2、A1、A0
日历时钟(内含 256×8RAM)	PCF8583	1010　0　0　A0 R/W	一位数字引脚地址 A0

在 I²C 总线器件中，ATMEL 公司的 AT24C02/04/08/16 是带 I²C 接口的 E²PROM 器件，且结构与工作原理相似。本节重点介绍 AT24C 系列。

7.1.2　I²C 总线协议

对于内部有 I²C 接口的单片机，可通过设置相关的特殊功能寄存器(I²C 的控制寄存器、数据寄存器、状态寄存器)来完成与 I²C 器件的通信。但对于内部无 I²C 接口的 8051 单片机，若要与 I²C 器件通信，则需要通过单片机软件模拟 I²C 协议。

下面介绍 I²C 协议并说明软件模拟 I²C 协议的方法。

在传输数据开始前，主控器件应发送起始位，通知从接收器件作好接收准备；在传输数据结束时，主控器件应发送停止位，通知从接收器件停止接收。这两种信号是启动和关闭 I²C 通信的信号。以下分别为所需的起始位及停止位的时序条件(如图 7-1 所示)。

起始位时序：当 SCL 线处于高位时，SDA 线由高转换至低。

停止位时序：当 SCL 线处于高位时，SDA 线由低转换至高。

开始和停止条件由主控器产生。使用 I²C 硬件接口可以很容易地检测到开始和停止条件，没有这种接口的单片机必须以每时钟周期至少两次的频率对 SDA 取样，以便检测这种变化。

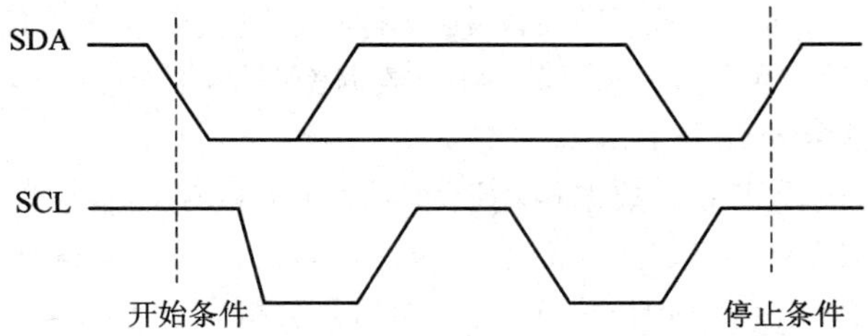

图 7-1　开始和停止条件

SDA 线上的数据在时钟高位时必须稳定，数据线上高低状态只有当 SCL 线的时钟信号为低电平时才可变换，如图 7-2 所示。输出到 SDA 线上的每个字节必须是 8 位，每次传输的字节不受限制，每个字节必须有一个确认位(又称应答位 ACK)。如果一个接收器件在完成其他功能(如一内部中断)前不能接收另一数据的完整字节，它可以保持时钟线 SCL 为低电平，以促使发送器进入等待状态；当接收器件准备好接收数据的其他字节并释放时钟 SCL 后，数据传输继续进行。

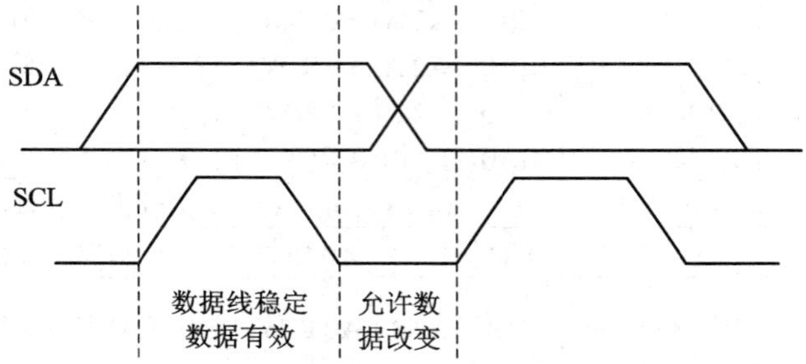

图 7-2　I^2C 总线中的有效数据位

数据传送必须有确认位。与确认位对应的时钟脉冲由主控器产生，发送器在应答期间必须下拉 SDA 线，如图 7-3 所示。

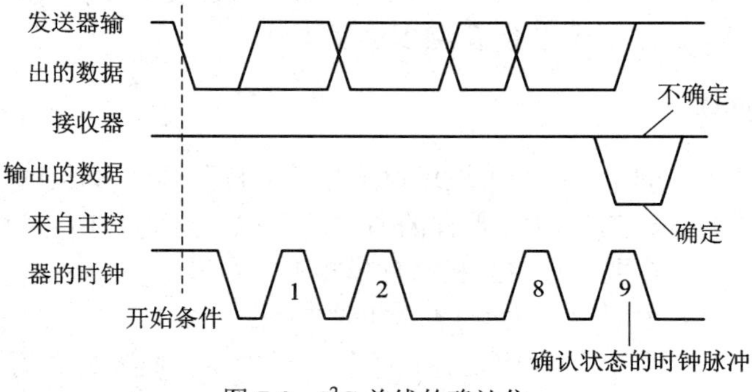

图 7-3　I^2C 总线的确认位

当不能确认寻址的被控器件时，数据线保持为高电平，接着主控器产生停止条件终止传输。在传输结束时，主控接收器必须发出一个数据结束信号给被控发送器，被控发送器必须释放数据线，以允许主控器产生停止条件。

数据传输格式如下：

起始位	被控接收器地址	R/W	确认位	数据	确认位	…	停止位

I^2C 总线在起始位(开始条件)后的首字节决定哪个被控器将被主控器选择，例外的是“通用访问”地址，它可以寻址所有器件。当主控器输出一个地址时，系统中的每一个器件都将起始位后的前七位地址和自己的地址进行比较：如果相同，该器件认为自己被主控器寻址。器件是作为被控接收器还是被控发送器则取决于第 8 位(R/W 位)，它是一个数据方向位(读/写)——“0”代表发送(写)，“1”代表接收(读)。数据传送通常以主控器所发出的停止位(停止条件)而终结，时序关系如图 7-4 所示。

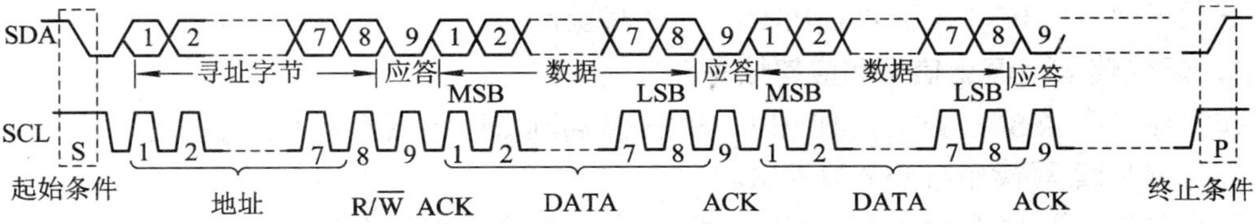

图 7-4　数据传送时序图

7.1.3　AT24C××系列串行 E²PROM

AT24C××系列串行 E²PROM 是典型的 I^2C 总线接口器件。其特点是：功耗小，电源电压取值范围宽(根据不同型号，其电源电压的范围为 1.8～5.5 V)，工作电流约为 3 mA，静态电流随电源电压不同，其范围为 30～110 μA。

型号为 AT24C××的器件引脚排列如图 7-5 所示。

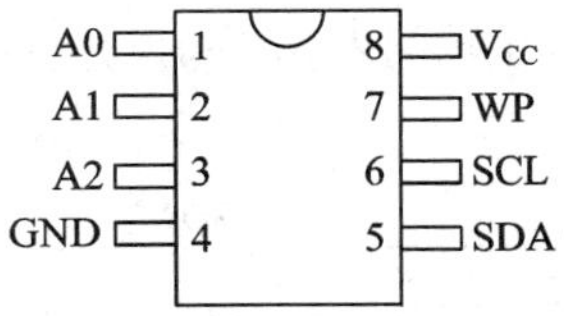

图 7-5　AT24C××的结构和引脚图

AT24C××芯片共有 8 个引脚，其中：

- A2～A0：地址引脚。
- SDA、SCL：I^2C 总线接口。
- WP：写保护引脚。WP 接 V_{SS} 时，禁止写入高位地址，WP 接 V_{DD} 时，允许写入任何地址。
- V_{CC}：电源端。
- GND：接地端。

由于 I^2C 总线可挂接多个串行接口器件，在 I^2C 总线中每个器件应有唯一的器件地址，按照 I^2C 总线的规则，器件地址为 7 位数据(即一个 I^2C 总线系统中理论上可挂接 128 个不同地址的器件)，它和 1 位数据方向位构成一个器件寻址字节，最低位 D0 为方向位(读/写)，器件寻址字节中的最高 4 位(D7～D4)为器件型号地址。不同的 I^2C 总线接口器件的型号地址是厂家给定的，如 AT24C××系列 E²PROM 的型号地址皆为 1010，器件地址中的低 3 位为引脚地址 A2A1A0，对应器件寻址字节中的 D3、D2、D1 位，在硬件设计时由连接的引脚电平给定。

对于 E^2PROM 的容量小于 256 B 的芯片(AT24C01/02)，8 位片内寻址(A0～A7)即可满足要求。然而对厂容量大于 256 B 的芯片，8 位片内寻址范围不够，如 AT24C16，相应的寻址位数应为 11 位(2^{11}=2048)。若以 256 B 为 1 页，则多于 8 位的寻址视为页面寻址。在 AT24C××系列中，对页面寻址位采取占用器件引脚地址(A2、A1、A0)的方法，如 AT24C16 将 A2、Al、A0 作为页地址。凡在系统中引脚地址用作页地址后，该引脚在电路中不得使用，应作悬空处理。

下面说明 AT24C××系列 E^2PROM 的读写操作。

1．起始信号、停止信号和应答信号

起始信号：当 SCL 处于高电平时，SDA 从高到低的跳变作为 I^2C 总线的起始信号，起始信号应该在读/写操作命令之前发出。

停止信号：当 SCL 处于高电平时，SDA 从低到高的跳变作为 I^2C 总线的停止信号，用来表示一种操作的结束。

SDA 和 SCL 线上通常接有上拉电阻。当 SCL 为高电平时，对应的 SDA 线上的数据有效；而只有当 SCL 为低电平时，才允许 SDA 线上的数据位改变。

数据和地址是以 8 位信号传送的。在接收一个字节后，接收器件必须产生一个应答信号 ACK，主器件必须产生一个与此应答信号相应的额外时钟脉冲，在此时钟脉冲的高电平期间，保持 SDA 线为稳定的低电平，为应答信号(ACK)。若不在从器件输出的最后一个字节中产生应答信号，则主器件必须给从器件发一个数据结束信号。在这种情况下，从器件必须保持 SDA 线为高电平(用 NO ACK 表示)，使得主器件能产生停止条件。

根据通信规约，起始信号、停止信号和应答信号的时序如图 7-6 所示。

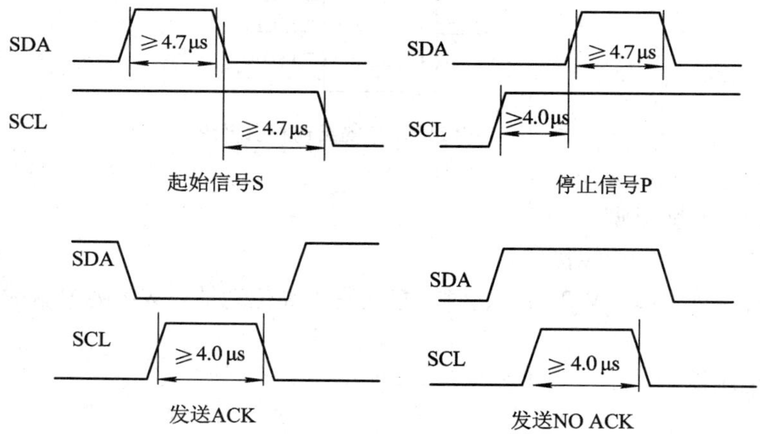

图 7-6　I^2C 总线产生起始信号、停止信号和应答的时序

2．写操作

AT24C××系列 E^2PROM 的写操作有字节写和页面写两种。

1) 字节写

字节写是在指定地址写入一个字节数据。首先主器件发出起始信号 S 后，发送写控制字节，即 1010A2A1A0(最低位置 0，即 R/W(读/写)控制位为低电平 0)，然后等待应答信号，指示从器件被寻址，由主器件发送的下一字节为字地址，并将其被写入到 AT24C××的地址指针；主器件接收到来自 AT24C××的另一个应答信号，将发送数据字节，并写入到寻址的存储器地址；AT24C××再次发出应答信号，同时主器件产生停止信号 P(注意写完一个字节后必须有一个 5 ms 的延时)。AT24C××字节写的时序如图 7-7 所示。

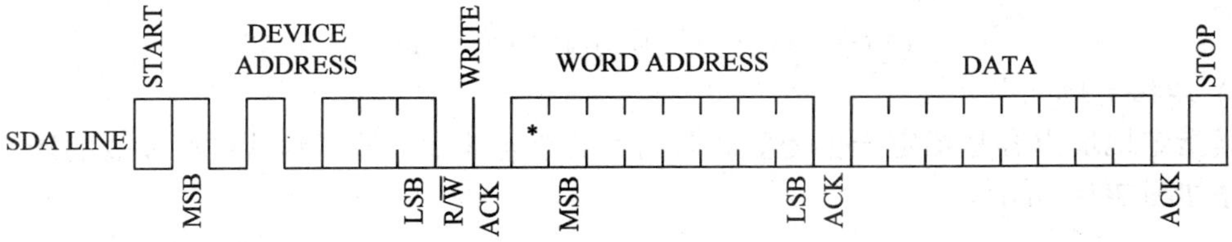

图 7-7　AT24C××字节写的时序图

2) 页面写

页面写和字节写的操作类似，只是主器件在完成第一个数据传送之后，不发送停止信号，而是继续发送待写入的数据。先将写控制字节的字地址发送到 AT24C××，接着发送 X 个数据字节，主器件发送不多于一个页面的数据字节到 AT24C××。这些数据字节暂存在片内页面缓存器中，在主器件发送停止信息以后写入存储器。接收一字节以后，低位顺序地址指针在内部加 1，高位顺序字地址保持为常数。如果主器件在产生停止信号以前发送了多于一页的数据字节，地址计数器将会循环归 0，并且先接收到的数据将被覆盖。与字节写操作一样，一旦停止信号被接收，则开始内部写周期(需要 5 ms 的延时)。AT24C××页面写的时序如图图 7-8 所示。

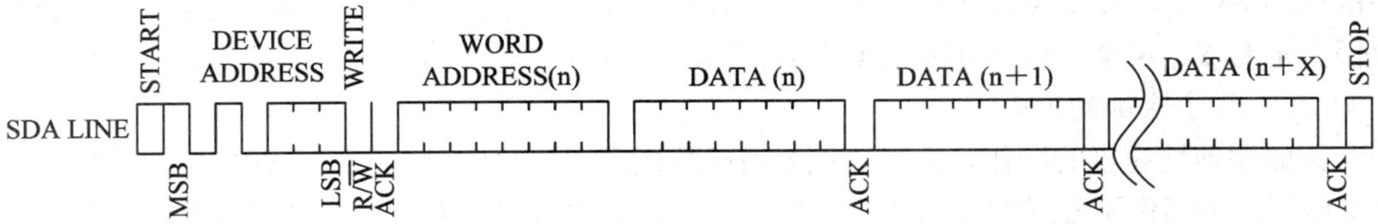

图 7-8　AT24C××页面写的时序图

3．读操作

当从器件地址的 R/W 位被置为 1 时，启动读操作。AT24C××系列的读操作有三种类型：读当前地址内容、读指定地址内容、读顺序地址内容。

1) 读当前地址内容

AT24C××芯片内部有一个地址计数器，此计数器保持被存取的最后一个字的地址，并自动加 1。因此，如果以前读/写操作的地址为 n，则下一个读操作从 n + 1 地址中读出数据。在接收到从器件的地址中 R/W 位为 1 的情况下，AT24C××发送一个应答信号(ACK)并且送出 8 位数据字后，主器件将不产生应答信号(相当于产生 NO ACK)，但会产生一个停止条件，AT24C××不再发送数据。AT24C××读当前地址内容的时序如图 7-9 所示。

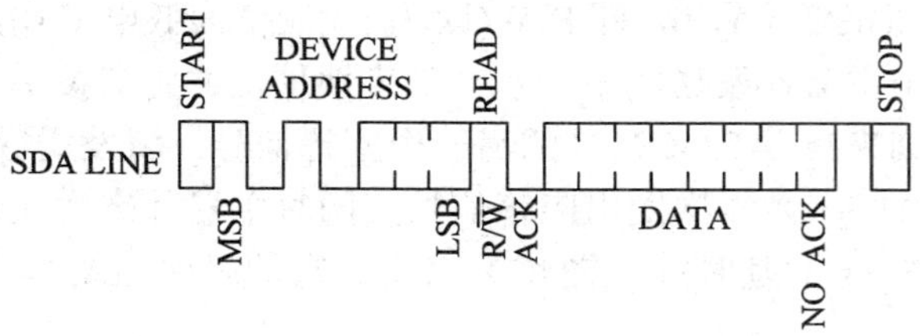

图 7-9　AT24C××读当前地址内容的时序图

2) 读指定地址内容

读指定地址内容是指定一个需要读取的存储单元地址，然后对其进行读取的操作。操作时序如图 7-10 所示。

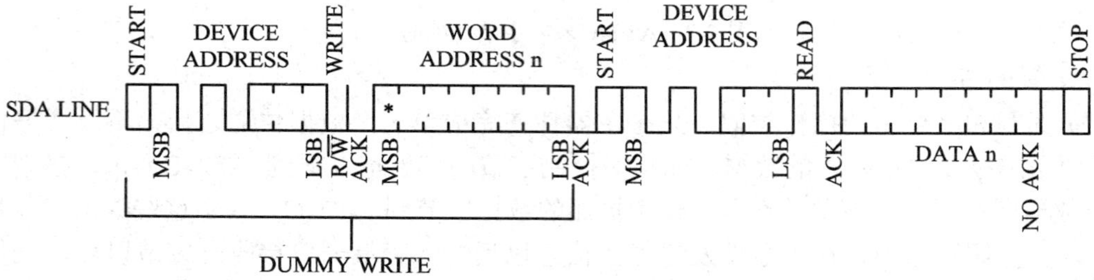

图 7-10　AT24C××读指定地址内容的时序图

读指定地址内容的操作步骤是，首先主器件发出一个起始信号 S，然后发出从器件地址 1010A2A1A00(最低位置 0)，再发送需要读的存储器地址，在收到从器件的应答信号 ACK 后，产生一个开始信号 S，以结束上述写过程；再发送一个读控制字节，从器件 AT24C××再次发出 ACK 信号后发出 8 位数据，如果接收数据以后，主器件发送 NO ACK 后再发出一个停止信号 S，AT24C××不再发送后续字节。

3) 读顺序地址的内容

读顺序地址内容的操作与读当前地址内容的操作类似，所不同的是在 AT24C××发送一个字节以后，主器件不发送 NO ACK 和 STOP，而是发出 ACK 应答信号，以控制 AT24C××发送下一个顺序地址的 8 位数据字。这样可读取 X 个数据，直到主器件不发送应答信号(NO ACK)，而发出一个停止信号为止。AT24C××读顺序地址内容的时序如图 7-11 所示。

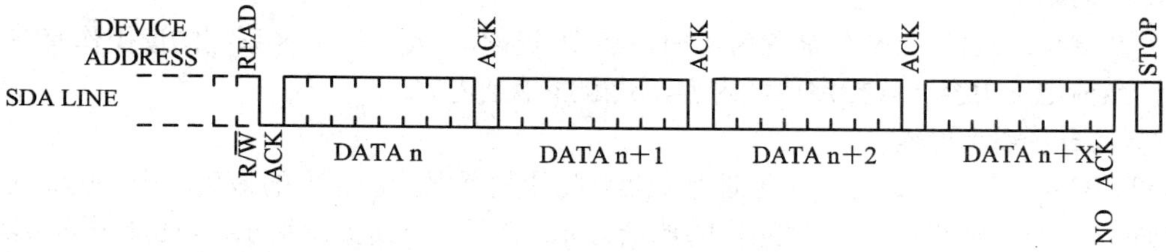

图 7-11　AT24C××读顺序地址内容的时序图

4．I²C 总线协议的软件实现

8051 单片机可以使用软件模拟 I²C 协议，并作为主设备与 AT24C××通信。根据上面有关协议的介绍，模拟软件代码如例 7-1～例 7-10 所示。

【例 7-1】 延时程序，延时为 8 μs。

```
void I2C_delay(void)
{
        _nop_();
        _nop_();
        _nop_();
        _nop_();
        _nop_();
        _nop_();
        _nop_();
        _nop_();
}
```

【例 7-2】 Start 函数：产生 I^2C 总线起始信号。

```
void Start(void)
{
        SDA=1;                          //发送起始条件数据信号
        SCL=1;                          //发送起始条件时钟信号
        I2C_delay();                    //起始建立时间大于 4.7 μs
        SDA=0;                          //发送起始信号：由高到低跳变
        I2C_delay();
        SCL=0;                          //钳位
}
```

【例 7-3】 Stop 函数：产生 I^2C 总线停止信号。

```
void Stop(void)
{
        SDA=0;                          //发送停止条件数据信号
        SCL=1;                          //发送停止条件时钟信号
        I2C_delay();                    //停止建立时间大于 4 μs
        SDA=1;                          //发送停止信号：由低到高跳变
        I2C_delay();
        SCL=0;                          //钳位
}
```

【例 7-4】 Ack 函数：产生 I^2C 总线应答信号。

```
void Ack(void)
{
        SDA=0;
        SCL=1;
        I2C_delay();                    //持续时间大于 4 μs
        SCL=0;
```

```
        SDA=1;
    }
```

【例 7-5】 NoAck 函数：产生 I^2C 总线非应答信号。

```
    void NoAck(void)
    {
        SDA=1;
        SCL=1;
        I2C_delay();                      //持续时间大于 4 μs
        SCL=0;
        SDA=0;
    }
```

【例 7-6】 Detect Ack 函数：检测 ACK 信号。

```
    bit Detect Ack(void)
    {   bit b_ack;
        SDA=1;                            //释放数据线，准备接收应答信号
        SCL=1;
        I2C_delay();
        b_ack=SDA;
        SCL=0;
        return b_ack;
    }
```

【例 7-7】 Write_byte 函数：向 I^2C 总线上发送一字节数据。

```
    void Write_byte(uchar input)
    {
        uchar i;
            for(i=0;i<8;i++)
        {
            if(input & 0x80) SDA=1;       //判断发送位
            else   SDA=0;
            SCL = 1;                      //时钟线为高，通知从器件接收数据
            I2C_delay();
            SCL = 0;
            I2C_delay();
            input=input<<1;               //准备下一位
        }
    }
```

【例 7-8】 Read_byte 函数：从 I^2C 总线上接收一字节数据。

```
    uchar Read_byte(void)
    {
```

```
        uchar tempData=0,i;
        SDA=1;                          //置数据线为输入方式
        for(i=0;i<8;i++)
        {
            tempData =tempData<<1;      //左移补 0
            tempData =tempData|((uchar)SDA);
            SCL=1;
            I2C_delay();
            SCL=0;
        }
        return tempData;
    }
```

以下两个函数为向多个 I²C 器件读写 n 字节的函数。

【例 7-9】　Write_nbyte 函数：向指定 I²C 器件的指定地址写 n 字节数据。

```
    void WrI2C_nbyte(uchar I2C_num, uchar add,uchar *str,uchar num)
    {
        uchar i;
        Start();                        //发送起始信号
        Write_byte(I2C_num);            //发送从器件地址
        while(DetectAck());
        Write_byte(add);                //发送从器件内部地址
            while(DetectAck());
        for(i=0;i<num;i++)
        {
            Write_byte(*str);           //发送数据
            while(DetectAck());
            str++;
        }
        Stop();                         //发送停止信号
        delay(20);
    }
```

【例 7-10】　Read_nbyte 函数：从指定 I²C 器件的指定地址读 n 字节数据。

```
    void RdI2C_nbyte(uchar I2C_num,uchar add,uchar *str,uchar num)
    {
        uchar i;
        uchar tmp;
        Start();                        //发送起始信号
        Write_byte(I2C_num-1);          //发送从器件地址
        while(DetectAck());
        Write_byte(add);                //发送从器件内部地址
```

```
        while(DetectAck());
        Start();                          //发送起始信号
        Write_byte(I2C_num);              //发送从器件地址
        while(DetectAck());
        for(i=0;i<num-1;i++)
        {
            *str=Read_byte();
            Ack();                        //发送应答信号
            str++;
        }
        *str=Read_byte();
        NoAck();
        Stop();                           //发送停止信号
        delay(20);
    }
```

7.2　单总线协议原理与器件

7.2.1　单总线概述

近年来，美国 Dallas Semiconductor 公司推出了一种专有的单总线(1-Wire Bus)技术，该技术仅采用一根信号线，既可传输时钟，又可传输数据，而且数据传输是双向的，主机只需一根连线就可把一个或多个单总线器件连接起来，从而实现有效可靠的数据通信。

单总线技术适用于单个主机系统控制一个或多个从机设备，通常把可以挂接在单总线、具有单总线协议的器件(从机) 称为单总线器件。美国 Dallas Semiconductor 公司的单总线器件的硬件结构如图 7-12 所示。

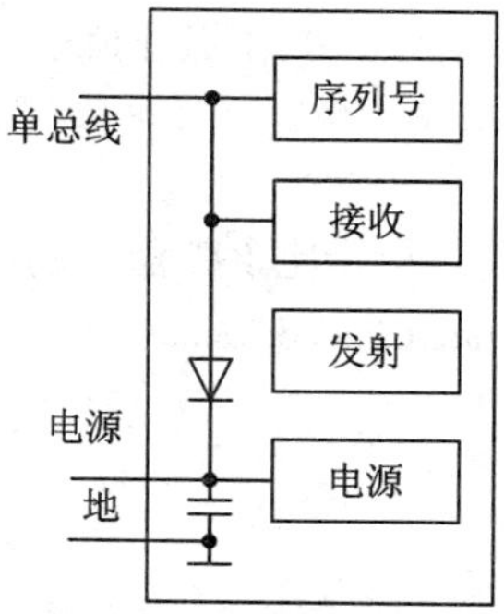

图 7-12　单总线器件的硬件结构

单总线器件一般都具有序列号、接收控制、发射控制和电源存储电路。不同的单总线器件挂接在同一根总线上是通过序列号来进行区分的，单总线器件在生产时都被刻录一个 64 位的二进制 ROM 码，它是器件唯一的序列号。其具体格式是：从低位起第一个字节

(8 位)是器件的家族代码，表示产品的分类；接下来的 6 个字节(48 位)是每个器件唯一的 ID 号；最后一个字节(8 位)是前 56 位的 CRC 校验码。同一种类型的器件有 248 个 ID 号码总量，确保了在总线上不会产生地址冲突。

单总线器件通过内部的接收和发送控制电路来与主机进行数据传输，单总线器件(从机)与主机通过一个漏极开路或三态端口连接至单总线上。单总线通常外接一个上拉电阻(参考值为 4.7 kΩ)确保总线在闲置状态时为高电平，以允许设备在不发送数据时能够释放总线，而让其他设备使用总线。

单总线技术通过一根连线可以方便地将主控微处理器与一个或多个单总线器件连接起来构成单总线网络。单总线的数据传输速率一般为 16.3 kb/s，特殊情况下支持 100 kb/s 的超速模式，它一般用于对速度要求不高的测控和数据交换系统中。单总线网络的总线长度可达 200 m，将上拉电阻的阻值适当减小，可提高单总线的驱动能力。单总线允许挂接多个器件，便于实现多点测控。单总线适用于单主机系统，能够控制一个或多个从机设备。主机可以是微控制器，从机可以是单总线器件，它们之间的数据交换只通过一条信号线进行。当只有一个从机设备时，系统可按单节点系统操作；当有多个从机设备时，系统则按多节点系统操作。

单总线网络是采用被动访问和访问应答方式进行通信的。被动访问是指网络中所有单总线器件只有在主机访问时才能通信，这样可以防止单总线器件在通信过程中产生碰撞。访问应答是指只有主机通过序列号寻址的方式访问到某一个单总线器件时，该器件才进入通信状态，并按照主机要求接收或发送数据，各单总线器件(从机)之间是无法直接进行数据交换的。很显然单总线上的数据传输具有异步单工双向的性质。

单总线技术具有线路简单、硬件开销少、成本低廉、便于总线扩展和维护等优点，应用范围十分广泛。

7.2.2　单总线协议器件 DS18B20

1．DS18B20 内部结构和工作原理

由 Dallas 半导体公司生产的 DS18B20 型单线智能温度传感器，属于新一代适配微处理器的智能温度传感器，可广泛用于工业、民用、军事等领域的温度测量及控制仪器、测控系统和大型设备中。它具有体积小、接口方便、传输距离远等特点。

DS18B20 的性能特点是：① 采用单总线专用技术，既可通过串行口线，也可通过其他 I/O 口线与微机接口，无须经过其他变换电路，直接输出被测温度值(16 位二进制数，含符号位)；② 测温范围为−55～+125℃，测量分辨率最高为 0.0625℃；③ 内含 64 位经过激光修正的只读存储器 ROM；④ 用户可分别设定各路温度的上、下限。

DS18B20 的管脚排列及内部结构如图 7-13 所示。

从图 7-13 可以看出，其引脚共有三个，定义如下：

➢ I/O：数字信号输入/输出端。

➢ GND：电源地。

➢ V_{DD}：外接供电电源输入端(在寄生电源接线方式时接地)。

DS18B20 的内部结构主要由四部分组成：64 位光刻 ROM、温度传感器、非易失性的温度报警触发器 TH 和 TL、高速缓存器。

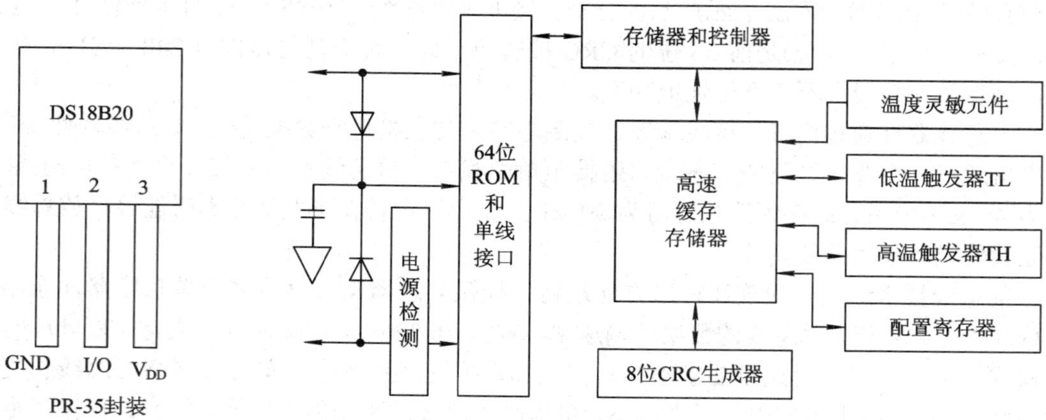

图 7-13　DS18B20 引脚分布及内部结构图

64 位光刻 ROM 是出厂前被光刻好的，它可以看做是该 DS18B20 的地址序列号，不同的器件其地址序列号也不同。64 位光刻 ROM 格式如下：

8 位产品系列号	48 位产品序号	8 位 CRC 编码

DS18B20 的内部存储器包括一个高速暂存 RAM 和一个非易失性的可电擦除的 E^2RAM，后者用来存放高温和低温触发器 TH、TL 以及结构寄存器。

暂存存储器包含了 9 个连续字节，如表 7-2 所示。其中，前两个字节是测得的温度信息，第一个字节的内容是温度的低 8 位，第二个字节是温度的高 8 位。第三个和第四个字节 TH、TL 是 E^2RAM 的 TH、TL 的易失性拷贝，第五字节是配置寄存器的易失性拷贝，这三个字节的内容在每一次上电复位时被刷新。第六、七、八个字节用于内部计算，因而读出时值不确定。第九个字节是冗余检验字节。

表 7-2　DS18B20 暂存器(9 个字节)

序号	寄存器名称	作　用	序号	寄存器名称	作　用
0	温度低字节	以 16 位补码形式存放	4	配置寄存器	确定温度转换的分辨率
1	温度高字节		5、6、7	保留字节	用于内部计算
2	TH/用户字节 1	存放温度上限	8	CRC	
3	HL/用户字节 2	存放温度下限			

需要说明的是，写 TH、TL 和配置寄存器必须形成一个连续的序列，也就是说如果在写 TH 和 TL 后跟着复位，则写无效。如果要写 TH、TL 和配置寄存器中的一部分，则必须在复位之前写全这三个字节。

暂存存贮器的第五个字节是配置寄存器。它包含 DS18B20 用来确定温度分辨率的信息。该字节的格式如下：

0	R1	R0	1	1	1	1	1
MSB							LSB

➢ 位 0～4、位 7：这 6 位写无用，读时总是“1”。

➢ R0，R1：温度分辨率控制位。根据 R0、R1 的不同取值，分辨率可设置为 9、10、11 或 12 位，如表 7-3 所示，对应的温度分辨率分别是 0.5℃、0.25℃、0.125℃和 0.0625℃。

其出厂的缺省状态是 12 位。

表 7-3　温度分辨率配置

R1	R0	温度分辨率/bit	转换时间/ms
0	0	9	93.75
0	1	10	187.5
1	0	11	375
1	1	12	750

2. DS18B20 单总线协议

DS18B20 要求有严格的协议(protocols)来确保数据的完整性。协议由以下几种单线上信号类型组成：复位脉冲、存在脉冲、写 0、写 1、读 0 和读 1。所有这些信号，除了存在脉冲之外，均由总线主机发起。

1) *初始化*

单总线上的所有处理均从初始化序列开始。初始化序列包括：总线主机发出一复位脉冲，接着由从属器件送出存在脉冲。存在脉冲让总线主机知道总线上有 DS18B20 且已准备好。

初始化过程如图 7-14 所示。总线主机发送(TX)一复位脉冲(最短为 480 μs 的低电平信号)，接着总线主机便释放此线并进入接收方式(Rx)。单总线经过约 5 kΩ的上拉电阻被拉至高电平状态。在检测到 I/O 引脚的上升沿之后，DS18B20 等待 15～60 μs，接着发送存在脉冲(60～240 μs 的低电平信号。)

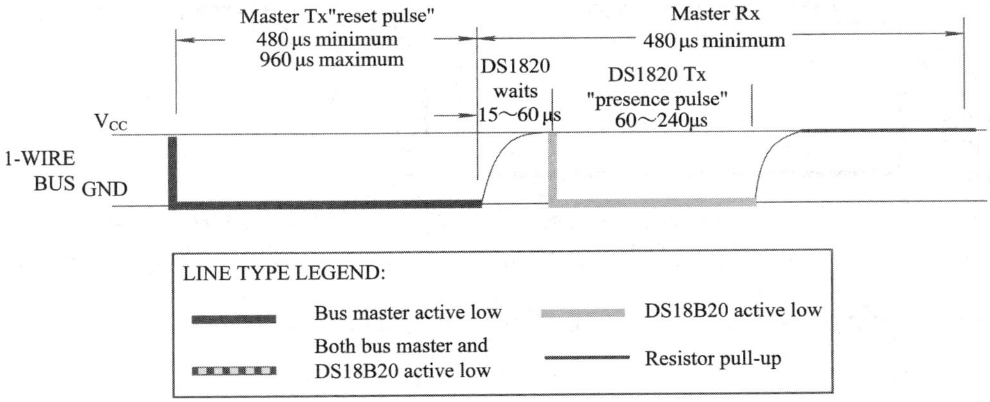

图 7-14　初始化过程——复位脉冲和存在脉冲

2) *读时间片*

通过使用时间片(time slots)来读出和写入 DS18B20 的数据，时间片用于处理数据位和指定进行何种操作的命令字。读时间片如图 7-15 所示。

当从 DS18B20 读数据时，主机产生读时间片。当主机把数据线从逻辑高电平拉至低电平时，产生读时间片。数据线必须保持在低逻辑电平至少 1 μs，来自 DS18B20 的输出数据在读时间片下降沿之后 15 μs 有效。因此，为了读出从读时间片开始算起 15 μs 的状态主机，必须停止把 I/O 引脚驱动至低电平。在读时间片结束时，I/O 引脚经过外部的上拉电阻拉回至高电平。所有读时间片的最短持续期限为 60 μs，各个读时间片之间必须有最短为 1 μs 的恢复时间。

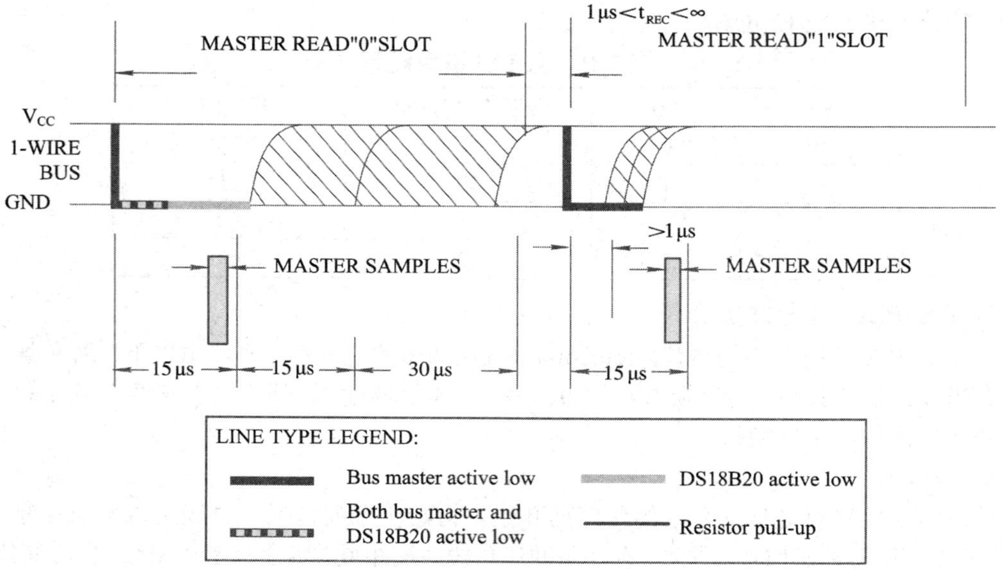

图 7-15　读时间片

3) 写时间片

写时间片如图 7-16 所示。

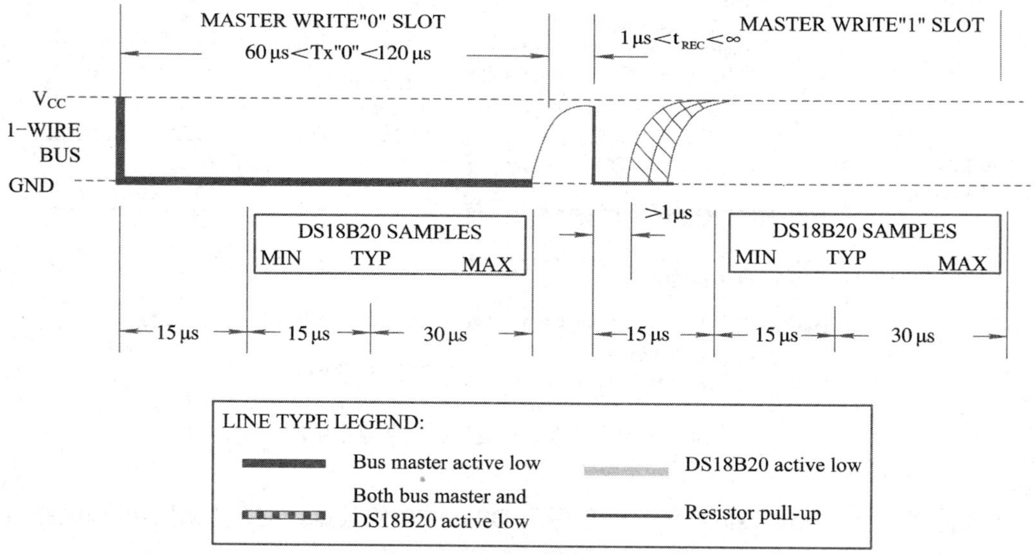

图 7-16　写时间片

当主机把数据线从逻辑高电平拉至低电平时，产生写时间片。有两种类型的写时间片：写 1 时间片和写 0 时间片。所有时间片必须有最短为 60 μs 的持续期，在各写周期之间必须有最短为 1 μs 的恢复时间。

在 I/O 线由高电平变为低电平之后，DS18B20 在 15～60 μs 的窗口之间对 I/O 线采样。如果线为高电平，写 1 就发生；如果线为低电平，便发生写 0。

对于主机产生写 1 时间片的情况，数据线必须先被拉至逻辑低电平，然后就被释放，使数据线在写时间片开始之后的 15 μs 之内拉至高电平。

对于主机产生写0时间片的情况，数据线必须被拉至逻辑低电平且至少保持低电平60 μs。

3. DS18B20 指令集

DS18B20 有 11 条控制命令，其中包括 1 条温度转换指令、5 条存储器操作指令和 5 条 ROM 操作指令，如表 7-4 所示。

表 7-4　DS18B20 指令集

指　令	约定代码	功　能
温度变换指令		
温度转换	44H	启动 DS18B20 进行温度转换
存储器操作指令		
读暂存器	BEH	读暂存器 9 个字节内容
写暂存器	4EH	将数据写入暂存器的 TH、TL 字节
复制暂存器	48H	把暂存器的 TH、TL 字节写到 E2RAM 中
重新调 E^2RAM	B8H	把 E^2RAM 中的 TH、TL 字节写到暂存器 TH、TL 字节
读电源供电方式	B4H	启动 DS18B20 发送电源供电方式的信号给主 CPU
ROM 操作指令		
Read ROM (读 ROM)	33H	主机读 ROM 中的编码(即 64 位地址)
Match ROM (匹配 ROM)	55H	发出此命令之后，接着发出 64 位 ROM 编码，访问单总线上与该编码相对应的 DS18B20，使之作出响应，为下一步对该 DS18B20 的读写作准备
Skip ROM (跳过 ROM)	CCH	忽略 64 位 ROM 地址，直接向 DS18B20 发温度转换命令，适用于单总线只有一片的情况
Search ROM (搜索 ROM)	F0H	用于确定挂接在同一总线上 DS18B20 的个数的识别 64 位 ROM 地址，为操作各器件作好准备
Alarm search (告警芯片搜索)	ECH	执行后，只有温度超过设定值上限或下限的片子才作出响应

CPU 对 DS18B20 的访问流程是：先对 DS18B20 初始化，再进行 ROM 操作命令，最后才能对存储器和数据进行操作。

DS18B20 的每一步操作都要遵循严格的工作时序和通信协议。例如，主机控制 DS18B20 完成温度转换这一过程，根据 DS18B20 的通信协议，需要经过三个步骤：每一次读写之前都要对 DS18B20 进行复位；复位成功后发送一条 ROM 指令；最后发送 RAM 指令，这样才能对 DS18B20 进行预定的操作。

4. 单总线协议的软件实现

8051 单片机可以使用软件模拟单总线协议，并作为主设备与 DS18B20 通信。根据上面有关协议的介绍，单片机与一片 DS18B20 通信的模拟软件代码如例 7-11～例 7-19 所示。

【例 7-11】　延时函数：延时时间约为 n × 6 μs。

```
void delay_6us(uchar n)
{
      do{
```

```
            _nop_();   _nop_();
            _nop_(); _nop_();   //共 4 个 nop
            n--;
        }while(n);
    }
```

【例 7-12】 DS18B20_reset 函数：单片机发复位脉冲，读存在脉冲，无存在脉冲则置位错误标志。

```
uchar DS18B20_reset(void)
{
    uchar status=0;
    DQ=0;                   //复位脉冲
    delay_6us(100);         //延时 600 μs，范围为 480～960
    DQ=1;                   //以上是单片机复位脉冲
    delay_6us(10);          //延时 60 μs，范围为 15～60
    status=DQ;              //读存在脉冲，如果 DQ 为低,说明复位成功；否则说明
                            //DS18B20 损坏或不存在
    while(!DQ);             //直到 DQ 为高
    return status;
}
```

【例 7-13】 DS18B20_WriteBit 函数向 DS18B20 写 1 位。

```
void DS18B20_WriteBit(bit x)
{
    DQ=1;
    delay_6us(1);           //两次写之间的时间间隔至少 1 μs
    DQ=0;
    delay_6us(1);           //写开始低电平至少 1 μs
    DQ=x;
    delay_6us(15);          //写一位时间范围为 60～120 μs
    DQ=1;
}
```

【例 7-14】 DS18B20_WriteByte 函数向 DS18B20 写一字节。

```
void DS18B20_WriteByte(uchar d)
{
    uchar i;
    for(i=0;i<8;i++)        //写一字节(8 位)：低位在前，高位在后
    {
        DS18B20_WriteBit((d>>i)&0x01);
    }
}
```

【例 7-15】　DS18B20_ReadBit 函数：从 DS18B20 读出一位数据。

```
uchar DS18B20_ReadBit(void)
{
    uchar x;
    DQ=1;
    delay_6us(1);                    //两次读之间的时间间隔至少 1 μs
    DQ=0;
    delay_6us(1);                    //读开始低电平至少 1 μs
    DQ=1;
    delay_6us(1);                    //读开始 15 μs 内主机对数据线采样
    x=DQ;
    delay_6us(15);                   //读一位时间范围为 60～90 μs
    DQ=1;
    return x;
}
```

【例 7-16】　DS18B20_ReadByte 函数：从 DS18B20 读出一字节数据。

```
uchar DS18B20_ReadByte(void)
{
    uchar i,dat=0;
    for(i=0;i<8;i++)                 //读 8 位为一字节：低位在前，高位在后
    {
        dat|=DS18B20_ReadBit()<<i;
    }
    return(dat);                     //返回一字节数据
}
```

【例 7-17】　convert 函数：启动 DS18B20 的一次温度转换。

```
void convert(void)
{
    if(DS18B20_reset()==1)           //初始化，DS18B20 故障
    {
        DS18B20_ERROR=1;             //故障标志置 1
    }
    else
    {
        DS18B20_WriteByte(0xcc); //跳过 ROM，即跳过多传感器识别
        DS18B20_WriteByte(0x44); //启动温度转换
        while(!DQ);                  //等待温度转换结束，转换过程中 DQ 持续为 0
    }
}
```

【例 7-18】 DS18B20_ReadTemp 函数：读取 DS18B20 并返回温度值。

```
uint DS18B20_ReadTemp(void)
{
    uint Temp=0;
    convert();
    if(DS18B20_reset())                          //DS18B20 故障或不存在报警
    {
        DS18B20_ERROR=1;                         //故障标志置 1
    }
    else
    {
        DS18B20_WriteByte(0xcc);                 //跳过 ROM，即跳过多传感器识别
        DS18B20_WriteByte(0xbe);                 //读取 DS18B20 寄存器指令
        Temp=DS18B20_ReadByte();                 //读取字节 0，温度值低位
        Temp=(DS18B20_ReadByte()<<8)|Temp;       //读取字节 1，温度值高位
        return(Temp);    //返回温度值
    }
}
```

【例 7-19】 DS18B20_SetRegister 函数：进行高低温限值和精度设置。高低温限值设置：th 为高温报警限值；tl 为低温报警限值；精度设置：00:9 位，01:10 位，10:11 位，11:12 位，默认为 12 位。

```
void DS18B20_SetRegister(uchar res, uchar th, uchar tl)
{
    if(DS18B20_reset())                          //DS18B20 故障或不存在报警
    {
        DS18B20_ERROR=1;                         //故障标志置 1
    }
    else
    {
        DS18B20_WriteByte(0xcc);                 //跳过 ROM，即跳过多传感器识别
        DS18B20_WriteByte(0x4e);                 //写 DS18B20 寄存器指令
        DS18B20_WriteByte(th);                   //写温度值上限值
        DS18B20_WriteByte(tl);                   //写温度值下限值
        DS18B20_WriteByte(0x1f|(res<<5));        //设置精度
    }
}
```

7.3 I^2C 总线和单总线应用原理图

1. 硬件原理图设计

I^2C 总线和单总线应用原理图如图 7-17 所示。

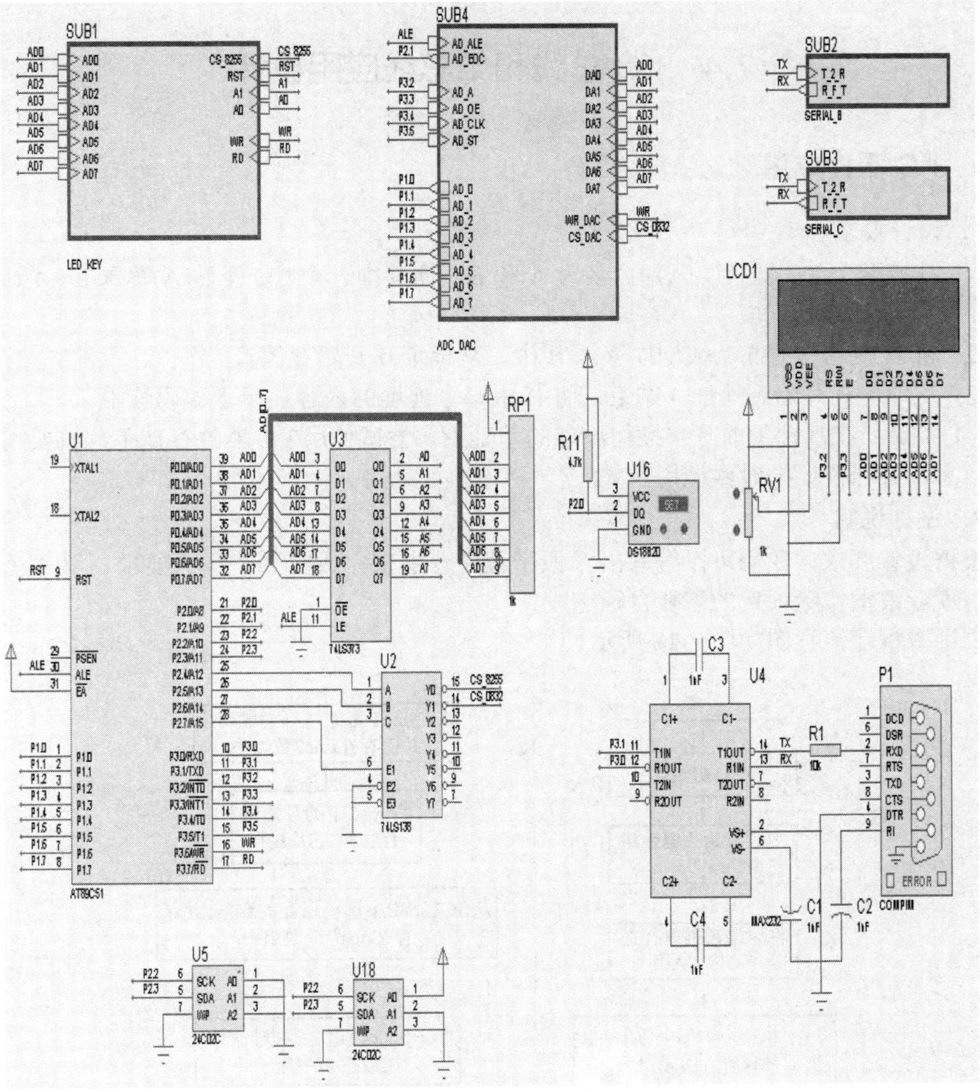

图 7-17　I²C 总线和单线应用原理图

2．原理图说明

对 AT24C02 器件和 DS18B20 与单片机的接口说明如下：

(1) 本设计中使用了两片 AT24C02，其 SCK 引脚均连接于单片机的 P2.2 脚，其 SDA 引脚均连接于单片机的 P2.3 脚，WP、A1 和 A2 均接地。唯一不同的是，一片 AT24C02 的 A0 脚接地，另一片 AT24C02 的 A0 脚接 +5 V 电源，这种接法是为了区分两片 AT24C02 的地址，前者为 0xa1/0xa0(读/写)，后者为 0xa3/0xa2(读/写)。

(2) 本设计中使用了一片 DS18B20，其 DQ 引脚接于 P2.0，同时通过上拉电阻 R11 接 +5 V 电源。

(3) 在硬件上，DS18B20 与单片机的连接有两种方法，一种是 V_{CC} 接外部电源，GND 接地，I/O 与单片机的 I/O 线相连；另一种是用寄生电源供电，此时 V_{DD}、GND 接地，I/O 接单片机 I/O 端口。无论是内部寄生电源还是外部供电，I/O 端口线要接约 5 kΩ的上拉电阻。

7.4 I²C 总线和单总线应用设计

7.4.1 I²C 器件应用

1. 设计要求

(1) 挂接两个 I²C 器件，分别命名为 A 和 B，向其中一个 I²C 器件(A)写入 0～4 这 5 个数字，从地址 0 开始存放。

(2) 将 A 中已有的 5 个数倒序存入 B 中，从地址 0 开始存放。

(3) 从地址 0 开始到地址 4 结束，将 B 中每个地址的内容显示于数码管中。

(4) 扩展：在掌握了前三步操作原理的基础上，尝试使用 I²C 器件存储单片机要用到的有用信息，并在需要的时候调用。

2. 设计说明

根据设计要求，我们可以编写出 3 段子程序分别来完成前 3 个设计要求。第 4 个设计设计由读者根据实际项目的需要自行完成。

主函数程序流程图如图 7-18 所示。

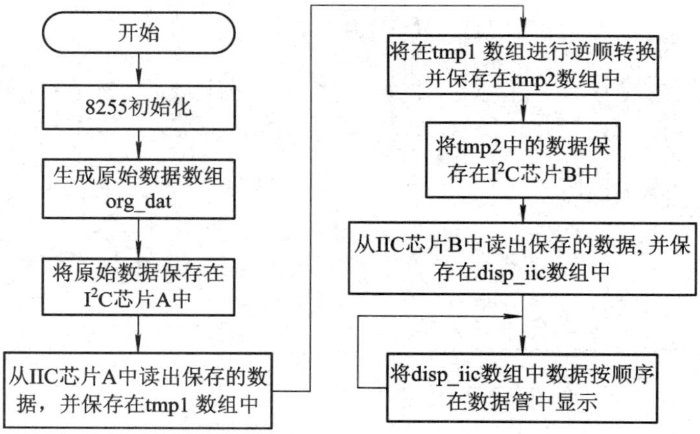

图 7-18　主函数程序流程图

3. 设计源码

根据程序流程图，可写出应用 I²C 总线的源程序，如例 7-20。

【例 7-20】　主函数 main()的代码。

```
//以下为变量声明
uchar org_dat[5]={0},tmp1[5]={0},tmp2[5]={0},disp_iic[5]={0};
//根据硬件连接定义，定义两个器件的读写地址
#define    WrAddr_A 0xa0
#define    RdAddr_A 0xa1
#define    WrAddr_B 0xa2
#define    RdAddr_B 0xa3
```

```
void main( )
{
    uchar i=0;
    init_8255();    //8255 命令字，PA/PB 均为输出，PC 低 4 位输入，高 4 位输出
    for(i=0;i<5;i++) { org_dat[i]=i;}                //生成原始数据
    WrI2C_nbyte(WrAddr_A,0,org_dat,5);               //向 A 写数据子函数
    RdI2C_nbyte(RdAddr_A,0,tmp1,5);                  //从 A 读数据子函数
    for(i=0;i<5;i++) { tmp2[i]=tmp1[4-i];}           //将 A 中读出的数据逆序放置
    WrI2C_nbyte(WrAddr_B,0,tmp2,5);                  //向 B 写数据子函数
    RdI2C_nbyte(RdAddr_B,0,disp_iic,5);              //从 B 读数据子函数
    while(1)
    {
        for(i=0;i<5;i++)
        {
            led_7s(disp_iic[i]);                     //将从 B 读出的数据显示到数码管中
            delay(250);delay(250);
        }
    }
}
```

4. 仿真结果

例 7-20 编译下载后，其仿真结果如图 7-19 所示。

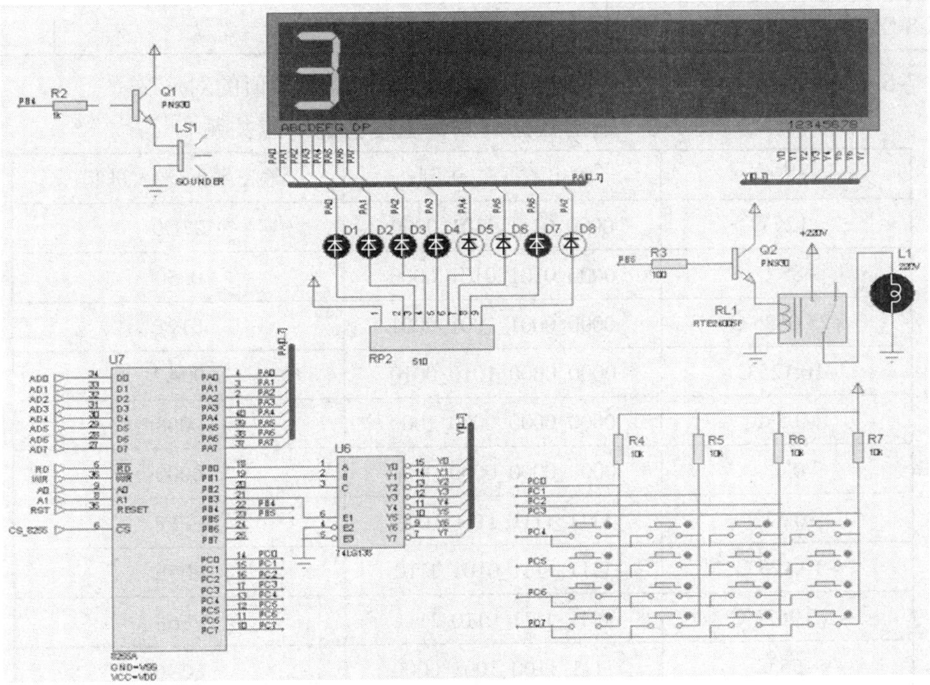

图 7-19　I²C 器件仿真结果

从仿真结果可以看出，数码管显示的是 4～0 这 5 个数，实现了设计的要求。

7.4.2 DS18B20 应用——温度采集

1．设计要求

(1) 测量某处的环境温度，并通过液晶显示出来。

(2) 每 0.5 s 更新一次数据。

2．设计说明

DS18B20 的核心部件是其数字温度传感器。温度分辨率可设置为 9、10、11 或 12 位，对应的温度值为 0.5℃、0.25℃、0.125℃和 0.0625℃。其出厂的缺省状态是 12 位。

在发出温度转换命令[44h]后，执行一次温度转换，温度数据以 16 位符号扩展的二进制补码格式存储在暂存器中。温度转换完成后，在单总线上发出读暂存器命令[BEh]可取回温度信息。数据在单总线上传输时，先传输最低位。温度寄存器的最高位包含“符号”位，表示温度的正负。

下面 以 12 位转化为例说明温度高低字节存放形式及计算。12 位转化后得到的 12 位数据，存储在 DS18B20 的两个 8 位 RAM 中，高 8 位的前 5 位是符号位。如果测得的温度大于 0，这 5 位为 0，只要将测到的数值乘于 0.0625 即可得到实际温度；如果温度小于 0，这 5 位为 1，测到的数值需要取反加 1 再乘于 0.0625 才能得到实际温度。温度高低字节有效形式及计算如表 7-5 所示。

表 7-5 温度高低字节存放形式及计算

高 8 位	S	S	S	S	S	2^6	2^5	2^4
低 8 位	2^3	2^2	2^1	2^0	2^{-1}	2^{-2}	2^{-3}	2^{-4}

表 7-6 描述了使用 12 位分辨率时，输出数据与测量温度值的对应关系。

表 7-6 输出数据与测量温度值的对应关系

温度值	输出数据(二进制)	输出数据(十六进制)
+125℃	0000_0111_1101_0000	07D0
+85℃	0000_0101_0101_0000	0550
+25.0625℃	0000_0001_1001_0001	0191
+10.125℃	0000_0000_1010_0010	00A2
+0.5℃	0000_0000_0000_1000	0008
0℃	0000_0000_0000_0000	0000
−0.5℃	1111_1111_1111_1000	FFF8
−10.125℃	1111_1111_0101_1110	FF5E
−25.0625℃	1111_1111_0110_1111	FF6F
−55℃	1111_1100_1001_0000	FC90

需要说明的是，上电复位后温度高低字节寄存器的值为 0x0550，即温度值为+85℃。

如果 DS18B20 被设置成低分辨率，则增加符号位。例如 9 位分辨率，温度高字节的高 7 位为符号位，相应的输出数据与测量温度值之间的对应关系需要重新计算。

温度采集和处理流程如图 7-20 所示。

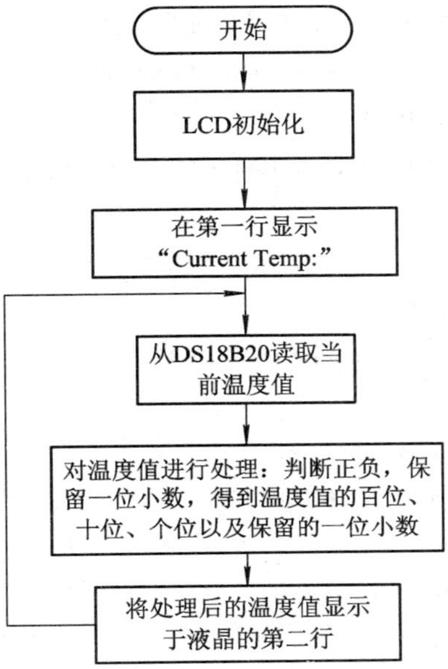

图 7-20　温度采集和处理流程图

3．设计源码

根据温度采集和处理流程图，可得到下面的 main()函数。

【例 7-21】　main 函数。

```
void main(void)
{
    uchar disp1[14]="Current Temp:";            //液晶第一行显示的内容
    uchar disp2[10]=" ";                        //液晶第二行显示的内容；温度显示 1 位小数
    uint temperature;
    Lcd_initialize();
    Lcd_display(0x00,disp1);
    while(1)
    {
        temperature=DS18B20_ReadTemp();
        if(((temperature>>8) & 0xF8)==0xF8)     //用高 5 位判断温度正负，为负则显示符号位
        {
            temperature=~temperature+1;         //反码加 1 求补码
            disp2[0]='-';                       //显示温度符号位
        }
```

```
            else
            {
                    disp2[0]=' ';
            }
        //保留 1 位小数的温度值，使用 long 型防止乘 625 后越界，共有 4 位小数
            temperature=(long int)temperature*625/1000;
            if(temperature/1000)
                    disp2[1]=temperature/1000+'0';           //温度百位
            else
                    disp2[1]=' ';
            if(temperature/100%10)
                    disp2[2]=temperature/100%10+'0';         //温度十位
            else
                    disp2[2]=' ';
            disp2[3]=temperature/10%10+'0';                  //温度个位
            disp2[4]='\.';                                   //小数点
            disp2[5]=temperature%10+'0';                     //温度小数位
            disp2[6]=0xdf;                                   //6 位和 7 位显示温度符号℃
            disp2[7]='\C';
            Lcd_display(0x40,disp2);
        }
    }
```

4. 仿真结果

将例 7-21 所列代码编译下载后，仿真结果如图 7-21 所示。从图中可以看出，液晶显示的温度与 DS18B20 标出的温度完全一致。仿真过程中，也可以随时调整 DS18B20 的温度，在调整的过程中，液晶显示的温度值也会发生相应的变化。

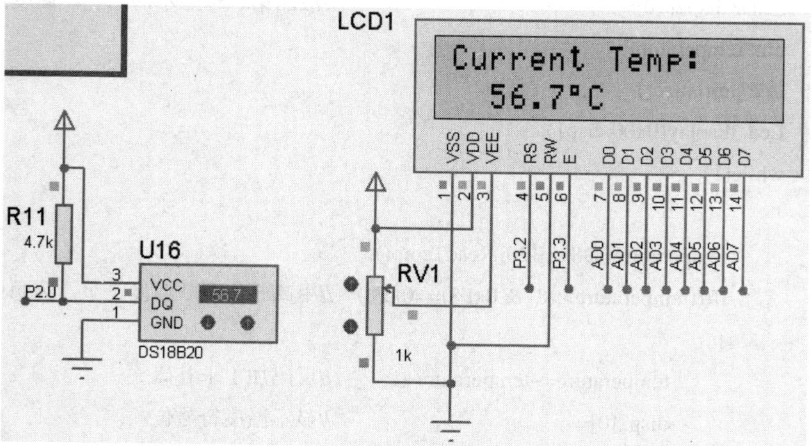

图 7-21　单点读取温度仿真结果

7.5 小　　结

在本章中，我们讨论了以下几个知识点：

- 介绍了 I²C 总线协议，并给出了 8051 单片机与 AT24C××通信的软件模拟 I²C 协议。
- 通过一个使用两片 AT24C02 的实例介绍了 I²C 器件在单片机中的应用。
- 介绍了单总线协议，并给出了 8051 单片机与 DS18B20 通信的软件模拟单总线协议。
- 通过一个使用一片 DS18B20 的温度采集的例子介绍了单总线器件在单片机中的应用。

习　　题

7-1　设置 DS18B20 的分辨率分别为 9、10、11 或 12 位，并显示相应的精度的结果。

7-2　使用下述三种方法来实现多点测温网络。

(1) 每一个 I/O 端口挂一个 DS18B20。

(2) 先读出每个 DS18B20 的 64 位 ROM 码，然后写到程序中进行匹配。

(3) 利用 SEARCH ROM 指令动态搜索 64 位 ROM 码(二叉树遍历)。

7-3　使用单总线技术设计实现一个环境状态监控系统。

环境状态监控系统通常用于程控机房、图书馆、库房、无人值守站、变电站等场所，实时监测现场环境中的温度、湿度、烟雾、浸水及非法侵入等情况，根据设定值自动报警并驱动相关执行器。它是计算机在测控领域的典型应用。

第 8 章 MCS-51 单片机实用项目设计

在本章中，我们利用以前所讲的知识，设计几个实用的单片机应用项目：交通信号灯模拟控制系统、直流电机和步进电机应用、具有校时/闹钟功能的数字钟、电子密码锁、乐曲播放器等。

8.1 原理图说明

本章使用的原理图在前几章原理图的基础上增加了一些功能器件，如图 8-1、图 8-2 和图 8-3 所示。本章设计了五个项目，前两个项目(交通信号灯模拟控制系统、直流电机和步进电机应用)使用了图 8-3 中的交通信号灯和电机等器件，这些器件为新增加器件；后三个项目(具有校时、闹钟功能的数字钟、电子密码锁、乐曲播放器)使用了图 8-2 中的键盘和液晶等器件。

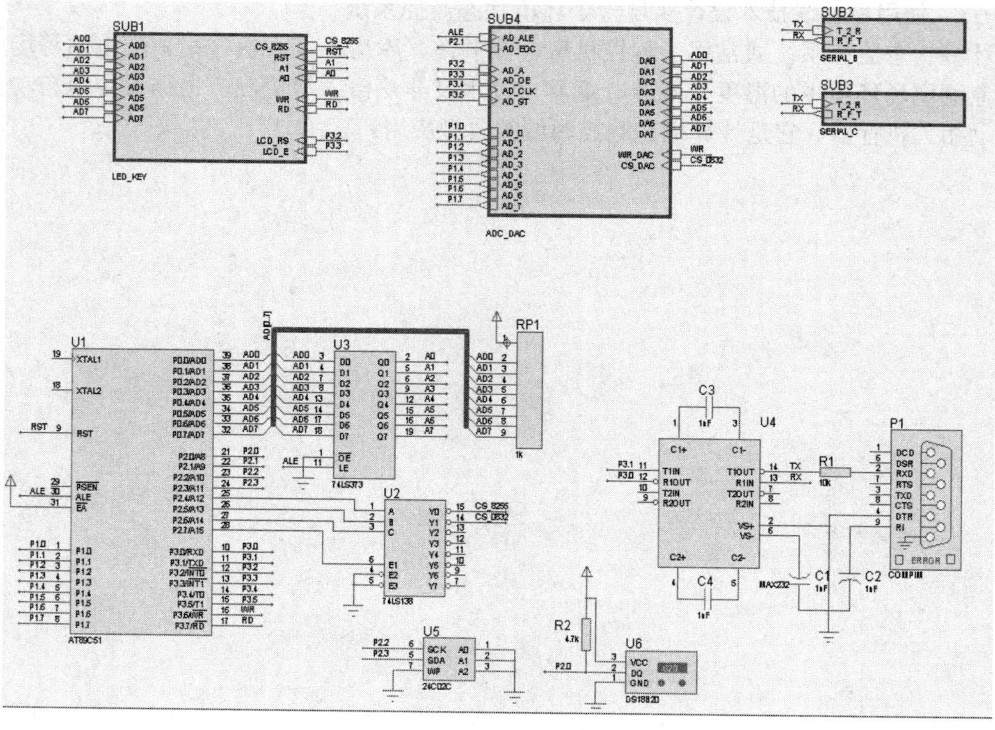

图 8-1　顶层原理图

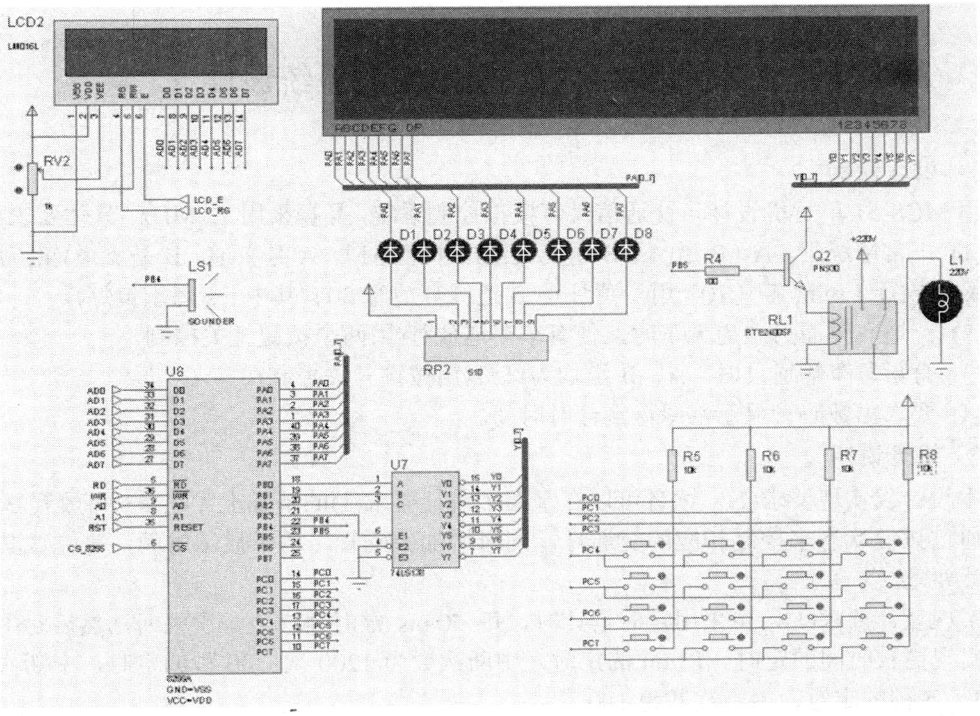

图 8-2　SUB1 子电路图

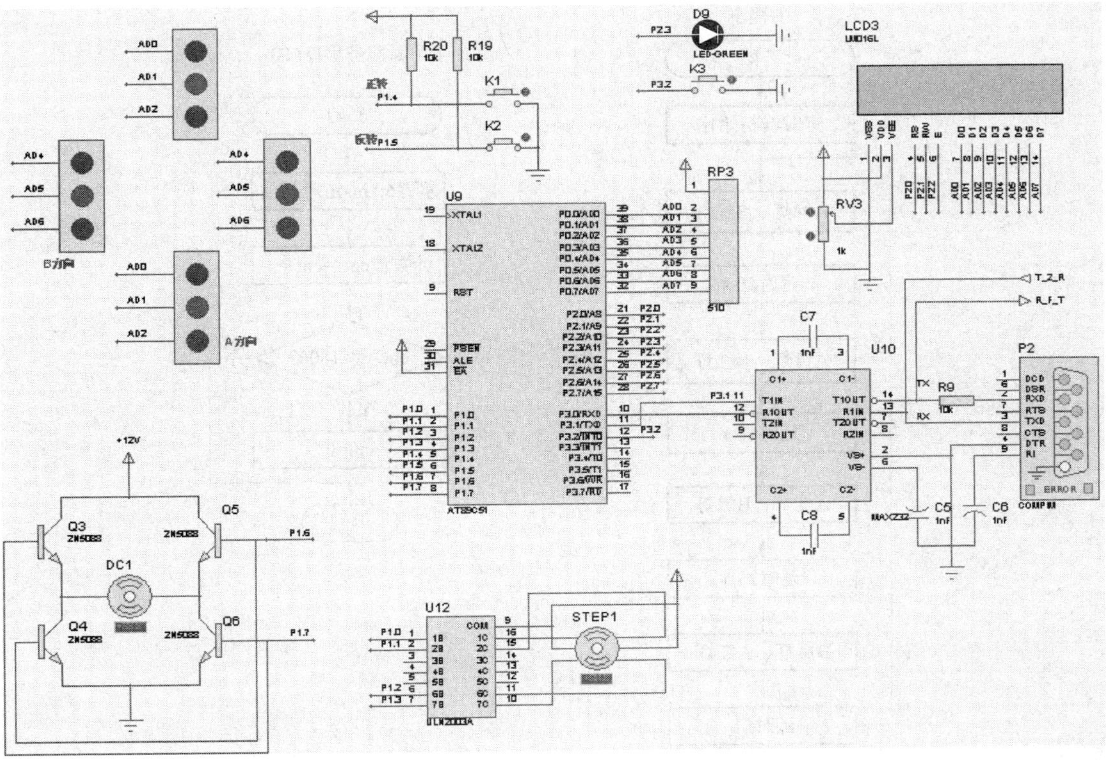

图 8-3　SUB2 子电路图

8.2 交通信号灯模拟控制系统设计

1. 设计要求

用 MCS-51 单片机设计一交通信号灯模拟控制系统，晶振采用 12 MHz。具体要求如下：

(1) 正常情况下，A、B 道(A、B 道交叉组成十字路口，A 是主道，B 是支道)轮流放行，A 道绿灯放行 1 min(其中 10 s 用于黄灯)，B 道绿灯放行 30 s(其中 5 s 用于黄灯)。

(2) 一道有车而另一道无车时，使有车车道放行(用两个按键开关控制)。

(3) 有紧急车辆通过时，A、B 道均为红灯(用按键开关控制)。

(4) 要求由数码管显示红绿灯倒计时时间。

2. 设计说明

本设计仅实现要求(1)。读者可以在掌握了设计要求(1)的基础上，在 P3 口放置 3 个按键，通过按键状态来控制相应的交通灯，同时增加数码管，用于显示时间，来完成其他两个设计要求。

实现设计要求(1)，可采用定时器计时，每 50 ms 定时器产生一次中断，然后对中断计数来实现更长时间的定时。1 min 的定时，中断次数为 1200 次；30 秒的定时，中断次数为 600 次；5 秒的定时，中断次数为 100 次。

主程序和中断服务程序的流程图如图 8-4 所示。

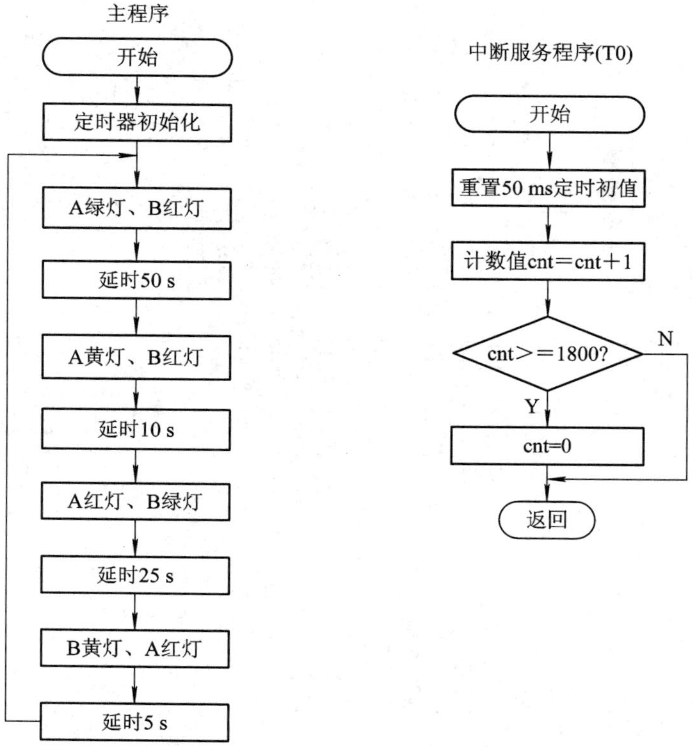

图 8-4 交通信号灯模拟控制系统程序流程图

3．设计源码

根据流程图，写出模拟交通灯控制系统源程序，如例 8-1 所示。

【例 8-1】　模拟交通灯控制系统源程序。

```
#include   <reg51.h>
#define  uchar  unsigned  char
#define  uint  unsigned  int
static uint count=0;

//定时器初始化函数
void Timer0_init()
{
      TMOD=0x01;                                   //T0 方式 1:16 位定时器
      IE=0x82;                                     //开 T0 中断
      TH0=-50000/256;TL0=-50000%256;               //定时 50 ms
      TR0=1;                                       //启动定时器
}

//定时器中断函数
void Timer0_Int(void)   interrupt 1 using 1
{
      TH0=-50000/256;TL0=-50000%256;               //定时 50 ms
      if(++count==1800) count=0;                   //1 分 30 秒的计数为 1800 次
}

//交通灯控制函数
//A 道绿灯放行 1 min(其中 10 s 用于黄灯)
//B 道绿灯放行 30 s(其中 10 s 用于黄灯)
void traffic_control()
{
      if(count<=1000) P0=0x14;                     //延时 50 s
      else if(count<=1200)    P0=0x12;             //延时 10 s
      else if(count<=1600)    P0=0x41;             //延时 20 s
      else P0=0x21;                                //延时 10 s
}

//主函数
void main()
{
      Timer0_init();
```

```
        while(1)
        {
            traffic_control();
        }
    }
```

4．仿真结果

模拟交通灯的仿真结果如图 8-5 所示。

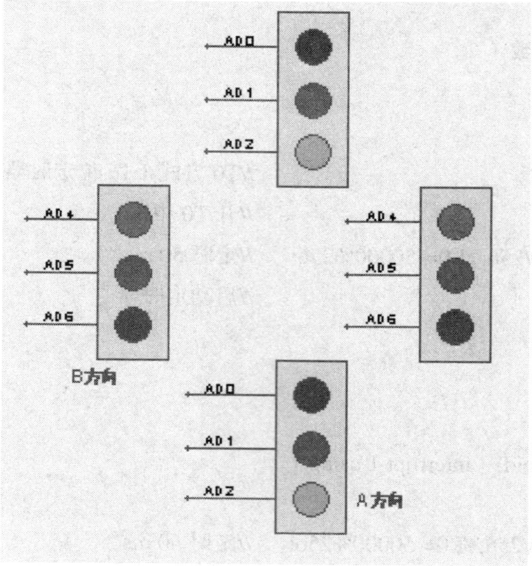

图 8-5　交通控制器仿真结果

仿真过程中，仔细观察红、黄、绿灯的持续时间和转换时刻，仿真结果说明，源程序实现了设计要求(1)。

8.3　直流电机和步进电机应用设计

1．设计要求

设计直流电机和步进电机控制器，具体要求如下：

(1) 可控制电机正转、反转及停止。

(2) 可控制步进电机的正转、反转及停止。

(3) 可控制步进电机工作于四拍或八拍方式。

2．设计说明

下面分别就直流电机控制原理和步进电机控制原理作出说明。

1) 直流电机控制原理

从图 8-3 可以看出，直流电机的正转和反转通过单片机的 P1.6 和 P1.7 管脚控制。P1.6 为高电平(P1.7 为低电平)时，右上角和左下角的三极管导通，另外两个三极管截止，电流从直流电机右侧流向左侧；同理，P1.7 为高电平(P1.6 为低电平)时，电流从直流电机左侧流向右侧。

2) 步进电机控制原理

步进电机是将电脉冲信号转变为角位移或线位移的开环控制元件。在非超载的情况下，电机的转速、停止的位置只取决于脉冲信号的频率和脉冲数，而不受负载变化的影响，即给电机加一个脉冲信号，电机则转过一个步距角。

从图 8-3 可以看出，四相步进电机的正转和反转通过单片机的 P1.0、P1.1、P1.2 和 P1.3 管脚控制，这四个管脚分别通过 ULN2003 与步进电机的四相 A、B、C 和 D 连接。四相步进电机的工作方式如下：

➢ 单四拍工作方式：其电机控制绕组 A、B、C、D 相的正转通电顺序为 A→B→C→D→A；反转通电顺序为 A→D→C→B→A。

➢ 四相八拍工作方式：正转绕组通电顺序为 A→AB→B→BC→C→CD→D→DA→A；反转绕组通电顺序为 A→DA→D→CD→C→BC→B→AB→A。

➢ 双四拍的工作方式：正转绕组通电顺序为 AB→BC→CD→DA；反转绕组通电顺序为 AD→CD→BC→AB。

显然，八拍工作方式比四拍工作方式更好地实现了步距角的细分(步距角减半)，可使步进电机工作更平稳。

根据四相步进电机的四种工作方式，可以很容易得出 P1 端口相应的控制码，具体控制码值可参见例 8-2。

另外，四相步进电机与单片机间使用了 ULN2003，该元器件是一个大电流驱动器，为达林顿管阵列电路，可输出 500 mA 电流，同时起到电路隔离作用，各输出端与 COM 间有起保护作用的反相二极管。

控制步进电机的 P1.0、P1.1、P1.2 和 P1.3 管脚以及控制直流电机的 P1.6 和 P1.7 管脚，则是根据按键 K1 和 K2 的状态进行设置的。换句话说，K1 和 K2 间接地控制了直流电机和步进电机的正转、反转。

3．设计源码

根据设计说明，写出直流电机和步进电机控制源程序，如例 8-2 所示。在例 8-2 中，main 函数可以单独调用 motor_dc 子函数来控制直流电机，或者单独调用 motor_step 子函数来控制步进电机，也可以同时调用这两个子函数来同时控制直流电机和步进电机。

【例 8-2】　直流电机和步进电机控制源码。

```
#include  <reg51.h>
#define  uchar  unsigned  char
#define  uint  unsigned  int
sbit K1=P1^4;
sbit K2=P1^5;
sbit DCmotor_A=P1^6;
sbit DCmotor_B=P1^7;

/*************延时 x 毫秒*****************/
```

```
void delay(uchar x)                              //设晶体振荡器的频率为 12 MHz
{
        uchar k;
        while(x--)                               //延时大约 x 毫秒
          for(k=0;k<125;k++){}
}
//*********可控正转、反转的步进电机***********/
//本例工作于八拍
//用两个按键控制步进电机的正转、反转，键 1 按下时正转，键 2 按下时反转
void motor_step(void)
{
        #define N 8         //N=4 时为四拍, N=8 时为八拍
        uchar code step_value[N]={0x1,0x3,0x2,0x6,0x4,0xC,0x8,0x9};  //八拍, 对应 N 为 8
//      uchar code step_value[N]={0x3,0x6,0xc,0x9};  //双四拍, 对应 N 为 4
//      uchar code step_value[N]={0x1,0x2,0x4,0x8};  //单四拍, 对应 N 为 4
        uchar i=0;
        while(1)
        {
                if((K1==0)&&(K2!=0))
                        {
                                for(i=0;i<N;i++)
                                {
                                        P1=step_value[i];          //步进电机正转
                                        delay(250);delay(250);delay(250);
                                }
                        }
                else if((K2==0)&&(K1!=0))
                        for(i=N;i>0;i--)
                        {
                                P1=step_value[i-1];                //步进电机反转
                                delay(250);delay(250);delay(250);
                        }
                else P1=0x00;
        }
}

//*********可控正转、反转的直流电机***********/
//用两个按键控制步进电机的正转、反转，键 1 按下时正转，键 2 按下时反转
void motor_dc(void)
{
```

```
while(1)
    {
        if((K1==0)&&(K2!=0))
            {
                DCmotor_A=0; DCmotor_B=1;
            }
        else if((K2==0)&&(K1!=0))
            {
                DCmotor_A=1; DCmotor_B=0;
            }
        else
            {
                DCmotor_A=0; DCmotor_B=0;
            }


    }
}

void main(void)
{
//      motor_dc();
        motor_step();
}
```

4. 仿真结果

直流电机和步进电机的仿真结果分别见图 8-6 和图 8-7。

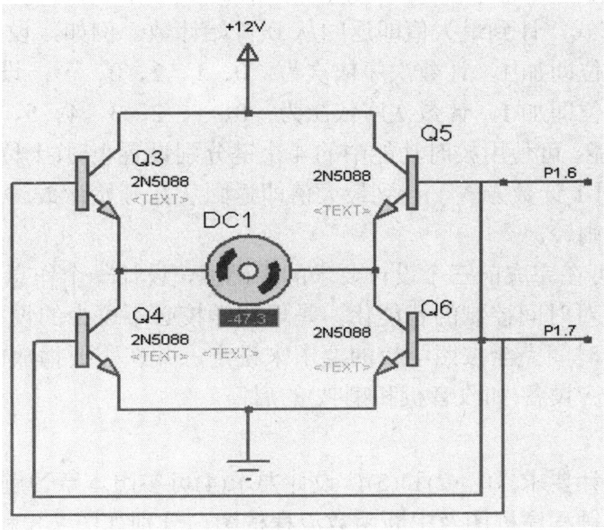

图 8-6　直流电机反转仿真结果

图 8-6 为直流电机的仿真结果。仿真结果表明，可通过图 8-3 中的按键 K1 和 K2 来控制直流电机的正转、反转和停止，实现了设计要求(1)。

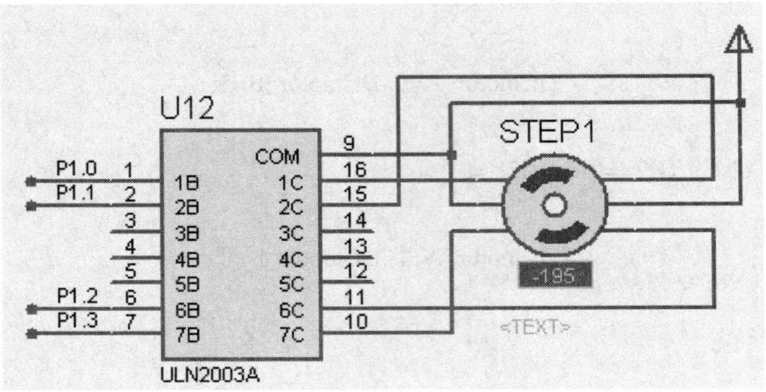

图 8-7　步进电机反转仿真结果(八拍、步进角为 30°)

图 8-7 为步进电机仿真结果，通过仿真结果可以看出该设计实现了设计要求(2)和(3)。通过对八拍工作方式和四拍工作方式分别进行仿真，可以发现两者的步距角是不同的。

8.4　具有校时、闹钟功能的数字钟设计

1．设计要求

设计一个数字钟。具体要求如下：

(1) 可显示小时、分钟、秒、百分秒，采用 24 小时制，当前时间使用液晶显示器显示。

(2) 具有校时功能，使用 4 个键分别用来调整小时(十位和个位)和分钟(十位和个位)，按键采用加 1 计数方式，计到最大值即返回从 0 开始计数。例如，设置小时十位的按键，每按键一次，小时十位即加 1，计数次序依次为：0、1、2、0、…；设置分钟十位的按键，每按键一次，分钟十位即加 1，计数次序依次为：0、1、2、3、4、5、0、1、…。

(3) 具有闹钟功能，可使用校时功能中的 4 个键分别设置小时(十位和个位)和分钟(十位和个位)，按键采用加 1 计数方式，计到最大值即返回从 0 开始计数。当设置的闹钟时间与当前时间一致时，则闹铃。

(4) 扩展部分：可在完成前三个设计要求的基础上，设计一个作息时间控制器。单片机作息时间控制实现了对时间控制的智能化，是现代学校必不可少的设备。作息时间控制器的具体要求是：作息时间完全按照学校的要求来设定，并在需要播放收音机或播放广播体操时，能准时控制相应设备(如收音机和喇叭)的启停。

2．设计说明

本代码仅实现设计要求(1)、(2)和(3)，设计要求(4)可参照本章习题由读者自行完成。

数字钟校时和闹钟程序框图及中断函数流程框图，分别如图 8-8 和图 8-9 所示。

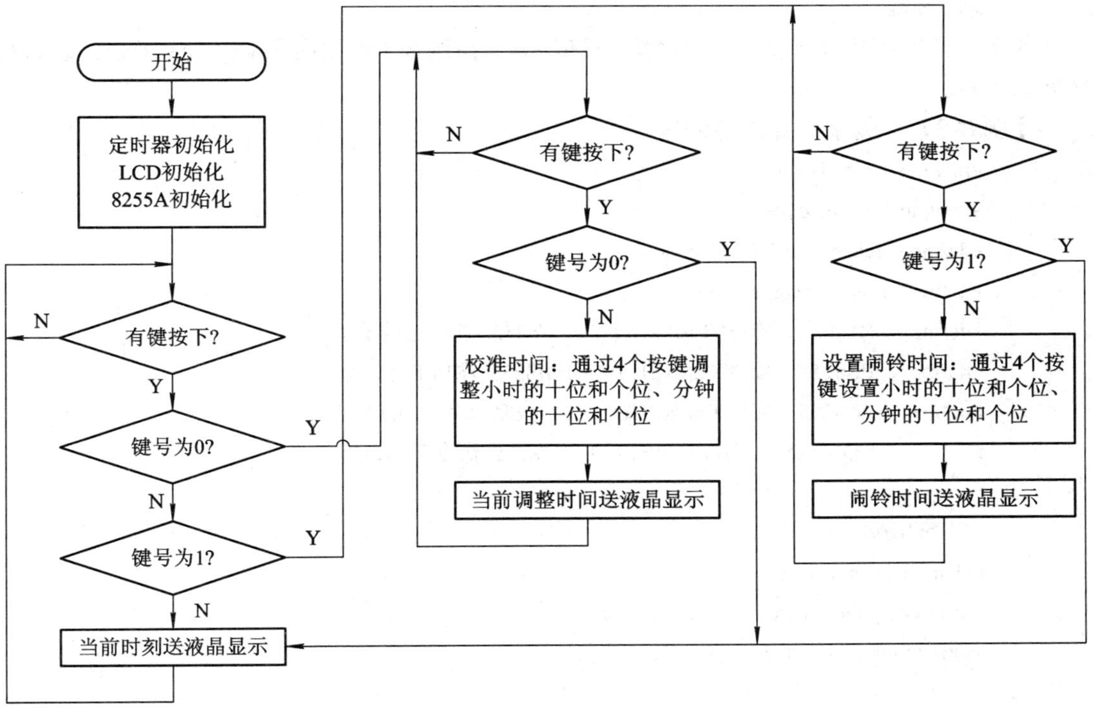

图 8-8　数字钟校时和闹钟程序框图

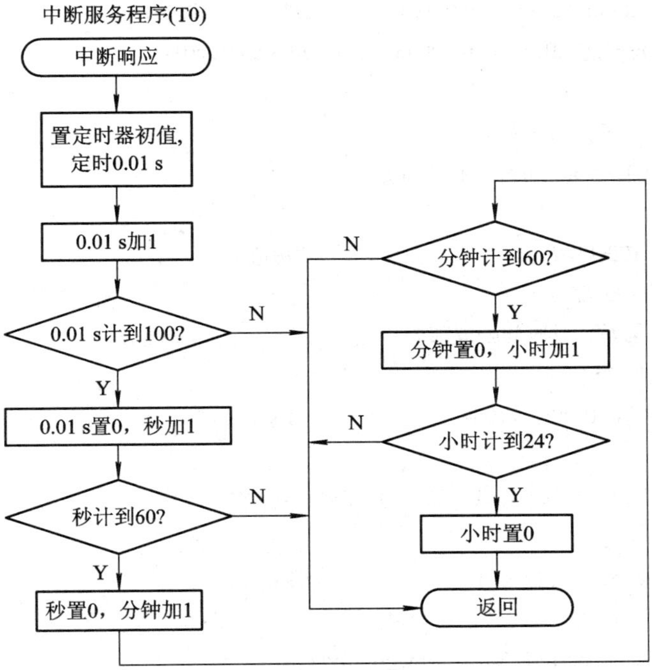

图 8-9　定时器 T0 中断服务程序流程图

3. 设计源码

数字钟处理源程序见例 8-3，主程序见例 8-4。在例 8-3 中引用了 keyscan 函数，该函数参见第 3 章。

【例 8-3】 数字钟处理源程序。

```
#include  <reg51.h>
#include  <absacc.h>
#define  uchar  unsigned  char
#define  uint  unsigned  int
#define   PA8255   XBYTE[0x81fc]     //8255 端口 A 的地址
#define   PB8255   XBYTE[0x81fd]     //8255 端口 B 的地址
#define   PC8255   XBYTE[0x81fe]     //8255 端口 C 的地址
#define   COM8255   XBYTE[0x81ff]   //8255 命令字的地址

//以下为函数声明
uchar keyscan(void);
void Lcd_display(uchar addr, uchar *str );
void digital_clock_display(uchar);

//数字钟的计时缓冲与显示缓冲
uchar Time_buffer[]={0,0,0,0};                //时，分，秒, 0.01 s
uchar Time_alarm_buffer[]={0,0,0,0};          //时，分，秒, 0.01 s
uchar Lcd_disply_buffer[]={"00:00:00:00"};    //hh:mm:ss:01s

// 定时器 0 中断服务例程
void Timer0_Int(void) interrupt 1 using 1
{
     TL0=-10000%256;                     //初值重载
     TH0=-10000/256;
     //下面为数字钟时间处理部分
     Time_buffer[3]++;
     if(Time_buffer[3]==100)             //1 s
     {
          Time_buffer[3]=0;   Time_buffer[2]++;
     }
     if(Time_buffer[2]==60)              //1 min
     {
          Time_buffer[2]=0;   Time_buffer[1]++;
     }
     if(Time_buffer[1]==60)              //1 hour
```

```
        {
            Time_buffer[1]=0;   Time_buffer[0]++;
        }
        if(Time_buffer[0]==24)              //1day
        {
            Time_buffer[0]=0;
        }
}

//   *************定时器 T0 初始化*****************//
void Timer_init(void)
{
    TMOD=0x01;                  //定时器 0 方式 1:16 位定时器
    TL0=-10000%256;             //定时器模式与初值设定：定时 10 ms
    TH0=-10000/256;
    IE=0x82;                    //开中断,T0 中断
    TR0=1;                      //启动定时器 0
}

//   *************数字钟显示计时*****************//
//显示在液晶上，格式为 hh:mm:ss:百分秒
//sel 为 1 时显示当前时间; sel 为 0 时显示闹钟设定时间
//当闹钟设定时间和当前时间一致时，则闹铃
void digital_clock_display(uchar sel)
{
    uchar i=0;
//显示
    if(sel==0)
        for(i=0;i<4;i++)
        {
            Lcd_disply_buffer[3*i] = Time_alarm_buffer[i]/10+'0';
            Lcd_disply_buffer[3*i+1] = Time_alarm_buffer[i]%10+'0';
        }
    else
        for(i=0;i<4;i++)
        {
            Lcd_disply_buffer[3*i] = Time_buffer[i]/10+'0';
            Lcd_disply_buffer[3*i+1] = Time_buffer[i]%10+'0';
        }
```

```
        Lcd_display(0x40,Lcd_disply_buffer);
//闹铃，响 1 s 某种特定频率的音乐，如叮咚声
        if((Time_alarm_buffer[0]==Time_buffer[0])&&(Time_alarm_buffer[1]==Time_buffer[1])
        &&(Time_alarm_buffer[2]==Time_buffer[2]))
        {
            PB8255=0x10;
        }
        else
        {
            PB8255=0x00;
        }

}

//   *************数字钟校时和闹钟程序*****************//
//第一行从左至右第一个键(0x18)用于校时，第二个键(0x14)用于闹钟时间设定
//第二行从左至右的四个键(0x28/0x24/0x22/0x21)分别用来调时十位/时个位/分十位/分个位
void adjust_digital_clock(void)
{
        uchar tmp1,tmp2;
        if((tmp1=keyscan())==1)
            while((tmp2=keyscan())!=1) {
                    if(tmp2==4)            //小时十位加 1
                    {       Time_alarm_buffer[0]=Time_alarm_buffer[0]+10;
                            if(Time_alarm_buffer[0]/10==3)
        Time_alarm_buffer[0]=Time_alarm_buffer[0]%10;
                    }
                    else if(tmp2==5)  //小时个位加 1
                    {       Time_alarm_buffer[0]++;
                            if(Time_alarm_buffer[0]%10==0)
                                    Time_alarm_buffer[0]=Time_alarm_buffer[0]-10;
                    }
                    else if(tmp2==6)    //分十位加 1
                    {       Time_alarm_buffer[1]=Time_alarm_buffer[1]+10;
                            if(Time_alarm_buffer[1]/10==6)
                                    Time_alarm_buffer[1]=Time_alarm_buffer[1]%10;
                    }
                    else if(tmp2==7)  //分个位加 1
                    {       Time_alarm_buffer[1]++;
```

```
                    if(Time_alarm_buffer[1]%10==0)
                        Time_alarm_buffer[1]=Time_alarm_buffer[1]-10;
                }
                digital_clock_display(0);
            }
        else if(tmp1==0)
        {
            TR0=0;
            while((tmp2=keyscan())!=0) {
                if(tmp2==4)         //小时十位加 1
                {   Time_buffer[0]=Time_buffer[0]+10;
                    if(Time_buffer[0]/10==3)  Time_buffer[0]=Time_buffer[0]%10;
                }
                else if(tmp2==5)  //小时个位加 1
                {   Time_buffer[0]++;
                    if(Time_buffer[0]%10==0)  Time_buffer[0]=Time_buffer[0]-10;
                }
                else if(tmp2==6)   //分十位加 1
                {   Time_buffer[1]=Time_buffer[1]+10;
                    if(Time_buffer[1]/10==6)  Time_buffer[1]=Time_buffer[1]%10;
                }
                else if(tmp2==7)   //分个位加 1
                {   Time_buffer[1]++;
                    if(Time_buffer[1]%10==0)  Time_buffer[1]=Time_buffer[1]-10;
                }
                digital_clock_display(1);
            }
            TR0=1;
        }
        else
            digital_clock_display(1);
    }
```

【例 8-4】 主程序。

```
#define  uchar  unsigned  char
#define  uint  unsigned  int
//以下为函数声明
void init_8255(void);
void Timer_init(void);
void Lcd_initialize(void);
```

```
void Lcd_display(uchar addr, uchar *str );
void adjust_digital_clock(void);

void main(void)
{
      init_8255( );
      Lcd_initialize( );
      Lcd_display(0x00,"digital clock:");
      Timer_init( );
      while(1)
       {
            adjust_digital_clock();      //显示时钟，校时，闹铃
       }
}
```

4．仿真结果

仿真结果如图 8-10 所示。仿真结果表明，本设计实现了设计要求。

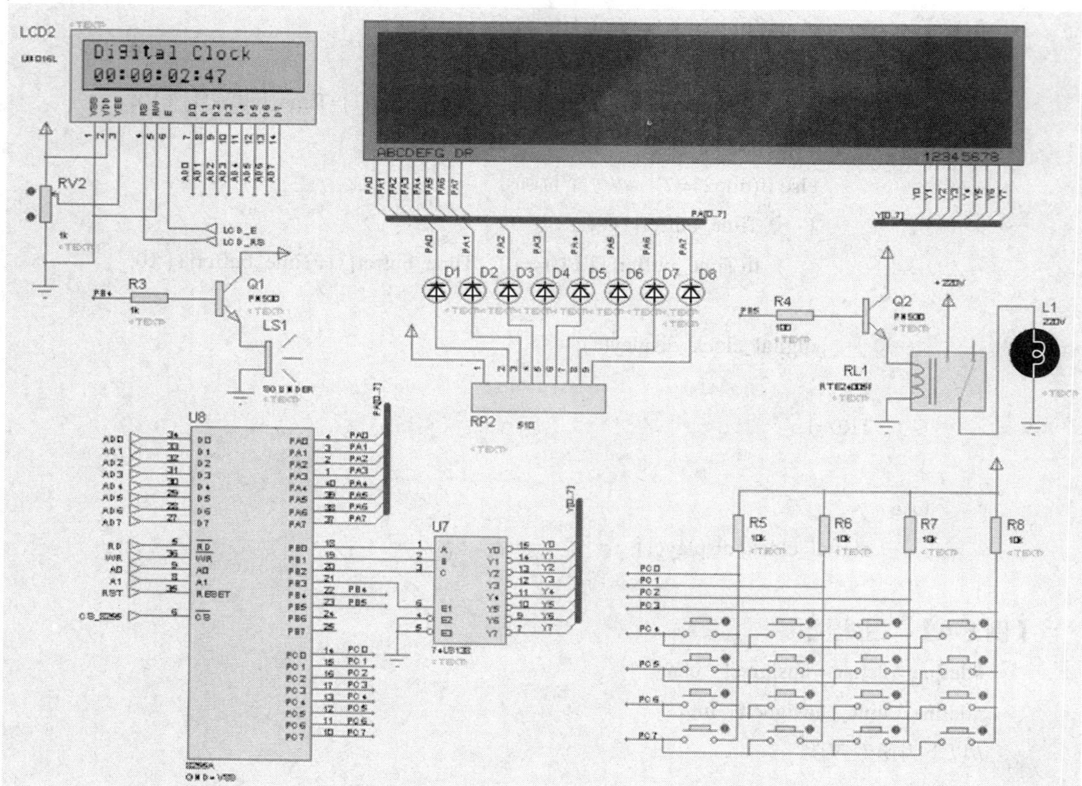

图 8-10　数字钟显示界面(液晶屏上显示当前时间)

8.5　电子密码锁设计

1．设计要求

设计一个电子密码锁。具体要求如下：

(1) 密码锁密码为 6 位数字，初始密码为“666666”，保存在 24C02 中。

(2) 使用密码开锁后，用户可以重新设置自己的用户密码，要求密码必须为 6 位数字，并且新密码要输入两次，设置完成后保存在 24C02 中。设置用户密码成功后，密码锁必须采用新密码开启。

(3) 使用三个按键控制各功能：一个用于上锁，一个在开锁状态用于重置密码，第三个用于开锁。

(4) 重设密码时，如输入的不是 6 位数字，要求在 LCD 上提示重新输入；设置密码成功后，要求在 LCD 上提示密码重置成功。重设密码时，两次输入新密码中间，要求有再输一次的提示信息。开锁时，若密码输入错误时，也要在 LCD 上提示密码错误，请重新输入。

(5) 使用密码开锁时，若连续 5 次输入密码错误，则要求用户在 5 分钟后重试，并在 LCD 上提示。

(6) 使用指示灯来指示密码锁状态，灯亮表示密码正确，锁已打开；灯灭表示锁未打开。

2．设计说明

本设计仅完成设计要求(1)～(4)，设计要求(5)和(6)在理解设计要求(1)、(2)、(3)、(4)的基础上很容易实现，这部分留给读者自行完成。

密码锁处理子程序、重置密码子程序和开锁子程序的流程图分别如图 8-11、图 8-12、图 8-13 所示。

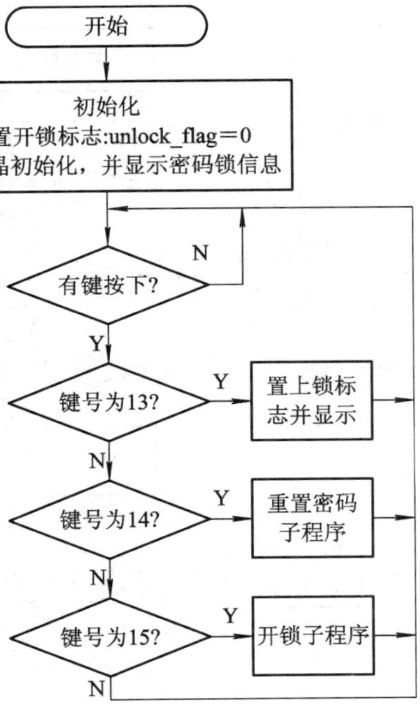

图 8-11　密码锁处理程序框图

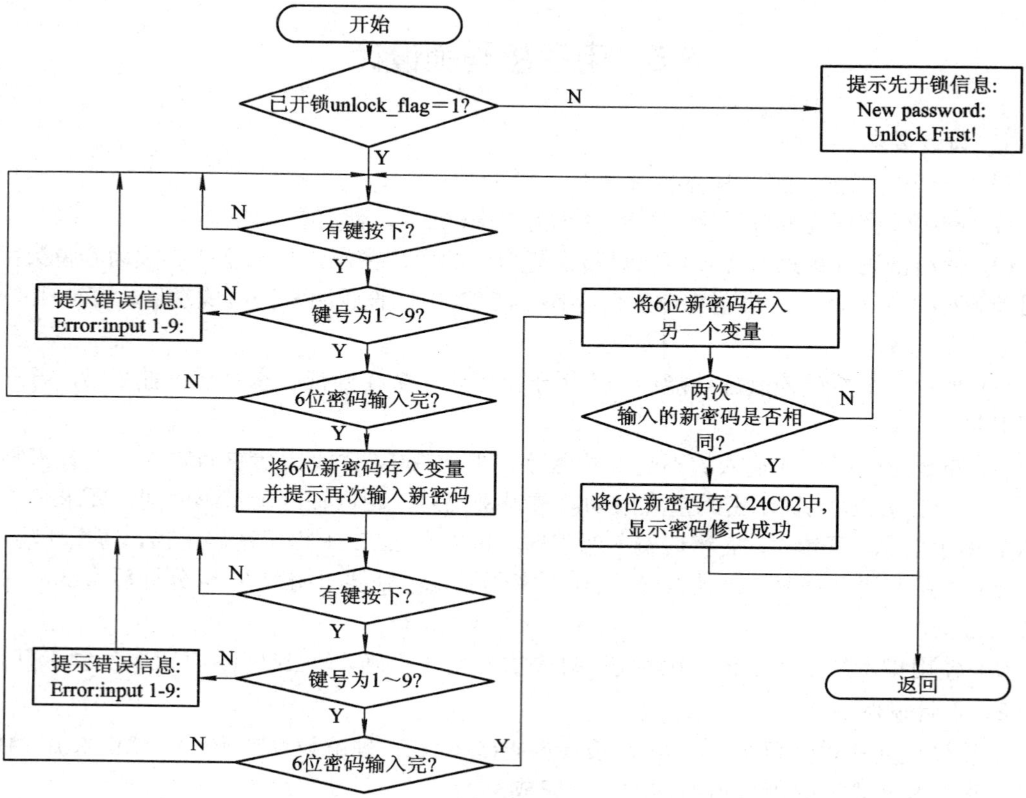

图 8-12 重置密码子程序流程图

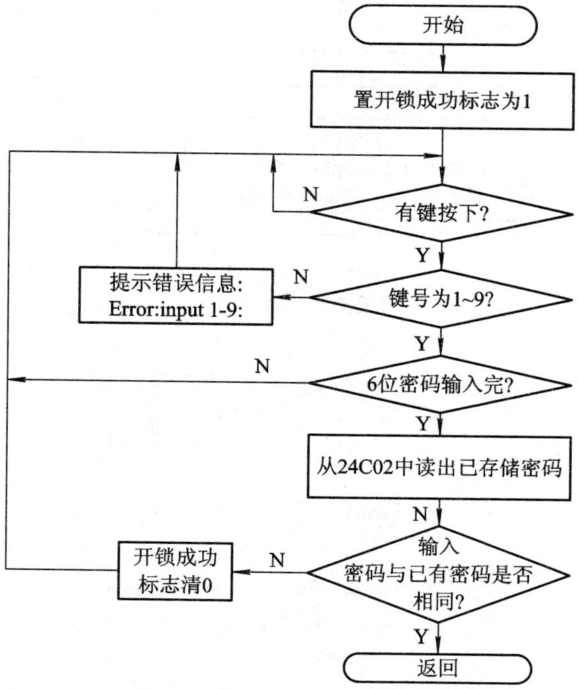

图 8-13 开锁子程序流程图

3．设计源码

密码锁处理源程序见例 8-5，主程序见例 8-6。在例 8-5 中引用的 Write_nbyte 和 Read_nbyte 是 I²C 处理函数，keyscan 是键盘处理函数，Lcd_initialize 和 Lcd_display 是液晶显示器处理函数，这些函数参见前面相应章节。

【例 8-5】　密码锁处理源程序。

```
#include   <reg51.h>
#include   <string.h>

#define   uchar   unsigned   char
#define   uint   unsigned   int
uchar unlock_flag=0;                    //unlock_flag 用于已开锁标志，为 1 表示已开锁
uchar tmp1,tmp2,cnt,flag;               //flag=1 表示设置密码成功
uchar password_user[7]={0},password_store[7]={0},password_load[7]={0};

//下面地址定义中包含使能 138 芯片的信息
#define    PA8255    XBYTE[0x80fc]      //8255 端口 A 的地址
#define    PB8255    XBYTE[0x80fd]      //8255 端口 B 的地址
#define    PC8255    XBYTE[0x80fe]      //8255 端口 C 的地址
#define    COM8255   XBYTE[0x80ff]      //8255 命令字的地址

void Write_nbyte(uchar add,uchar *str,uchar num);
void Read_nbyte(uchar add,uchar *str,uchar num);
uchar keyscan(void);
void Lcd_initialize(void);
void Lcd_display(uchar addr, uchar *str );
void delay(uchar x);
void password_reset();                  //重置密码子程序
void unlock();                          //开锁子程序

//密码锁初始化：将初始密码 666666 存放于 24C02 中
void password_lock_init(void)
{
Write_nbyte(0,"666666",6);              //将初始密码存放在 24C02 中
unlock_flag=0;
}

//密码锁功能设置：13 号键用于上锁、14 号键用于重置密码(开锁状态下)、15 号键用于开锁
void password_lock(void)
{
```

```
        if((tmp1=keyscan())==13)                        //上锁
        {
//          PA8255=0x00;
            Lcd_display(0x00,"password lock:   ");      //第 1 行
            Lcd_display(0x40,"locked           ");
            unlock_flag=0;                              //为 0 表示上锁，为 1 表示已开锁
        }
        else if(tmp1==14)                               //重置密码
        {
            password_reset();
        }
        else if(tmp1==15)                               //开锁
        {
            unlock();
        }
    }

    //重置密码函数
    void password_reset(void)
    {
        if(unlock_flag==1)                              //已开锁？
        {
            do{
                cnt=0; flag=1;                          //重置密码成功标志
                Lcd_display(0x00,"New password:    ");
                Lcd_display(0x40,"                 ");
                while(cnt<6)
                {
                    if(((tmp2=keyscan())>=0)&&(tmp2<=9))
                    {
                        Lcd_display(0x00,"6 bit password: ");
                        password_user[cnt]=tmp2+'0';
                        Lcd_display(0x40+cnt,"*        ");
                        cnt=cnt+1;
                    }
                    else if(tmp2!=0xff)
                    {
                        Lcd_display(0x00,"Error:input 1-9:");
                    }
```

```
                }
                cnt=0;
                Lcd_display(0x00,"password again: ");
                Lcd_display(0x40,"                ");
                while(cnt<6)
                {
                    if(((tmp2=keyscan())>=0)&&(tmp2<=9))
                    {
                        Lcd_display(0x00,"6 bit password: ");
                        password_store[cnt]=tmp2+'0';
                        Lcd_display(0x40+cnt,"*   ");
                        cnt=cnt+1;
                    }
                    else if(tmp2!=0xff)
                    {
                        Lcd_display(0x00,"Error:input 1-9:");
                    }
                }
                if(strcmp(password_store,password_user)!=0)
                {
                    flag=0;
                    Lcd_display(0x40,"retry reset pw: ");    //重新重置密码约 1 s
                    delay(250);delay(250);delay(250);delay(250);
                }
            }while(!flag);
            Write_nbyte(0,password_store,6);                 //将重置密码存放在 24C02 中
            Lcd_display(0x00,"reset pw success");            //重置密码成功
        }
        else                                                 //未开锁
        {
            Lcd_display(0x00,"New password:     ");
            Lcd_display(0x40,"Unlock First!     ");
        }
    }

//开锁函数
void unlock(void)
{
    do{
```

```
            cnt=0;unlock_flag=1;                          //flag 为开锁成功标志
            Lcd_display(0x00,"unlock,password: ");
            Lcd_display(0x40,"                 ");
            while(cnt<6)
            {
                if(((tmp2=keyscan())>=0)&&(tmp2<=9))
                {
                    Lcd_display(0x00,"unlock,password: "); //显示提示信息：输入开锁密码
                    password_user[cnt]=tmp2+'0';
                    Lcd_display(0x40+cnt,"*          ");
                    cnt=cnt+1;
                }
                else if(tmp2!=0xff)
                {
                    Lcd_display(0x00,"Error:input 1-9:");
                }
            }
            Read_nbyte(0,password_load,6);                /将取出存放在 24C02 中的密码
            if(strcmp(password_load,password_user)!=0)
            {
                unlock_flag=0;
                Lcd_display(0x40,"unlock,FAILED!      "); //显示开锁失败约 1 s
                delay(250);delay(250);delay(250);delay(250);
            }
        }while(!unlock_flag);
        Lcd_display(0x40,"unlock,OK!        ");           //显示开锁成功
    }
```

【例 8-6】　主程序。

```
#define  uchar  unsigned  char
#define  uint  unsigned  int

//以下为函数声明
void init_8255(void);
void Lcd_initialize(void);
void Lcd_display(uchar addr, uchar *str );
void password_lock_init(void);
void password_lock(void);

void main(void)
```

```
{
    init_8255( );
    Lcd_initialize( );
    Lcd_display(0x00,"password lock:");
    password_lock_init( );
    while(1)
    {
        password_lock();
    }
}
```

4. 仿真结果

图 8-14 为开锁过程及开锁成功界面，图 8-15 为密码设置过程、第二次输入新密码提示界面及密码设置成功界面。仿真结果表明，本设计实现了设计要求。

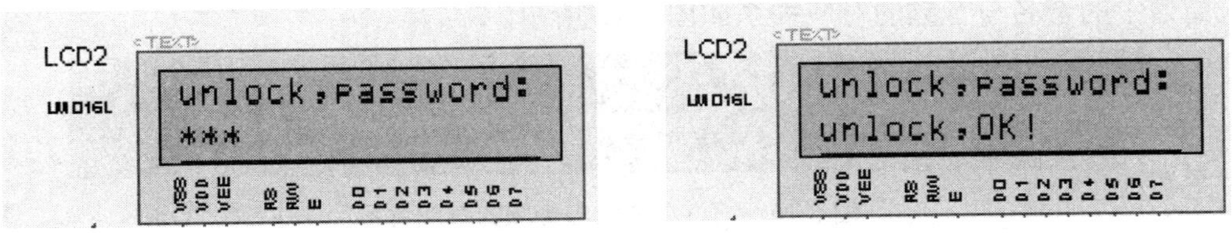

图 8-14　开锁过程及开锁成功界面

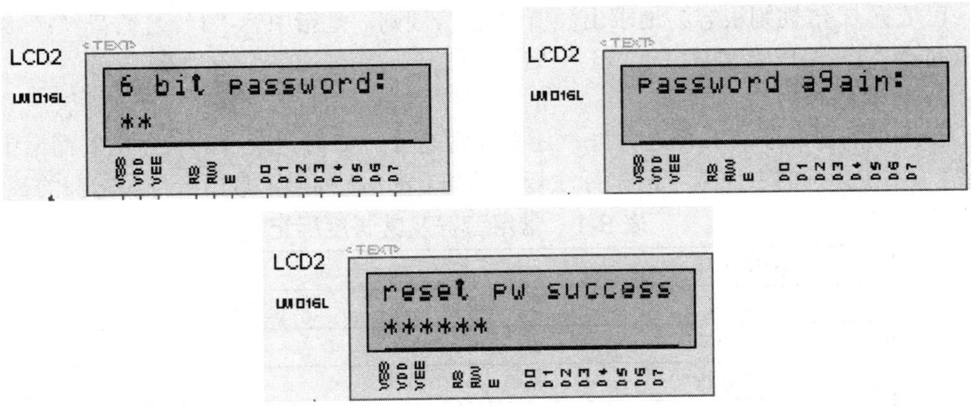

图 8-15　密码设置过程、第二次输入新密码提示界面及密码设置成功界面

8.6　乐曲播放器设计

1. 设计要求

本节设计一个乐曲播放器，具体要求如下：

(1) 可由一个按键控制播放的曲目，每按键一次，就按顺序播放下一个曲目，播放到最后一个曲目时，再从第一首曲目播放。

(2) 播放的第几首曲目由数码管显示出来。

(3) 曲目的音调用 3 个数码管来显示，每个数码管分别用于低音、中音和高音的显示。

(4) 了解乐谱的一些基本知识，可以将乐谱转换为相应的乐曲文件由单片机播放。

(5) 在完成上述设计要求的基础上，可以进一步制作一个电子琴。使用矩阵键盘模拟演奏电子琴，按下某键后，发出相应的频率，持续时间 1 s。

2. 设计说明

本节的设计仅完成设计要求(1)和(2)。设计要求(3)、(4)和(5)，留给读者完成。本节设计中包含有 3 首曲目：第一首是低、中、高音 21 个音调顺序播放；第二首是警铃声；第三首是乐曲《两只老虎》。

下面首先介绍乐曲演奏的原理。组成乐曲的每个音符的频率值(音调)及其持续时间(音长)是乐曲能连续演奏所须的两个基本数据。因此，只要控制输出到扬声器的激励信号频率的高低和持续的时间，就可以使扬声器发出连续的乐曲声。

1) 音调的控制

简谱中的音名与音频的对应关系如图 8-16 所示。

```
音调频率如下：0--低音，1--中音，2--高音
0音1:262   0音2:294   0音3:330   0音4:349   0音5:392   0音6:440   0音7:494
1音1:523   1音2:587   1音3:659   1音4:698   1音5:784   1音6:880   1音7:988
2音1:1047  2音2:1175  2音3:1319  2音4:1397  2音5:1568  2音6:1760  2音7:1976
```

图 8-16　简谱中音名与音频的对应关系

图 8-16 中仅列出了低音、中音和高音的频率，对于比低音低八度或者比高音高八度的音，可依据 2 倍规则很容易地求出。所谓 2 倍规则，是指中音“1”是低音“1”频率的 2 倍，高音“1”是中音“1”的 2 倍，依次类推。

2) 音长的控制

音乐中的音除了有高低之分外，还有长短之分。如何记录音的长短呢？简谱中用一条横线“—”在音符的右面或下面来标注音的长短。表 8-1 列出了常用音符和它们的长度标记。

表 8-1　常用音符及其长度标记

音符名称	写 法	时 值
全音符	5 — — —	四拍(可设为 1 s)
二分音符	5 —	二拍
四分音符	5	一拍
八分音符	$\underline{5}$	半拍
十六分音符	$\underline{\underline{5}}$	四分之一拍
三十二分音符	$\underline{\underline{\underline{5}}}$	八分之一拍

从表中可以看出横线有记在音符后面的，也有记在音符下面的，横线标记的位置不同，被标记的音符的时值也不同。从表中可以发现一个规律，即要使音符时值延长，在四分音符右边加横线“—”，这时的横线叫延时线，延时线越多，音持续的时间(时值)越长。

记在音符右边的小圆点称为附点，表示增加前面音符时值的一半，带附点的音符叫附点音符。例如：四分附点音符 $5\cdot = 5 + \underline{5}$，八分附点音符：$\underline{5}\cdot = \underline{5} + \underline{\underline{5}}$。

音乐中除了有音的高低、长短之外，也有音的休止。表示声音休止的符号叫休止符，用“0”标记。每增加一个 0，就增加一个四分休止符时的时值。

根据设计要求，可画出程序流程图，如图 8-17 所示。

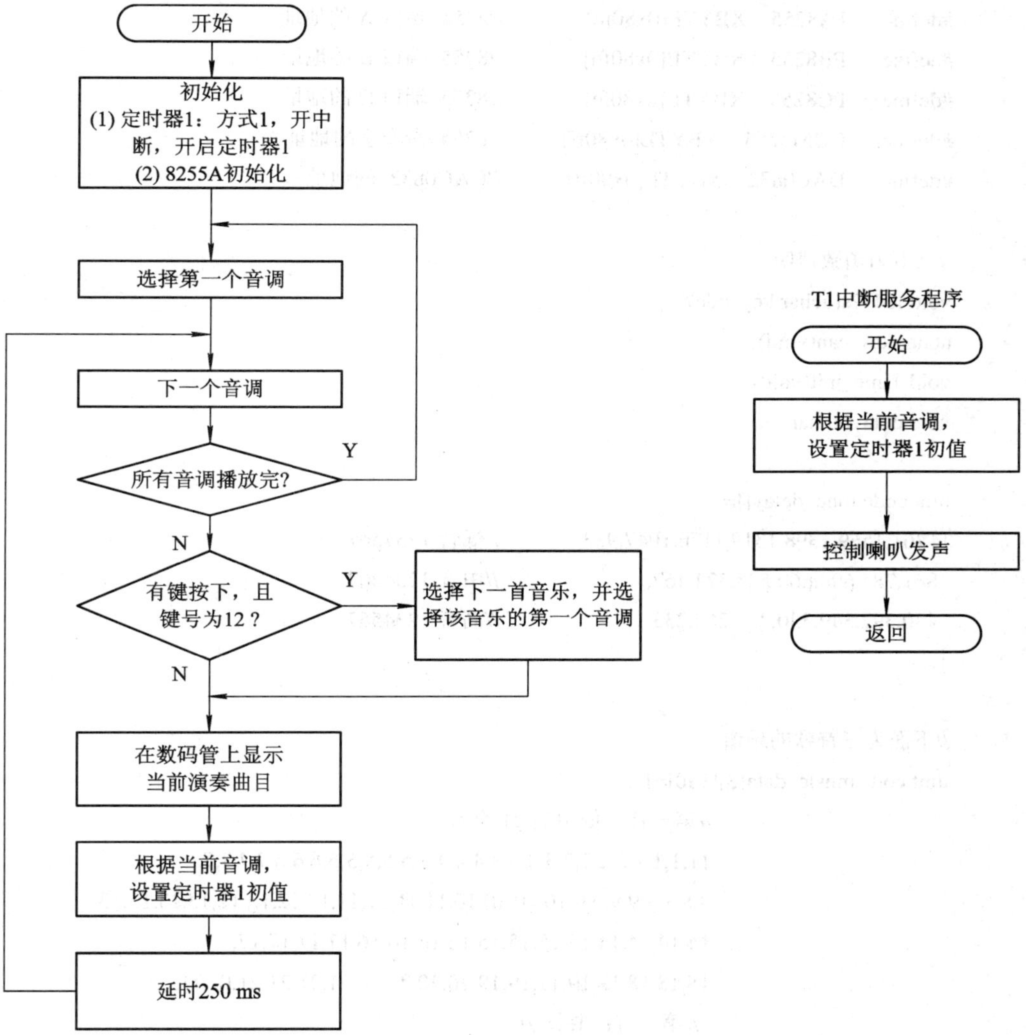

图 8-17　播放音乐程序流程图

3. 设计源码

音乐播放器源程序见例 8-7，主程序见例 8-8。在例 8-7 中引用的 led_7s 是数码管显示函数，keyscan 是键盘处理函数，参见第 3 章。

【例 8-7】　音乐播放器源程序。

```
#include  <reg51.h>
#include  <absacc.h>

#define  uchar  unsigned  char
```

```
#define  uint  unsigned  int

//下面地址定义中包含使能 138 芯片的信息
#define   PA8255   XBYTE[0x80fc]          //8255 端口 A 的地址
#define   PB8255   XBYTE[0x80fd]          //8255 端口 B 的地址
#define   PC8255   XBYTE[0x80fe]          //8255 端口 C 的地址
#define   COM8255   XBYTE[0x80ff]         //8255 命令字的地址
#define   DAC0832   XBYTE[0x90ff]         //DAC0832 的地址

//以下为函数声明
void led_7s(uchar keycode);
uchar keyscan(void);
void Time_init(void);
void delay(uchar x);

uint code tone_delay[]=
{1761,1569,1398,1319,1176,1047,933,          //低音 1234567
 881,785,699,660,588,524,467,                //中音 1234567
 440,392,349,330,294,262,233                 //高音 1234567
};

//下面为三首歌的乐谱
uint code music_data[3][130]={
                    //第一首：低中高 21 个音
                    {1,1,1,1,2,2,2,2,3,3,3,3,4,4,4,4,5,5,5,5,6,6,6,6,7,7,7,7,
                    8,8,8,8,9,9,9,9,10,10,10,10,11,11,11,11,12,12,12,12,13,13,13,13,
                    14,14,14,14,15,15,15,15,16,16,16,16,17,17,17,17,
                    18,18,18,18,19,19,19,19,20,20,20,20,21,21,21,21,0xff},
                     //第二首：警铃声
                    {12,12,12,12,12,12,12,12,2,2,2,2,2,2,2,2,0xff},
                    //第三首：两只老
                    //两只老虎，两只老虎，跑得快，跑得快
                    {8,8,8,8,9,9,9,9,10,10,10,10,8,8,8,8,
                        8,8,8,8,9,9,9,9,10,10,10,10,8,8,8,8,
                    10,10,10,10,11,11,11,11,12,12,12,12,12,12,12,12,
                        10,10,10,10,11,11,11,11,12,12,12,12,12,12,12,12,
                    //一只没有眼睛，一只没有耳朵，真奇怪，真奇怪
                    12,12,12,13,12,12,12,11,10,10,10,10,8,8,8,8,
                        12,12,12,13,12,12,12,11,10,10,10,10,
```

```
                    8,8,8,8, 12,12,12,12, 8,8,8,8,8,8,8,8,
                        8,8,8,8, 12,12,12,12, 8,8,8,8,8,8,8,8,    0xff
                     }
                   };
uchar music_sel=0, music_tone=0;

//***********定时器 T1 初始化函数****************//
void Timer_init(void)
{
     TMOD=0x10;                              //定时器 1 方式 1:16 位定时器
     IE=0x88;                                //开中断,T1 中断
}

//*************定时器 1 中断函数*****************//
void Timer1_Int(void)   interrupt 3 using 1
{
     TH1=-tone_delay[music_data[music_sel][music_tone]-1]/256;
     TL1=-tone_delay[music_data[music_sel][music_tone]-1]%256;
     PB8255=PB8255^0x10;                     //控制输出特定频率，使喇叭发出特定声音
}

//*****************播放音乐函数****************//
//使用 12 号按键控制播放的音乐：按 1 次播放第一首，
//按 2 次播放第二首，按 3 次播放第三首，再按 1 次转回播第一首
void music(void)
{
     for(music_tone=0;music_data[music_sel][music_tone]!=0xff; music_tone++)
     {
          if(keyscan()==12)
          {
               music_sel=(music_sel+1)%3;    //三首歌曲，按键选择其中一首
               music_tone=0;
          }
          TH1=-tone_delay[music_data[music_sel][music_tone]-1]/256;
          TL1=-tone_delay[music_data[music_sel][music_tone]-1]%256;
          TR1=1;                             //启动定时器 1
          led_7s(music_sel);                 //在数码管中显示当前显示曲目
          delay(100);
     }
}
```

【例 8-8】　主程序。

```
//以下为函数声明
void init_8255(void);
void Timer_init(void);
void music(void);

void main(void)
{
      init_8255( );
      Timer_init( );
      while(1)
      {
            music();
      }
}
```

4．仿真结果

通过按键，选择音乐中的一首，就可以在数码管中看到所选的是第几首乐曲，并能听到悦耳的声音了。

图 8-18 为选择第一首乐曲的界面，同时听到悦耳的警铃声。

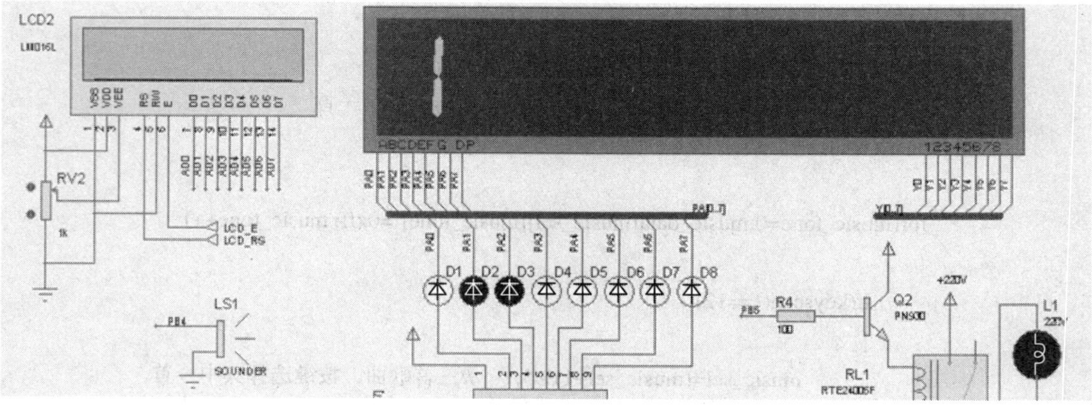

图 8-18　选曲仿真结果

8.7　小　　结

在本章中，我们利用以前学过的知识，设计了几个综合项目：

➢ 交通信号灯模拟控制系统设计。

➢ 直流电机和步进电机应用设计。

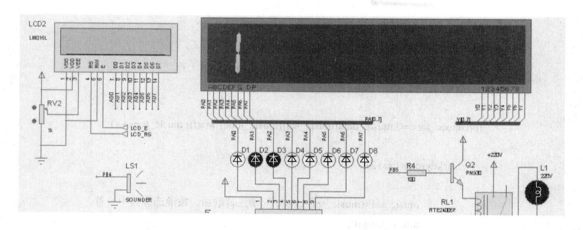

参 考 文 献

[1] 马忠梅、籍顺心，等. 单片机的 C 语言应用程序设计. 4 版. 北京：北京航空航天大学出版社，2007.

[2] 张伟，张杰. 单片机原理及应用. 2 版. 北京：机械工业出版社，2007.

[3] 彭伟. 单片机 C 语言程序设计实训 100 例. 北京：电子工业出版社，2009.

- 具有校时、闹钟功能的数字钟设计。
- 电子密码锁设计。
- 乐曲播放器设计。

习　题

8-1　设计一个模拟空调控制器，设计要求如下：

(1) 采用一个按键设定温度；采用一个按键设定两种工作方式：手动和自动；采用两个按键，控制电机的正反转、停止方式；并将温度设定值在两个数码管上显示出来。

(2) 采用 A/D 的一个通道(可调电阻)作为温度传感器，检测环境温度(0～42℃)，并通过两个数码管显示出来。

(3) 控制直流电机正转、反转和停止。正转模拟加热装置制热，反转模拟压缩机制冷；停止模拟既不制热也不制冷。

(4) 控制温度精度为±1℃。即当控制器设定在自动(AUTO)模式下，当环境温度低于设定温度 1℃时，电机正转——制热；当环境温度高于设定温度 1℃时，电机反转——制冷；当环境温度在设定温度±1℃范围之内时，电机停转。

8-2　单片机作息时间控制实现了对时间控制的智能化，摆脱了传统的由人来控制时间长短的不便，是现代学校必不可少的设备。试设计一个作息时间控制器，设计要求如下：

(1) 作息时间能控制电铃：若当前时间到达设定时间，则控制电铃发出一阵声响。如上课铃声、下课铃声等。

(2) 作息时间能启动和关闭放音机，通过继电器控制开启和关闭。如早上播放新闻，中午播放广播等。

(3) 使用液晶或数码管来显示当前时间。

(4) 学校作息时间可参考题 8-2 表，每个学校的作息时间会有所不同，读者可根据学校的实际情况修改。

题 8-2 表　作息时间表

时间	事　件	时间	事　件	时间	事件
6:30	开广播，播新闻联播	11:10	第四节上课铃	15:50	第 7 节上课铃
7:00	关广播	11:50	第四节下课铃	16:30	第 7 节下课铃
8:30	第 1 节上课铃	11:50	开广播，播校园新闻	16:40	第 8 节上课铃
9:10	第 1 节下课铃	12:20	关广播	17:20	第 8 节下课铃
9:20	第 2 节上课铃	14:00	第 5 节上课铃	17:20	开广播，播校园新闻
10:00	第 2 节下课铃	14:40	第 5 节下课铃		
10:20	第 3 节上课铃	14:50	第 6 节上课铃	17:50	关广播
11:00	第 3 节下课铃	15:30	第 6 节下课铃		

8-3　设计实现本章第一个项目“交通信号灯模拟控制系统设计”的设计要求(2)、(3)和(4)。

8-4　设计实现本章第五个项目“乐曲播放器设计”的设计要求(3)、(4)和(5)。